군사학총서 12

웨드마이어

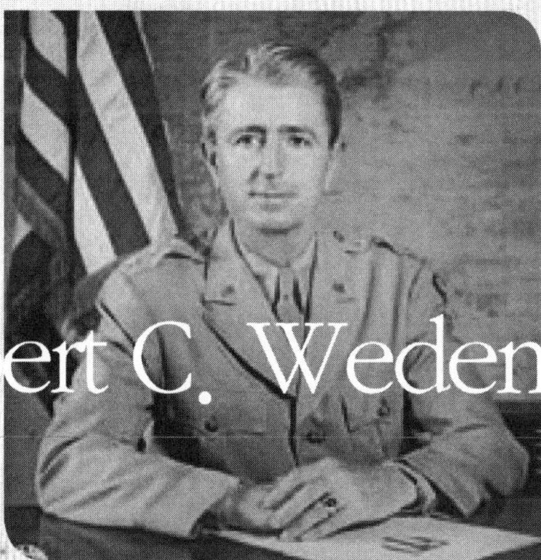

Albert C. Wedemeyer

회고록과 논평

이종학 편저

충남대학교출판문화원

－편저자 약력－

· 1929년 포항출생
· 공군사관학교(1954) 및 공군대학 졸업
· 미국 공군통신학교 통신장교과정 수료(1958)
· 경희대학교 대학원 사학과 졸업(1969)
· 충남대학교 명예 군사학 박사(2003)
· 공군사관학교 교수부 군사학과장
· 공군대학 교수부 제2·3처장
· 국방대학원 교수 및 교수부 제3학처장
· 한국군사사학회 창설(1976) 및 초대 회장
· 현재 : 서라벌군사연구소장
충남대학교 평화안보대학원 겸임교수
공군사관학교 명예교수

웨드마이어 회고록과 논평

발행일 2014년 6월 20일 **발행인** 정상철 **편저자** 이종학
펴낸곳 충남대학교출판문화원 **주소** 대전광역시 유성구 대학로 99 **전화** 042-821-6045
홈페이지 cnupress.cnu.ac.kr **E-mail** cnupress@cnu.ac.kr

ISBN 978-89-7599-511-8 93390
정가 20,000원

웨드마이어

회고록과 논평

이 회고록의 저자이며, 고인이 된
웨드마이어 대장(예)의 영전에
이 책을 바칩니다.

웨드마이어 회고록과 논평

머 리 말

이 책은 두 가지 내용으로 구성되어 있다.

제1부는 웨드마이어 대장(예)의 회고록인 『웨드마이어는 보고한다!』(*Wedemeyer Reports!*, 1958)이며, 그의 성장과정과 주요 무대인 제2차 세계대전에서의 활동을 상세히 기록했으나, 너무 방대하여 관심이 가는 내용을 초역抄譯했다.

독자들은 '역자의 소개말'을 먼저 읽는다면 웨드마이어 장군을 이해하는 데 도움이 되리라. 그리고 이 책의 내용은 특히 군사전략을 알고자 하는 영관급 이상의 직업군인과 국가정책·전략을 다루어야 하는 고위 정치가들이 알아야 할 내용이 풍부하게 포함되어 있다.

제2부는 '웨드마이어 회고록'에 대한 논평과 역사인식·영토 및 해양안보 등으로 급변하고 있는 동북아시아에서의 한국안보에 대한 단상斷想, 즉 단편적인 생각으로 구성되어 있다.

첫째 : 논평에서는 회고록 가운데 몇 가지 과제를 다루었으나, 초점은 '6·25 전쟁은 왜 일어났는가?' 하는 문제였다. 제2차 세계대전 때, 미국측 '승리의 계획'을 수립한 군사전략가요, 대전략(Grand Strategy)에도 조예造詣가 깊었고 또한 1947년 트루먼 대통령의 특사로 중국과 한국을 방문하고 미국의 극동정책을 건의했던 웨드마이어 장군은 그의 회고록에서 6·25전쟁에 대해 단 한 번 "피비린내나는 무익한 한국전쟁"이라 혹평했으나, 구체적으로 그 내용을 밝히지 않았다. 그래서 필자는 그 원인이 무엇인가를 밝히려고 오랫동안 노력했으며, 우선 가설(hypothesis)을 세워 논거를 제시했는데, 거기에 대한 가부可否의 판단은 독자의 영역에 속하리라.

둘째 : 평화적 남북통일에 대한 새로운 제안을 2007년에 제시했으며, 그 이유도 밝혔다. 이제 새로운 북한의 지도자 김정은 노동당 제1비서가 등장했으나,

필자의 견해는 변하지 않고 있다.

셋째 : 한·일간에 독도의 영유권 문제로 갈등이 깊으나 그 해결방안을 제시했고, 양국의 정치지도자들은 국력을 소비하지 말고 서둘러 해결하기를 바란다.

넷째 : 근대에 와서 일본인들의 역사왜곡은 1889년 광개토왕 비문의 '신묘년(391) 기사'의 해석에서 비롯되었다고 생각한다. 이것에 대한 해석으로 '왜倭의 한반도 출병' 및 '임나일본부'설의 논거로 삼았다. 필자는 역사학과 군사이론을 결합한 군사사학적 연구방법으로 그들의 주장을 논파했으며, 우리나라뿐만 아니라 일본의 학술지에도 논문을 발표했다.

다섯째 : 한반도의 통일과정과 그 후의 중국문제는 어떻게 되기를 바라는가를 제시해 보았다.

여섯째 : 오늘날 미국의 극동정책은 중국을 견제하기 위해 일본을 국제무대에 재등장시키기로 크게 정책을 변경했으며, 그것이 일본의 '집단적 자위권'의 허용으로 나타났다. 그러나 일본의 아베정권은 1930년대의 국수주의·군국주의로 선회하고 있다는 데 문제점이 도사리고 있다. 우리들은 철저한 경계심과 대응책을 갖추어야 하리라.

이 책을 발간하는데 협조하여 주신 정상철 총장님, 그리고 출판문화원장 민경택 교수와 출판문화원 직원들에게 깊은 사의를 표하며, 특히 이 책의 교정을 보아준 최정화 연구위원에게 심심한 감사의 마음을 전한다.

2014년 6월

李鍾學識

- 경주 風石齋에서 -

목 차

웨드마이어 회고록과 논평

역자의 소개말

웨드마이어 대장(Albert C. Wedemeyer Ret., 1897~1989)의 회고록인 『웨드마이어는 보고한다!』(*WEDEMEYER REPORTS !*)는 1958년 11월 미국에서 발매됨과 동시에 폭발적인 인기를 끌었으며, 같은 달에 3판이 나왔고 다음 해 정월에는 4판이 출간되어 그 후 2년에 걸쳐 베스트셀러가 되었다. 이 책은 독일·중국 그리고 일본에서 번역되었고 '공정한 제2차 세계대전사'로 세계적인 반응을 보이기도 했다.

영국에서는 처칠 수상의 『제2차 세계대전 회고록』, 『대동맹』을 비롯하여 대전 당시의 정치가·장수들의 회고록이 여러 권 출판되었지만, 미국에서는 루스벨트 대통령은 대전 중에 사망했고 또한 마셜 참모총장도 회고록을 남기지 않았다. 따라서 마셜 대장의 두뇌역할을 수행한 웨드마이어 장군의 이 책은 제2차 세계대전에서의 미국의 국가전략·군사전략의 이면사裏面史를 솔직하게 밝혀 놓았기 때문에 신뢰할 수 있는 귀중한 자료로 평가받고 있다.

웨드마이어는 마셜 육군참모총장에 의해 발탁되어 1940년부터 43년 사이에 워싱턴의 육군참모본부 '전쟁계획 입안자'(war planner)로 직접 2차 대전 전체를 관찰하는 업무에 종사했다. 그리고 아시아로 전출되어 인도의 마운트배튼 사령관의 참모를 역임하고, 그 다음은 중국방면의 미군 사령관 겸 장제스(蔣介石) 총통의 참모장도 역임했다.

웨드마이어 장군은 미국이 제2차 세계대전에 어떻게 개입했는가를 솔직하게 공개했을 뿐만 아니라, 그는 1947년 7월 트루먼 대통령의 특사로 중국과 한국을 방문하여 현재 및 장래의 정치·경제·심리·군사의 제반 정세를 분석·평가하여 개선방안을 보고했다. 그러나 그 후 이 보고서는 극비에 붙여졌고, 트루먼 행정부는 그의 건의를 받아들이지 않았지만, 60여년의 세월이 흐른 오늘날에 봤을 때에도 그의 건의 내용이 얼마나 선견지명이 있었고, 건전한가를 알 수 있으며 또 이 보고서는 역사적 가치와 6·25전쟁의 발발원인을 규명하는 데에도 소중한 내용을 담고 있다.

이 책은 총 28장, 484쪽으로 구성되어 있으며 주요한 목차는 제2차 세계대전의 전주곡, 제2차 세계대전의 개막, 연방수사국(FBI)의 조사, 전략가로서의 교육, 대전략… 등이며, 그 중 중요하다고 생각되는 내용을 초역抄譯하여 소개하고자 한다.

웨드마이어 장군은 이 책을 역자의 요청에 의해 1970년 3월에 서명을 해서 보내주었고 또한 1973년 7월 이 책의 번역·출판도 허락해 주었다. 그러나 사정에 의해 지금까지 번역이 연기되어 40여년이 지나서야 이제 소개하게 되었다. 그 이유는 1950년 6월 25일 김일성의 인민군이 남침을 개시하자 미국의 트루먼 대통령은 즉각 전쟁에 개입했는데, 그가 달성코자 했던 전쟁의 정치적 목적은 과연 무엇인가를 규명하는 과제와 이 내용을 일반인에게 공개하는 시기의 선택 때문이었다.

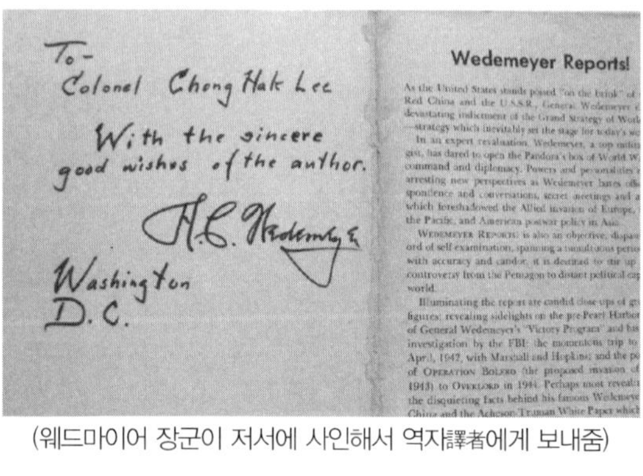

(웨드마이어 장군이 저서에 사인해서 역자譯者에게 보내줌)

A. C. WEDEMEYER
GENERAL, UNITED STATES ARMY, RETIRED
FRIENDS ADVICE
BOYDS, MARYLAND
20720

July 6, 1973

Dear Colonel Lee:

You have my permission, of course, to translate my book, WEDEMEYER REPORTS!, into Korean. A very fine young Japanese Commander, Sadao Seno, 496 Nagae, Hayama-cho, Kanagawa-ken 240-01, Japan, undertook the translation into Japanese and was very successful. I would be glad to have you receive any of the royalties or any of the profit that might derive from the book, and you can express to anyone involved my complete authority to sell the book on your own.

I suggest that you write to Commander Seno, and he perhaps could give you good advice. You will find him a very fine young man.

With reference to the two copies of the book, THE CONTEMPORARY STRATEGY, please let me know how much they cost because I do not want you to be put to expense as well as being so kind to send the books to me.

Sincere good wishes to you and your loved ones for health and happiness.

Ever faithfully,

A. C. Wedemeyer

A. C. WEDEMEYER
General, U. S. Army (Ret.)

Lt. Colonel Chong Hak Lee
Air Command and Staff College
Korean Committee for the History
of the Second World War
Seoul, Korea 150

<웨드마이어將軍의 초상화와 편지>

웨드마이어 장군의 약력은 다음과 같다.

- 1897년 7월 8일, 네브래스카 주 오마하 시에서 출생
- 1919년, 미 육군사관학교 졸업(소위 임관)
- 1936년, 미 육군대학 졸업
- 1938년, 나치 독일의 육군대학 졸업
- 1941년~43년, 미 육군 참모본부 전쟁계획처에서 2차 대전의 「승리의 계획」을 작성했고 또 마셜 육군 참모총장의 전략수립 실무자로 활약(1941. 12. 육군중령, 1942. 6. 대령, 1942. 7. 준장)
- 1943년 9월, 육군 소장 진급
- 1943년 10월, 인도의 마운트배튼 사령부에 부임
- 1944년 10월~46년, 중국방면의 미군사령관 겸 장제스(蔣介石) 총통의 참모장. 당시 광복군을 적극적으로 지원
- 1945년 1월, 육군 중장 진급
- 1947년 7월, 트루먼 대통령의 특사로 중국 및 한국시찰
- 1951년, 퇴역
- 1953년, 육군 대장으로 승진
- 1989년 12월 17일, 서거(향년 92세)

제1부

웨드마이어는 보고한다!

Ⅰ. 제2차 세계대전에의 전주곡

1. 진주만 공격의 진상

일본군의 진주만 공격(1941. 12. 7.)에 의해 미국 내의 주전파나 고립파 사이의 참전에 대한 찬성과 반대의 결론도 없이 대논쟁에 종지부를 찍었다. 미국이 일단 타국으로부터 공격을 받은 이상, 미국이 참전할 것인가의 논의는 필요치 않았다. 이날 미국 국민들은 좋아하거나 싫어하거나 상관없이 태평양에서 전투에 돌입했다. 일본이 진주만을 공격하자 일본과 삼국동맹을 체결하고 있었던 독일은 미국에 대해 선전포고를 했고, 지금까지 미국을 유럽전쟁에 개입시키지 않으려고 취했던 여러 수단들을 모두 포기했다. 그래서 미국의 정부 수뇌부들은 영국과 소련의 수뇌부들과 마찬가지로 진지하게 이 전쟁에 대면하게 되었다.

일본의 진주만 공격이 미국에 의해 신중하게 도발되었다는 사실은, 진주만의 참패와 필리핀의 상실로 인하여 감추어져 버렸다. 유럽전쟁에 뒷문으로 참전하고자 했던 미국정부는 필리핀의 미국 수비대가 일본군의 희생이 되는 것은 부득이 하다고 생각했다. 미국 내의 반전파 사람들은 루스벨트 대통령이 분명하게 전시 중립을 범하는 행동을 취하고, 또한 일본에 대해 최후통첩을 전달하여 어떻게 해서라도 미국을 참전시키고자 했던 것은 알고 있었다. 그러나 반전파의 사람들은 미국에서 공산주의 국가 소련의 존재가 미국에 있어서 적어도 나치 독일과 마찬가지로 위협을 주고 있다고 생각하는 사람들과 함께, 미국이 전쟁에 휩싸이지 않도록 노력했다.

루스벨트 대통령은 국민에 대해 두 번 다시 미국의 젊은이들을 외국의 전장으로 보내는 일은 없을 것이라고 여러 번 약속했으나, 제2차 세계대전의 진전과 함께 미국의 커다란 생산력이 전면적 승리를 획득하기 위해 동원되고, 미국의 젊은이들이 다시 세계 각 지방의 전장에 파견되어 전사한다는 실망적인 사태가 생겼다. 지금 우리들은 당시를 회상하여 역사의 흐름을 고찰했을 때, 일찍이 히틀러가 정복을 꿈꾸었던 지역보다도 훨씬 광대한 지역에 전체주의적인 전제정치專制政治를 대두시킨 결과가 되어버린 제2차 세계대전에 미국이 왜 그리고 어떻게 참전했는지를 검토해야만 한다.

20세기의 가장 비참한 시대에 주요한 역할을 수행한 사람들의 전기傳記와 언행록이 출판되고, 미국, 영국, 독일의 공식문서가 발표되면서 일본군의 진주만 공격 이전에 반전파의 사람들에 의해 조금 상상되었던 사항이 지금 알고자 하는 사람에게는 확실하게 알 수 있게 되었다. 여기서 나는 제2차 세계대전의 결과, 미국의 안전보장이 세계대전 이전보다도 한층 더 험악한 상태가 되었지만, 왜 이러한 사태를 초래했는가를 설명하는 1914년~1918년의 제1차 세계대전 종료 후에 계속 일어났던 대전 진상의 폭로시대에 해당하는 기간이 제2차 세계대전 이후에는 존재하지 않았다는 것을 지적하고 싶다.

1920년대를 회상해 보자. 당시 대서양을 사이에 두고 구미대륙의 일반대중은 제1차 세계대전 중의 선전宣傳과는 모순되는 사실, 즉 대전의 원인遠因과 근인近因 및 그 결과에 관한 서적, 기사, 연설의 대홍수에 의해 제1차 세계대전에 대해 모두 환멸을 느끼게 되었다. 제1차 세계대전이 끝나자, 10년 이

내에 독일이 전쟁 범죄인이었다는 신화는 깨어지고, 제1차 세계대전의 발발의 진상이 밝혀졌다. 그리고 징벌적인 뜻을 지녔던 베르사유 평화조약의 나쁜 결과가 세계적으로 인정되었다.

그런데 현재는 어떠한가. 제2차 세계대전 후 십 수 년의 세월이 흘렀으나, 그 사이에 미국은 제2차 세계대전 중 '용감한 동맹국'이었던 소련과의 냉전에 시달리고, 지금까지 제2차 세계대전의 참다운 원인이 무엇인가에 대해, 제1차 세계대전 후의 그것과 비교될 만한 탐구도 이루어지지 않았다. 그리고 또 현대의 위기를 간직하고 있는 세계정세는 주로 미국이 자초했다는 것도 국민들 사이에는 알려져 있지 않다.

2. 정치가의 오산과 횡포

미국이 제2차 세계대전에 참전하지 않았다면, 즉 적어도 소련과 독일이 함께 지칠 때까지 참전하지 않았다면 소련이 현재 지구의 반 가까운 광대한 지역에 군림하지 못하게 되었겠지만, 이것을 시인하고자 하는 사람은 거의 없다. 만약 미국이 후버 전 대통령과 태프트 상원의원, 기타 애국자들이 열심히 제창한 정책을 지지했다면, 미국은 그 참전에 의해 공산주의 국가 소련에 대해 무조건의 원조를 제공하는 대신, 공정하고 영속적인 세계평화를 강력하게 추진하는 것이 명확해질 때까지 아마도 제2차 세계대전에 참전하는 것을 회피할 수 있었으리라. 더욱이 미국의 참전 후에도 루스벨트와 처칠이 유럽대륙의 세력균형을 깨뜨리는 독일의 말살을 기도하지 않았다면, 미국이 이 대전을 위해 지불한 노력은 헛되지 않았으리라.

우리들의 목표는 먼로주의(Monroe Doctrine)의 유지와 유럽과 아시아에서의 세력균형의 부활이어야 했다. 이것은 영국에 있어서도 마찬가지였으리라. 영국의 국가이익은 영국이 일시적인 적국의 말살이 아니라, 넓혀진 소련의 영토세력, 영향력을 증대하는 결과로 끝난 제2차 세계대전의 '승리'에 의해 회복할 수 없는 상처를 입게 되었다.

처칠은 "영국제국의 붕괴를 주제하기 위해, 나는 영국의 수상이 된 것은 아니다"고 언명했으나, 바로 그가 영국을 현재의 제2류 국의 상태로 급전 낙하시키는 여러 정책을 취했다는 것은 실로 역사의 운명의 커다란 장난이라 하겠다. 처칠의 몇 권의 저서를 보아도 제2차 세계대전이 비참한 결과로 끝난 것에 대해 그 자신의 책임을 인정하지 않았을 뿐만 아니라, 또 루스벨트의 책임도 추궁하지 않았다. 그리고 그의 저서 『제2차 세계대전사』의 서문에서 그는 다음과 같이 적었다.

> 수백만 명의 사람들이 모든 힘을 기울여 싸웠고, 전쟁의 희생이 되었고, 그리고 대의명분의 승리를 획득한 연후에도 우리들은 아직 평화나 안전보장을 얻지 못하고, 더욱이 *우리들이 지금까지 극복해온 위험한 상태보다 한층 더 험악한 상태에 현재 놓여있다는 사실에 의해, 인류는 그 비극의 극치에 달하고 있다.*(※이탤릭체는 저자著者의 표기임)

처칠은 그가 범한 과오를 인식하는 총명함을 결하고 있던지, 아니면 그 과오를 시인하고 그것은 자신의 책임이라는 것을 스스로 시인할 만한 커다란 도량을 전연갖고 있지 않는 것으로 보인다.

처칠은 평시, 전시를 통하여 훌륭한 전략에 의해 영국을 세계의 최강국으로 육성한 영국 정치가의 유서 깊은 가정에서 태어났고, 그 전통을 이어가고 있음에도 불구하고, 그의 조상들의 지혜와 정치가로서의 능력을 빠뜨리고 있다는 것은 실로 괴상한 일이다. 처칠은 300년 이상에 걸친 영국의 일관된 정치목표였던 유럽대륙의 세력균형을 재건하려 하지 않고 독일의 파괴를 의도했고, 그 결과로 소련에게 유럽지배의 기회를 부여하고 말았다. 처칠이 그의 조상의 충고를 무시하고, 자신의 감정으로 자기의 이성을 지배하는 어리석음을 범한 것을, 조지 워싱턴이 「고별사」(Farewell Address)에서 미국의 국가정책 수행에 있어서 대통령이 되는 사람에게 준 충고를 루스벨트도 마찬가지로 무시했는데, 그 내용은 다음과 같다.

> 국가정책을 수행함에 있어서 가장 중요한 것은, 어느 특정한 국가에 대해서 영구적인 뿌리 깊은 반감反感을 가지고, 다른 국가에 대해서는 열렬한 애착을 가지는 일이 있어서는 안 된다는 것이다. 그 대신 모든 국가에 대해 공정公正하고 우호적인 감정을 가지는 것이 무엇보다 중요하다. 타국에 대해 상습적으로 호오好惡의 감정을 가지는 국가는 어느 정도 이미 그 상대국의 노예가 되고 있는 것이다.…
>
> 국가 간의 평화는 이 호오 감정의 희생에 의해 잃어버리는 경우가 때때로 있다. 호의를 가지는 국가에 대해 동정을 가짐으로써 실제는 자국과 그 상대국과의 사이에 어떤 공통적인 이익도 존재하지 않는데, 마치 존재하는 것처럼 생각하기 쉽다. 한편 타국에 대해 증오의 감정을 깊게 가져, 거기에는 충분한 동기나 정당성도 없는데, 자국을 선동하여 언제나 적의敵意를 가지고 있는 국가와의 투쟁을 유도하는 것이다.…

루스벨트는 당시의 시련을 거친 미국 건국의 아버지들의 현명한 충고를 무시하고, 그 자신도 크게 증오하고 있었던 독재자와 마찬가지로 미국의 정치를 자기 생각대로 지배했다. 또 그는 스탈린은 '그의 친구'이며 혹은 친구가 될 수 있으며, 그래서 소련은 미국의 영구적인 동맹국 혹은 영구적인 동맹국이 될 수 있는 국가로 상상했다.

미국 국민의 대다수는 제1차 세계대전(1914)의 약속이 파기된 것을 회상하여 본능적으로 또는 과거의 경험으로 미루어 제2차 세계대전이 어떤 좋은 결과를 가져오는 것이 아니고, 아마도 제2차 세계대전 후는 전쟁 이전 이상으로 비참한 상태가 올지 모른다고 생각하여, 제2차 세계대전에의 참전에 반대였다는 것은 거의 의심할 여지가 없었다.

그것은 미국 국민이 루스벨트의 선거공약을 지지하고 있었다는 것과 찰스 린드버그 대령의 의견을 지지하고 있었다는 것, 이 두 가지를 생각해도 분명하다. 그리고 '십자군'의 유럽 파견에 의해 생기는 비참한 결과를 사전에 경고하고 있었다. 워싱턴의 유훈遺訓은 때때로 무시되었으나, 미국 국민이 워싱턴의 유훈을 지키고자 했던 것은 분명하다.

3. 참전에 반대하는 미국 국민

1920~30년대의 제1차 세계대전의 진상 폭로시대에 탄생해서 성장한 사람들은 또다시 세계전쟁에 참가하려고 하지 않았다. 제1차 세계대전의 결과, 러시아에 공산주의의 독재체제가 출현했고, 한편 대전 후의 징벌적인 평화조약에 의해 독일의 민주주의 성장은 좌절되었으며, 결국은 바이마르 공화국은 붕괴되어 독일에 히틀러의 나치 독재체제가 등장하게끔 되었다. 또한 베르사유 조약은 동유럽을 자립할 수 없는 약소국으로 분할했다. 이들 약소국의 국민들은 윌슨주의에 의해 서로 대립하는 소국으로 분리 독립되어, 제1차 세계대전 이전의 오스트리아·헝가리 제국의 영토였던 당시보다 국민의 생활 상태는 악화되었고, 자유는 더욱 제한되었으며, 국민생활은 심히 압박이 가해졌다. 프랑스가 독일을 '봉쇄하기 위해' 동유럽의 여러 나라를 이용하고자 했으며, 이들 여러 나라의 국민들이 유리한 지위에 서서 그 독립이 위협받지 않았다고 과연 누가 말할 수 있겠는가! '세계와 민주주의를 위해 안전하게 만들기 위한' 두 번째의 전쟁이었던 제2차 세계대전은 아무래도 좋은 결과를 가져오지 못했으며, 이 전쟁은 서구문명에 있어서 비극이었다는 것이 증명되었으리라. 린드버그 대령이 비난을 받게 된 원인의 1941년 4월 23일 행했던 유명한 연설의 요지는 아래와 같다.

> 나는, 만약 영국제국이 붕괴되는 사태가 일어나면, 그것은 전 세계에 있어서 비극이라는 것을 확신하고 있었고 또 이전에도 말했고 지금부터도 밝힐 것이다. 나는 유럽전쟁이 일어나기 전부터 이 전쟁에 반대를 했고, 분쟁은 대화

로써 평화적으로 해결해야 한다는 것을 주장한 이유의 하나는 이것이었다.

> 나는 영국과 프랑스가 이 전쟁에서 승리할 수 있으리라고는 생각하지 않았다. 이미 프랑스는 패배했고, 또 최근 2, 3개월의 선전과 혼란에도 불구하고 영국이 패배하고 있다는 것은 명백하다. 이 사실은 영국정부도 시인하고 있다고 나는 믿고 있다. 그러나 영국은 남겨진 필사적인 계획을 하나 가지고 있다. 그것은 그들이 미국을 설득하여 미군을 유럽으로 원정시켜 영국과 함께 이 유럽전쟁의 대실책을 미국에 군사적, 재정적으로 분담시킬 수 있으리라는 생각이다.
>
> 나는 영국이 이런 희망을 가지거나, 미국의 원조를 구하고자 하는 것은 무리가 없다고 생각한다. 그러나 폴란드에서 그리스에 이르기까지 영국에 가담했던 모든 나라가 패배하고 있는 상황 하에서 영국이 선전포고를 했다는 것은 지금 우리들은 알고 있다. 전쟁에 필사적인 나머지 영국은 줄 수도 없는 무력원조를 이들 국가들과 약속했다는 것을 우리들은 알고 있다. 영국은 자국의 군사준비, 군사력 및 전황戰況에 대해 미국을 속이고 있는 것처럼, 폴란드에서 그리스에 이르는 영국에 가담하고 있는 여러 나라를 속이고 있다는 것을 우리들은 알고 있다.

독일이 소련에 대해 공격을 개시한 후, 공산주의에 대해 지식을 가지고 있었던 사람들은 미국이 유럽전쟁에 개입하면 처칠이 늦게나마 '제2차 세계대전 보다 험악한 상태'로 인식하는 사태가 오리라고 예상했다. 예컨대 미국 예일 대학교의 니콜라스 스파이크만 교수는 진주만의 공격 직후에 출판한 『세계정치에서의 미국 전략－미국과 세력균형－』(*America's Strategy in World Politics : The United States and the Balance of Power*)이라는 저서에서 "독일과 일본을 말살한다는 것은 유럽대륙을 소련의 지배로 맡기는 것이 되리라"고 말하고, "우랄산맥에서 북해까지의 소련은, 북해에서 우랄까지 넓혀지는 독일에 비해 커다란 개선이 될 수 없다"고 말했다.

미국의 소련원조는 비참한 결과를 가져오리라고 현명하게 예상한 사람들 가운데는 후버 전 대통령이 있었다. 1941년 6월, 히틀러가 소련에 개전한 결과, 영국이 독일의 공격으로부터 비교적 안전했을 때, 후버 전 대통령은

"지금까지의 역사 속에서 크게 웃기는 일은 미국이 소련을 원조한 것이리라"고 말했다(이 후버의 연설은 1954년 8월 10일, 그가 행한 방송연설에서 기억을 환기시킨 대로이다). 후버는 독일과 소련은 싸우게 내버려 두어야 하며, 미국의 소련원조는 '공산주의를 전 세계로 넓히는 것이 되리라'고 주장했다. 따라서 미국이 유럽전쟁에 개입하지 않는다면, 미국의 손으로 '항구적인 세계평화'가 닥쳐오리라고 예언했다.

루스벨트는 이러한 후버의 예언에는 조금도 귀를 기울이지 않았다. 또 루스벨트는 미국 국민이 참전을 달갑게 생각하지 않으며 참전 반대의 입장에 있으니, 어떻게 해서든지 미국 국민을 전쟁에 개입시키고자 결심했다.

「무기 대여법」(Lend-Lease Act, 1941년 3월 성립)에서 1941년 8월의 대서양 회담에 이르는 동안, 루스벨트는 전시 국제법의 중립 위반, 미국의 의회, 국민의 의지와는 반대의 행동을 취하면서 어느 때는 당당하게 정면으로 덤비는가 하면, 어느 때는 이면공작을 수행했다. 예컨대, 영국을 원조하기 위해 미국이 취한 '전쟁 일보직전'의 행동에 이어, '독일·이태리의 적성군을 공격 격파하라'고 미국 대서양 함대에 1941년 8월 25일부로 비밀명령을 하달했다. 이 비밀명령은 대서양 회담의 2주간 후에 하달되었다. 이 회담에 있어서 루스벨트는 "나는 선전宣戰을 하지 않을지 모르지만, 전쟁은 할지 모른다. 만약 의회에 선전포고하고자 요청한다면, 그들은 그것에 대해 3개월간이나 논의할지 모른다"고 말했다.

미국의 구축함이 독일의 잠수함을 공격한 그리어호 사건 후, 루스벨트는 9월 11일, '독일 잠수함은 발견 즉시 공격하라'는 연설을 행하였다. 그는 이 연설에서 독일 잠수함과 통상 파괴함을 '방울뱀'이라 칭하고 "방울뱀이 목을 올리는 것을 발견하면 덤비는 것을 기다릴 것이 아니라, 곧 격파하라"고 말하고, "앞으로 독일과 이태리의 함선이 미국이 설정한 방위수역에 들어온다는 것은, 그것에 의해 받는 손해는 그들 자신의 책임이다"고 밝혔다.

만약 히틀러가 미국의 전쟁도발 행위에 걸리지 않도록 확고한 태도를 취하지 않았다면, 미국은 일본의 진주만 공격 수개월 전에 공공연하게 전쟁에 개입했으리라. 당시의 이태리 외무장관 치아노 백작은 전후에 출판된 일기 속에서 "독일은 미국의 참전을 서둘거나 혹은 참전의 원인이 되는 일은 하지 않도록 굳게 결심하고 있었다"고 기록했다. 이에 반하여 루스벨트는 앞으로 미국이 공격받을 것이라는 공포를 들추어내고, 의회를 자신의 기울어진 행동에 합치하도록 지도했다. 미국 국민들은 뉘른베르크 군사재판 때, 독일의 비밀문서를 철저하게 조사한 결과, 독일은 미국 공격계획을 가지고 있지 않았다는 것을 알았다. 미국 공격은 고사하고 몇 톤이나 되는 방대한 기록 문서를 조사한 결과에 의하면, 히틀러는 미국과의 전쟁을 회피하기 위해 온 힘을 기울였다는 것이 판명되었다. 독일은 그들의 동맹국인 일본에 의해 대미전쟁을 강요당하기까지 미국에 대해 선전포고를 하지 않았다.

영국의 훌륭한 군사이론가인 풀러(J. F. C. Fuller) 소장은 1956년 『서구세계의 군사사』(*A Military History of the Western World*, p. 629)에서 아래와 같이 밝혔다.

> 미군의 제2차 십자군 파견은, 제1차 파견 때보다도 훨씬 비참한 결과로 끝났다. 이때의 전쟁 도발자는 독일황제가 아니라, 미국 대통령이었다. 미국 대통령의 국가 사회주의에 대한 혐오의 감정과 권력욕 때문에 미국 국민은 유럽전쟁에 투입되어 또다시 유럽전쟁이 세계전쟁으로 발전되었다. 압수된 독일 공문서에 의하면, 히틀러가 미국 공격을 계획하고 있었다는 루스벨트의 주장을 증거로 내세울 만한 것은 없었고, 미국이 참전할 때까지 대미국전對美國戰 회피는 히틀러의 희망이었다는 것이 명백해졌다.

루스벨트는 독일에 대미선전포고對美宣戰布告를 유도하고자 취했던 극단적인 도발행위도 실패하고, 미국 국민 대다수의 참전 반대의 결의도 굳고, 미국 의회에서 선전포고宣戰布告의 동의도 얻기 어려울 것이라 여겨, 그는 눈을 태평양으로 옮겼다. 실제로 일본을 강요하여 대미 선전포고를 시키고자 외교적, 경제적으로 일본을 압박하는 것이 가능한 상황이었기에 만약 그렇게 한다면, 일본은 독일만큼 참지 못할 것으로 생각했다.

이때 일본은 그 당시 후퇴할 수 없을 정도로, 너무나 깊숙이 중일전쟁에 개입하고 있었다. 미국은 일본이 체면을 잃지 않고는 현재의 지점에서 철퇴할 수 없는, 타협의 여지가 전연 없는 제안을 일본 측에 강요했다.[역자 주1)]

4. 루스벨트의 전쟁도발

처칠은 그의 저서, 『대동맹』(*The Grand Alliance*, 1950, p. 446)의 대서양 회담의 설명에서 1941년 8월 12일, 본국에 타전한 전문을 인용하여 다음과 같이 적었다.

우리들은 대통령 성명의 골자가 되는, 일본에 대한 경고에 특히 강한 압력

역자 주 1) 이 내용은 유명한 「헐 노트」를 지칭하고 있다. 1941년 11월 26일 헐 국무장관은 일본의 노무라 대사를 불러 일본과 미국 간의 분쟁을 해결하기 위한 미국의 제안을 명시한 문서를 직접 전했으며, 그 내용은 아래와 같다.

① 일본은 중국으로부터 모든 부대를 철수시키고, 중일전쟁에 있어서 완전한 패배를 인정할 것.

② 일본은 베트남으로부터 마찬가지로 철수하고, 경제봉쇄에 굴복했다는 것을 암암리에 시인하며, 금후 베트남의 주권을 침범하지 않고 이를 존중할 것.

③ 일본은 필리핀, 시베리아, 인도네시아, 중국, 태국이 공격받지 않도록 보장하는 실제 효력이 있는 다변적 불가침 조약에 참가할 것.

④ 일본은 중국과 만주에서 일본이 만든 괴뢰정권을 폐지하고, 중국에 있어서 장제스(蔣介石) 정부 이외의 어떤 정권도 지지하지 않는다는 것을 미국에 공약할 것.

⑤ 일본은 독일·이태리와의 삼국동맹 조약에 규정된 독일과 이태리에 대한 의무를 사실상 폐기할 것.

루스벨트 대통령은 11월 26일 대일對日 통고로 결정적·계획적으로 미국을 전쟁에 개입시키고자 했다. 한편 일본은 경제봉쇄를 돌파하고자 모든 노력을 기울였으나, 실패했다. 일본은 이제 백기를 들고 미국에 굴복할 것인가, 아니면 개전할 것인가의 최후단계에 서게 되었다. 그리하여 어전회의가 12월 1일 개최되어 천황의 재가를 얻어 12월 8일 0시 이후(일본 일시日時) 미국·영국·네덜란드에 대해 개전키로 결정했다.

을 넣었다. 사람들은 그 날카로운 어조語調가 국무부의 손에 의해 부드러워지는 것을 걱정했다. 그러나 루스벨트는 그의 성명에는 격렬한 언어를 사용하여 일본에 경고한다고 확실한 약속을 했다.

더욱이 처칠은 멘지스 호주 수상에게 보내는 통신문 속에서 "루스벨트 대통령은 행정사항에 따라 일본에 대해 경고하는 것을 약속해 주었다.… 귀하는 루스벨트 대통령의 경고는 소련 공격에 대해서도 언급했다는 데 주목하기 바란다"고 말했다. 일본과의 전쟁에서 호주는 위험에 직면하게 되는데, 이 루스벨트 대통령의 일본에 대한 최후통첩에 의해 일본은 '잠시 동안 얌전하리라'고 처칠은 멘지스 수상에게 거듭 보장했으나, 그것은 잘못이라는 것이 확인되었다.

루스벨트의 성명이 이러한 목적으로 제출된 것이 아니라는 것은 그의 11월 25일, "일본은 내주 월요일까지 미국을 공격할 것으로 생각한다"고 말함으로써 밝혀졌다. 그 후에 헨리 스팀슨 육군 장관은, "어떻게 하면 일본을 압박하여 첫 번째 포탄을 발사시키면서, 미국은 그것에 의해 손해를 받지 않도록 하는가가 문제였다"고 말했다.

미국 국민을 전쟁으로 몰고 가는 모든 기간에 걸쳐 국민들을 모두 속인다는 것은 루스벨트와 측근들에 있어서 불가능하다는 것을 알았다. 그러나 민주주의의 기수旗手라고 주장하고 있었던 프랭클린 D. 루스벨트는 그가 영국과 맺은 비밀의 약속 조항에 대해 미국 의회나 일반 국민에게 전연 보고하지 않았다. 그의 수법은 어느 나라의 독재자보다도 교묘한 수법이었다. 영국과의 비밀약속은, 미국 국민을 유럽전쟁에는 개입시키지 않는다는 루스벨트의 선거공약을 믿고 그를 미국 대통령으로 선출한 다수의 선거민의 의지와 희망을 짓밟은 것이었다.

실제로 처칠의 저서에 의해 밝혀진 루스벨트가 처칠에게 보낸 개인적인 편지에서 얘기된 내용은, 루스벨트가 미국 국민의 의향을 얼마나 음흉하게 무시했는가를 보여주는 좋은 본보기였다. 처칠은 루스벨트로부터 해리 홉킨스는 "자기의 가장 신뢰할 수 있는 벗이며, 대통령의 개인적 대리인"이라는 통지를 받고 있었다. 이 홉킨스는 1941년 1월 10일, 런던의 다우닝가 10번지의 수상관저에 가서, "눈을 반짝이면서 감정을 자연스럽지 못하게 억누르는 모습으로" 처칠에게 말했다.

> 루스벨트 대통령은 미국과 영국이 공동으로 이 전쟁에서 승리할 것을 결심하고 있습니다. 이 점을 오해하지 않기를 바랍니다. 대통령은 일신상 어떤 일이 일어나도 모든 희생을 지불하고, 모든 수단을 호소해서 수상을 원조할 결심이라는 것을 전하기 위해 나를 런던에 파견했습니다. 루스벨트 대통령은 인간의 힘이 미치는 한 무엇이나 할 결심입니다.

처칠은 그의 저서 『대동맹』에서 홉킨스가 루스벨트를 대신하여 얘기하기를, "전쟁 개입의 명분은 히틀러를 타도·파괴 및 말살하는 것이며, 기타 의도나 충성심 혹은 국가 목표 등은 제거해야 한다"고 했다. 이렇게 함으로써 루스벨트 대통령은 홉킨스의 입을 통하여 미국 헌법을 위반하면서 루스벨트 자신이 더 고상하다고 생각하는 목표를 위해, 즉 히틀러 말살을 위해 미국 국민을 외국의 전쟁에 개입시키지 않겠다는 그의 약속을 깨뜨렸다.

전년인 1940년 12월 미·영 합동참모 비밀회의가 열려, 「승리의 계획」의 기본이 되는 정책을 검토하기 시작했다. 스타크 해군 작전부장이 말한 것처럼 문제는 미국 참전의 '거부'가 아니라, 참전의 '시기'였다. 1941년 1월 10일, 루스벨트는 의회에 「무기 대여법」의 성립을 요청했는데, 이것에 의해 미국 의회는 실질적으로 선전포고에 관한 헌법상의 권한을 루스벨트에게 넘겨주고 말았다. 다시 스타크 작전부장의 말을 빌리자면, 루스벨트는 「무기 대여법」 성립 후의 미국은 유럽전쟁에 '비공식으로' 참전하고 있다고 보았다. 그러나 루스벨트는 독일 혹은 일본을 도발하여 첫 탄환을 발사시킬 때까지 적어도 그것을 공식의 전쟁이라 할 수는 없었다.

5. 공산주의와 나치 독일의 등장

내가 미국의 너무 이른 참전이나 또는 무조건적인 유럽전쟁 개입에 반대하는 이유는, 내가 배운 역사연구와 내가 자라난 가정적 배경에 의한 것인지도 모른다. 그러나 이것은 주로 내가 독일에서 공산주의와 나치즘 양쪽에 대해 배운 것에 그 원인이 있다. 나는 1936년부터 38년에 걸쳐 2년간 독일의 육군대학에서 배웠는데, 그 당시 독일에서는 끊임없이 공산주의의 위협에 대해 선전되고 있었다.

공산주의의 위협에 관한 선전을 상세히 검토해 보면, 최근까지 미국 국민들이 몰랐거나 혹은 무시하고 있던 공산주의자의 목적, 상투적인 수단 및 방법에 대해 그 진실의 모습을 볼 수 있다. 그리고 나는 같은 시대의 미국 국민의 대다수와는 다른 눈으로 독일을 바라보게 되었다. 이것은 내가 나치정권의 행하는 방식이 바르다고 인정하거나, 하는 수 없이 허용한다는 것이 아니라 히틀러는 제1차 세계대전 후의 독일 처리 결과로 정권을 획득하게 되었으며, 그가 정권을 유지할 수 있었던 것은 바이마르 공화국의 마지막 단계에 독일 국민에게 몰아닥친 경제적 파탄과 빈곤에서 독일 국민이 빠져나오고자 열심히 노력한 것에 원인이 있었다고 나는 인식했기 때문이다.

그러나 사람들은 히틀러의 정치에 비판적이었다. 그 반면 히틀러가 독일 국민을 혼란의 밑바탕에서 구출한다는 히틀러에 대한 독일 국민의 감정은 거짓이 아니었다. 히틀러는 많은 실업자에게 직장과 희망을 줌으로써 정권을 획득했고, 1918년 이후 타국으로부터 수치와 무시 그리고 압박을 받아온 독일을, 타국의 멸시를 받지 않을 정도까지 강대한 국가로 육성했다.

더욱이 독일의 생활권 획득 정책은 모스코바를 중심으로 하는 세계적 규모의 공산주의의 음모만큼 서방사회에 위협을 주는 것이 아니었다고 나는 확신하고 있다. 독일의 동방진출은 '생활권'을 구하기 위해, 즉 원료의 공급원과 시장을 구하기 위한 국민운동이었다. 이 운동은 독일의 사촌(cousin)이라 할 수 있는 영국이 19세기의 '맹목적인 해륙 양서본능海陸兩棲本能'을 발휘하여 영국제국을 만든 것과 동일한 강제적 현상에 의한 것이었다.

그러나 미국·인디안·스페인·멕시코 인으로부터 미국대륙의 절반 가까이를 강탈한 북미 이주자의 자손인 미국인이나 혹은 '태양이 지지 않는 제국'을 구축한 영국인에게는 독일인의 민족 목표인 동방진출은 비난해야 할 것으로 생각되었으리라. 그리고 사람들은 히틀러의 유태인 처리와 인접한 약소국을 압박하는 오만한 수법에는 크게 반감을 가졌지만, 독일이 당시 놓여있던 상태와 그 기록을 연구해 보면, 나치혁명을 지탱한 역동적인 나치정권의 자기 보존력은 왜 존재 했는가 사람들은 납득이 갔다.

주로 영국과 프랑스를 뜻하는 서구사회는 독일 국민이 바이마르 공화제도하에서 '평화 애호적인 민주적인' 생활을 한다면 그것으로 충분했고, 패전국 독일 국민에 대해 정의 및 심한 노동에 의해 생활의 양식을 획득하는 것을 인정하지 않았다. 제1차 세계대전 후의 독일은 베르사유 조약의 '전쟁범죄' 조항에 의해 심리적·정치적으로도 과중한 부담을 안고 있고, 전승국으로부터의 방대한 배상 요구에 짓눌려 있었다. 더욱이 해외로부터의 자원도입에 의한 인위적인 단기간의 호경기 후, 1929년에 시작된 세계적인 경제공황으로 숨이 막혔다. 그리고 독일의 바이마르 공화제는, 제1차 세계대전 후 낳게 된 거룡巨龍의 알이 성장한 광신적 애국자들에 의해 오히려 파괴되고 말았다.

미국인은 학교나 대학교의 교과서, 일반인의 마음에 들게 하는 신문기자들이 집필한 표면적인 기사, 혹은 편견이 혼합된 기사에서 수집한 것처럼, 서양사나 세계사의 지식을 모으거나 공부하는 것이 거의 대부분이며, 그 이상으로 역사를 깊게 연구하는 기회나 시간은 거의 없다. 따라서 미국인들의 대다수는 독일인은 가장 호전적인 국민이라는 것을 믿게끔 하는 선전宣傳에 쉽게 넘어간다고 해서 놀라운 일은 아니다. 미국인에게 독일인에 대한 공포의 개념을 부여하고, 증오하고, 미국을 참전으로 인도하고자 하는 사람들이나, 일본과 독일의 파괴를 미국의 최고이고 유일한 전쟁 목적으로 생각하고 있었던 사람들에게는, 역사가 독일인은 호전적 국민이 아니었다고 증명해도 별로 관심을 둘 문제가 되지 않는다.

6. 진주만과 처칠

독일이 가장 침략적인 국가이고, 거듭된 평화의 파괴자라고 하는 세간의 상상은 틀렸다는 것을 확인하려고 역사를 연구할 필요는 없다. 지도를 한 번 본다면 영국이나 프랑스가 평화애호국이었던가는 곧 알 수 있다. 만약 영국이나 프랑스가 평화적이었다면, 어떻게 지구상에 저런 광대한 지역을 통치할 수 있었던가를 그들에게 물어보면 어떨까?

국가 혹은 국민은 역사상 여러 가지 경우와 환경에 의해 '평화 애호적'이거나, 침략적이기도 했다. 영국은 엘리자베스 1세의 시대부터 19세기 말에 이르기까지 무역, 권익, 식민, 개발을 위한 영토를 구하기 위해 수많은 전쟁을 세계의 각지에서 행했고, 제2차 세계대전 전에는 4천만의 섬나라 영국 국민이 아시아와 아프리카에서 약 4억 5천만의 사람들을 통치하는 성공을 거두었다.

19세기 후반까지 국가통일을 달성하지 못한 독일과 이태리는 그동안 식민지를 구하지 못했고, 식민경쟁에 뒤늦게 참가해 보니 이미 정복할 수 있는 땅은 거의 남아있지 않았다. 독일과 이태리는 19세기 말, 아프리카 식민지의 획득경쟁에 참가했으나, 영국과 프랑스가 이미 무력을 사용했거나 혹은 협박에 의해 입수한 식민지나 보호령에 비하면 비교도 안 될 정도로 조금만 획득했을 뿐이었다. 더욱이 나폴레옹이 몰락하고, 프랑스가 몇 세기에 걸쳐 가지고 있었던 유럽대륙을 지배하려는 야망을 버리고 난 연후의 반세기 동안, 프로이센은 유럽 여러 나라에서 전쟁을 하지 않은 단 하나의 대국이었다. 러시아는 페르시아 및 터키와 싸웠고, 영국과 프랑스는 아프리카와 아시아에서 식민지 획득전쟁을 하면서도 크리미아 전쟁에서 러시아와 싸웠다. 따라서 '언제 끝날지 모르는 유럽전쟁'에 개입반대를 부르짖는 미국 국민을 잠자게 했던 '독일인'은 서구의 여러 국민 가운데서 가장 침략적이라고 일반적으로 믿고 있는 선전은 진실이 아니었다.

처칠은 독자를 위해, 루스벨트가 미국을 참전시키는 결심을 했다는 것에 대해 아무런 의심의 여지가 없도록 확실하게 기록에 남겨두었다. 처칠도 그의 저서 『대동맹』 속에서, 진주만 공격 전의 2년간에 교환한 개인적으로 친한 편지에 의하면, 루스벨트는 처칠에 비해 '더 자중'은 하고 있었으나, 처칠은 루스벨트가 "어느 쪽으로 가담하고, 무엇을 바라는가를 잘 알고 있었다"고 적어두었다. 그는 계속하여, "루스벨트는 강력한 중립국의 원수元首로서 높이 위엄 있는 존엄성을 간직하고 있었으나, 이 중립을 유지하고 미국은 무엇보다도 자유를 위한 전쟁에 개입하고 싶었다. 그러나 그는 아직 어떻게 하면 전쟁에 개입할 수 있는가 그 방법을 알지 못했다"고 적었다. 더욱이 처칠에 의하면, 루스벨트와 그의 신뢰하는 벗들은 미국을 적어도 일반적인 중립국의 선에 멈추게 하려는 "의회의 제약을 받아 몸을 비틀며 고생하고 있었다." 따라서 일본의 미국 공격은 "그들의 전쟁개입 문제와 그 책임을 크게 경감시켜주는 결과가 되었다. 루스벨트와 그의 측근들은 일본군의 진주만 공격에 의해 미국 국민들이 지금까지 경험하지 못한 미국의 안전이 위협을 받고 있다는 사태 때문에 미국 국민 전체를 일치단결시켜주는 사실에 비해, 일본군의 공격방법이나, 그 공격 규모를 비교할 수 없을 정도로 경시하고 있다는 것은 우리들의 입장에서 보면 분명하다"고 처칠은 말했다.

처칠은 또 『대동맹』 속에서 루스벨트와 그의 측근들이 "그들 적(일본을 가리킴)의 의도의 모습과 적이 지금부터 행동으로 옮기려는 것"에 대해 알고 있었다고 언급했다. 이것은 일본의 암호해독의 결과, 루스벨트, 스타크 해군 작전부장 그리고 아마도 마셜 육군 참모총장도 또한 12월 7일 실시 예정의 일본군의 진주만 공격에 대해 사전에 경고되었다고 해석되어야 한다. 사실 진주만 청문회의 공청회 석상에서 호머 퍼거슨 상원의원에 소환된 한 해군 장교 머피는 다음 사항을 증언하고 있다. 즉 12월 6일 밤, 백악관에 있던 그의 면전에서 루스벨트와 홉킨스 대통령 고문은 일본의 전쟁 정보를 읽었다. 홉킨스는 예방조치를 취하도록 주장했을 때, 루스벨트는 그럴 필요 없다고 말하고, 민주주의를 위해 훌륭한 기록을 남기기 위해 기다려야 한다고 말했던 것이다.

일본의 진주만 공격의 첫 소식이 전해졌을 때, 처칠은 위난트 주駐영국 미국대사와 유카즈의 그의 별장에 있었다. "이것으로 두 사람의 미국인이 긴 고통에서 겨우 해방되었다고 사람들은 아마도 생각했으리라"고 처칠은 적었다. 처칠 자신은 "이것으로 구출되었다고 느껴 감사한 마음으로 그날 밤은 잠을 푹 잤다."

7. 제1차 세계대전의 원인

1920년대의 제1차 세계대전의 진상 폭로시대에 독일이 전쟁 도발자였다는 '전쟁 책임론'은 일방적인 견해이며, 대전의 근본 원인은 영국과 독일간의 산업과 무역의 경쟁이었다는 것이 일반적으로 인식되었다. 케인즈(John M. Keynes)가 그의 명저 『평화의 경제적 귀결』(*The Economic Consequence of the Peace*)에서 주장한 것처럼, 지금까지의 시대와 마찬가지로 영국은 무역상의 경쟁 상대를 타도하기 위해 제1차 세계대전에서 싸웠다.

루스벨트는 미국의 안전에 대해 허위의 공포감을 내비쳐 미국 국민을 전쟁으로 선동한 것처럼, 1910년 영국의 선거전 중 야당의 보수당수 밸푸어는 영국 국민에게 영국은 지금 위기에 직면하고 있다고 위협함으로써 선거에서 승리를 얻고자 했다. 당시 자유당원이었던 처칠은 이를 평하여 "이유도 없이 공포상태를 만들고자 한다. 즉 정당한 이유도 없는데, 영국과 독일 양국 간에 적의敵意를 일으키고 있다"고 했다.

밸푸어는 독일에 대해 전쟁을 도발하는 것을 두려워하지 않았다는 것은 그와 헨리 화이트 미국 대사와의 대화에서도 여실히 나타나고 있다. 화이트 대사는 영국과 독일간의 무역경쟁이 최고조에 달했을 때, 영국정부와 회담하기 위해 이태리에서 런던으로 파견되었다. 미국의 역사가 앨런 네빈스(Allan Nevins)는 그의 저서 『헨리 화이트, 미국 외교정책의 30년』(*Henry White, Thirty Years of American Diplomacy*)에서 기록한 것처럼, 밸푸어와 화이트 대사 간의 대화는 다음과 같다.

- 밸푸어(가벼운 뜻으로) : 독일이 다수의 선박을 건조하고 영국의 무역을 망치게 하기 전에, 독일에 대해 선전포고하는 이유를 찾지 못한다는 것은 어리석은 짓이오.
- 화이트 : 당신은 개인적으로 훌륭한 사람이오. 그런데 어떻게 해서 자기나라에 대해 해로움을 가하지 않는 타국에 대해 전쟁을 걸다니. 그런 정치적인 부도덕을 저지르다니? 그 나라도 당신네 나라와 마찬가지로 해군을 보유할 정당한 이유가 있어요. 독일과 무역상의 경쟁을 하고자 한다면 더 열심히 일을 하세요.
- 밸푸어 : 더 일하는 것은 우리들의 생활수준을 낮추는 것이 될 것이오. 그것보다는 전쟁을 하는 편이 영국에 있어서는 더 간단한 해결방법일 거요.
- 화이트 : 놀라운 일이요. 당신 같은 사람이 그런 얘기를 하다니.
- 밸푸어(다시 가벼운 뜻으로) : 이것은 바른가, 바르지 않는가의 문제가 아니라, 영국의 우위 유지에 관한 문제이지요.

영국의 저명한 군사사학자 풀러 소장은 이 기록에 남겨진 대화에 대해 이렇게 언급하고 있다. 이 두 사람의 대화에서 흥미 있는 점은 밸푸어의 도리에 어긋나는 냉혹함을 증명하는데 멈추는 것이 아니다. 이 대화의 중요한 점은 "산업혁명에 의해 생존을 위한 경제투쟁이 생겨났지만, 이 투쟁에서 사람들은 원시시대로 돌아가서 숲속에서 행해졌던 자기 보존의 법칙을 적용하게 되었다는 것을 뜻하게 되었다. 원시시대의 인간과 맹수와의 싸움은 국가 간의 산업투쟁으로 모습을 바꾸었다. 이 산업투쟁에서는 각 경쟁자들이 모두 야수처럼 싸웠다."

내가 역사에 대해 배운 지식의 전부는 제1차 세계대전의 전쟁 전과 전쟁 중을 포함하여, 유럽의 피 묻은 각 세기, 그것은 마치 지금의 유럽 천지에 불타기 시작한 대화재의 조건, 또 그 환경, 이런 사건에 의해 나는 미국이 적절한 시기도 아닌데 제2차 세계대전에 개입하려는 것에 대해 반대하는 입장을 가지고 있었다. 그러나 나는 직업군인의 한 사람으로 미국과 같은 정치체제하에서 전쟁인가, 평화인가의 결정은 내가 관여할 바가 아니었다. 나의 업무란, 사태의 진전을 예상하여 계속 전쟁계획을 수립하고, 운명의 여신이나 정치가, 권력에 사로잡힌 지도자들이 언제 시작할지 모르는 사태에 대해 미국을 준비시키는 일이었다.

이리하여 나는 스스로 바라지도 않았던 전쟁을 위해 「승리의 계획」의 입안자가 되었다. 일단 이 계획의 작성에 임하게 되자, 나는 최단기간에 적을 항복시켜 전후의 평화회의에서 미국이 또다시 위협을 받지 않는 유리한 지위에 선 세계를 출현시키고자 그 계획 작성에 모든 힘을 기울였던 것이다.

Ⅱ. 제2차 세계대전에의 개막

1. 루스벨트의 전쟁계획

나에게 있어서 1941년 12월 5일은 생애에서 잊을 수 없는 날이다. 그 날은 일본군의 진주만 공격 2일 전인 금요일 오전 7시 30분, 뮤니션 빌딩의 나의 사무실에 들어가니 사무실 안은 이상한 분위기에 휩싸여 있다는 것을 곧 느꼈다. 장교들이 모여서 시끄럽게 얘기하고 있다가, 나의 비서가 당황하면서 「워싱턴 타임스-헤럴드」(Washington Times-Herald)지를 건네주자 시끄러움은 곧 잠잠해졌다. 실내는 조용해 졌고, 실내의 눈은 모두,

〈루스벨트의 전쟁계획〉

이라는 커다란 표제의 신문활자를 읽었으며, 조금 작은 활자로

〈1,000만 명의 동원병력을 목표로 하여〉
그 반수는 유럽, 아시아, 아프리카에 파견.
나치 타도를 위해 1943년 7월 1일까지 지상 공세작전이 제안되다.

나는 퍽 걱정이 되어 「시카고 트리뷴」(Chicago Tribune)지의 체슬리 맨리(Chesly Manly) 기자의 서명이 있는 기사를 급히 읽었는데, 다음과 같이 시작되었다.

루스벨트 대통령의 명령에 의해, 육·해군 합동사령부가 계획한 비밀보고서에 의하면, 총원 5백만에 달하는 미국의 원정군이 독일 및 그 위성국에 대해 결정적인 지상공세를 하기 위해 동원될 것이 요구되었다. 이 비밀보고서에는 총 10,045,658명의 동원이 계획되고 있다. 이 계획은 지금까지 경험하지 못한 규모의 적어도 두 개의 해양, 세 개의 대륙, 즉 유럽, 아프리카 및 아시아에 걸친 전면전쟁의 청사진이다.

2 CENTS

Chicago Daily Tribune — THE WORLD'S GREATEST NEWSPAPER

FINAL

THURSDAY, DECEMBER 4, 1941. PRICE TWO CENTS

F. D. R.'S WAR PLANS!

REDS BEGIN NEW DRIVE TO BREAK VISE ON MOSCOW

Strike at Nazi Line South of Leningrad.

LEIBER TRADED TO GIANTS; CUBS GET BOWMAN

NEWS SUMMARY

HOUSE ADOPTS DRASTIC BILL TO BLOCK STRIKES

Goes to Senate on 252-136 Vote.

THE STRONGHOLD OF PEACE

GOAL IS 10 MILLION ARMED MEN; HALF TO FIGHT IN AEF

Proposes Land Drive by July 1, 1943, to Smash Nazis; President Told of Equipment Shortage.

REVEAL TURKEY GETS LEND-LEASE

이 기사를 읽음으로써, 내가 과거 수 개월간 밤낮으로 심혈을 기울였던 「승리의 계획」의 가장 중요한 내용을 「시카고 트리뷴」 지의 기자가 정확하게 전하고 있다는 것이 확실했다. 「승리의 계획」에 관한 정보는 육군의 전쟁처에서도 대단히 엄격한 비밀 유지의 수단이 취해지고 있었다. 맨리 기자에 의해 "문명사회의 전역에 걸쳐 사람들의 운명을 좌우하는 결정사항이나 공약을 명시한 놀라운 문서"가 대대적으로 빠져나와 미국정부가 비밀로 간직하고 있던 전쟁계획은 지금 온 세상 사람들이 알게 되었다.

워싱턴에 폭탄이 투하되었다 해도, 나는 이 정도로 놀라고 곤혹스러워 하지는 않았으리라. 육·해군을 지금까지 실시해 보지 못한 규모로 동원하고, 그것을 독일과 일본에 대한 해외작전에 사용하고자 하는 상세한 계획이 탄로 났다는 것은 미국정부에 있어서 정치적 다이너마이트가 폭발했다는 것을 뜻했다. 이것은 미국이 유럽전쟁에 개입하고자 계획하고 있고, 그 시기는 목전에 임박해 있으며, 또한 루스벨트가 주장한 유럽 전쟁 불개입의 약속은 다만 선거연설에 지나지 않다는 것을 증명하는 지울 수 없는 증거가 되었다. 거기에다 나 자신은 이 계획의 비밀유지의 담당자이고, 이 계획이 누설되기만 해도 미국의 참전을 서두르게 할지도 몰랐다.

그리고 실제로 계획 작성의 책임은 포트 베닝(Fort Benning)의 부대 지휘관으로부터 2, 3개월 전에 전근해 온 당시 소령인 나에게 떨어졌다. 「승리의 계획」의 입안은 스팀슨에서 마셜을 거쳐 제로우(Gerow)로부터 웨드마이어에게 전해졌다. 이 계획의 작성방식은 정상적인 것이었지만, 세계적 규모의 전쟁계획은 지금까지 작성해보지 않았기 때문에 일상적인 업무와는 달랐다.

우리에게는 국가 목적이나 전략목표가 지시되지 않았기 때문에 이런 계획을 작성한다는 것은 마치 해도海圖가 없는 바다를 나침판 없이 다만 별을 바라보고 운명의 피안을 향해 항해하는 것과 같았다. 그러나 제로우 장군은 전쟁처의 여러 부서는 나의 일을 도우라고 지시했고, 또한 나는 정부의 부서에서 필요한 자료를 얻기 위해 접촉하는 것은 허가되어 있다는 것을 보장하였으며, 특히 기밀 유지에 세심한 배려를 해야 한다는 것도 주의시켰다. 이것은 일반적인 미국 국민은 아직 미국을 전쟁에 휘말리지 않게 한다는 루스벨트 대통령의 약속을 믿고 있고, 갤럽(Gallup)의 조사에 의하면, 미국 유권자의 대부분은 미국의 참전에 반대하고 있어서 이런 세심한 주의를 한다는 것은 당연하다고 하겠다.

2. 대서양 회담의 내막

미국정부의 전쟁준비와 중립 위반행동은 추축 국가(Axis Power)를 도발하여 미국에 선전宣戰하게끔 계획되었다. 이것은 영국과 소련을 강화함으로써 미국은 참전하지 않아도 된다고 유창하게 설명되었다. 마찬가지로 미국의 군사력 강화는 미국과 미국 영토의 여러 섬 그리고 서반구에 대한 침략을 억제하기 위해 필요하다고 주장되었다.

미국의 국방에 영향을 미치리라는 모든 예측할 수 없는 사태에 대처하는 계획을 작성하는 데는 역사적으로 많은 전례가 남아있지만, 루스벨트는 실제로 그런 위협이 없었는데도 나치 독일이 아프리카의 다카르(Dakar)에서 남미(South America)를 침략하고자 한다고 얘기하여 미 국민을 공포로 몰아넣었다. 히틀러는 남·북 아메리카의 여러 나라를 위협하지도 않았고 또한 공격을 계획하지도 않았다.

루스벨트 대통령, 처칠 수상, 카도간 외무차관, 홉킨스 및 웰스 국무차관 사이에서 합의한 대서양 회담의 각서에 의하면, 루스벨트는 일본이 남방으로 진출한다면, "미국은 여러 가지 수단으로 이에 대항하며, 이것 때문에 미국과 일본 사이에 전쟁이 일어난다는 것을 나는 각오하고 있다"며 책임을 가지고 일본에 통고한다고 말했다.

처칠은 후에(1942년 1월 27일) 대서양 회담의 결과, "미국은 미국 스스로가 공격받지 않아도 동아시아에서 전쟁에 참가할 것이며, 일본이 태평양에서 활개를 치면, 영국은 일본에 대해 단독으로 싸우지 않아도 되리라"고 하는 확신을 가지게 되었다고 영국 의회에 보고했다. 한편, 루스벨트는 육·해군 장관에게 명령하여 비밀리에 전면전쟁을 준비하고, 일본과 독일을 격파하기 위해 미국의 모든 자원을 동원하도록 지시했다. 이리하여 미국의 「승리의 계획」이 「시카고 트리뷴」과 「워싱턴 타임스-헤럴드」에 극적으로 드러나게 되었다.

3. 루스벨트의 공포선전恐怖宣傳

미국의 많은 젊은이들을 먼 전장, 즉 유럽에 파견한다는 계획이 드러나게 되자 루스벨트는 벗들에게 싸워야만 하는 경우라면 외국에서 싸우는 편이 미국 본토에서 싸우는 것보다 낫다고 대답하기도 했다.

미국 정부의 요인들 가운데, 미국은 유럽의 전쟁에 개입하지 않는다는 원칙을 충실히 지키기 위해 애국적인 노력을 기울인 사람은 거의 없었다. 그러나 한 주먹도 안 되는 용기 있는 시민과 몇 사람의 국회의원들은, 독일군이 독일 공군의 맹렬한 폭격지원하에서도 22마일(약 35㎞)의 영국해협을 건너지 못했음을 지적했다. 그러나 루스벨트와 그의 동조자들은(1941년 6월 22일 이후, 갑자기 공산주의자들까지도) 독일군이 수천 마일의 지중해와 대서양을 건너서 남미대륙에 유력한 침략군을 상륙시켜 브라질과 중미의 통과 불가능한 밀림지대를 돌파하여 마침내 미국을 공격할 수 있고 또 그렇게 하리라고 주장했다.

미국의 군인들은 독일의 공군과 지상군을 실제로 포착·격멸함으로써 독일의 항전 의지를 굴복시키고, 독일을 패배시킬 준비를 해야 한다는 것을 확실히 인식했다. 그것은 결국 대부대의 미국 원정군이 유럽의 전장으로 파견되리라는 것이었다. 그렇다면 추축국을 격멸하기에 필요한 작전이란 어떤 작전일까. 그 당시(1941년 여름)는 확실히 예상할 수 없었다.

독일, 이태리 및 일본을 격파하기 위해 필요한 미군의 기동력, 병력 및 편성의 일반계획에 대해 정확한 어림을 작성할 필요가 있었다. 훈련, 장비, 무장, 차량, 선박, 항공기 기타 수천 종류의 많은 자재를 가능한 빨리 작전부대에 공급할 수 있도록 해야 했다. 이를 위해 미국의 공업 생산력과 인적 자원에 관하여 주의 깊은 어림을 수립할 필요가 있었다. 징병의 실시에 있어서 국내의 경제와 행정활동(중요한 통신, 수송, 산업, 병원, 법률의 실시 및 공공사업을 포함하는)에 지장을 주지 않도록 신중히 계획을 세워야 했다.

우리는 미군의 예상되는 전개의 시기와 장소를 고려해서 방대한 기동계획을 작성해야만 했다. 그 결과 각종의 조달 자재 품목별로 그 우선순위를 정하게 되었다. 즉, 넓은 전장에 전개하는 거대한 현대군의 장비, 훈련, 수송과 그것을 유지하는 데 필요한 화물선, 철모, 사발 폭격기, 소총, 쌍안경, 전차, 모포 기타 많은 물품에 대해 우선순위를 정했다.

미국 본토와 다른 해외의 영토, 그리고 서반구西半球를 방위하기 위한 여러 기지에 전개하는 군대의 장비와 수송뿐만 아니라, 예상되는 전장에 파견되는 미군부대에 대해서도, 또한 나치 독일군의 침략을 저지하는 연합군에도 필요한 물자를 공급하기 위한 미국의 생산능력을 증가해야만 한다는 것은 극히 분명하였다.

「승리의 계획」 가운데, 육군관계는 직접 나의 감독·지도하에 작성되었고, 육군 항공부대에 관계되는 것은 항공관계의 어림(estimate)을 제출받아 내가 작성한 육군관계의 전력 어림에 첨가했다. 해군관계는 해군성에서 준비되어, 그 복사본이 나와 합동 참모회의의 육군위원 윌리엄 스코베이 대령에게 송부되었다. 「승리의 계획」이 한 권의 책으로 만들어지기 전에 육군 항공부대에 관한 것을 포함시켜 육군의 전략 어림이 5부가 작성되어 다음과 같이 배포되었다.

> 육군 장관(스팀슨) 1부, 육군 차관보(맥크로이) 1부, 육군 참모총장(마셜) 1부, 육군 참모본부 전쟁계획처장(제로우) 1부, 전력작성 어림 보관용(웨드마이어) 1부.

5부로 작성된 문서는 모두 번호를 붙여 등록되었다. 이러한 조치는 당시 워싱턴에서 실시하고 있는 가장 엄중한 비밀 유지의 방식이었다. 이렇게 비밀이 누설되지 않게끔 조치를 취했는데도 불구하고 그 엄중한 비밀조치가 누설되었다는 중대한 사태에 미국정부는 직면하게 되었다.

루스벨트 대통령은 어떻게 「승리의 계획」이 누설되었는지 연방수사국(FBI)에 조사를 명했다고 제로우 장군의 통보를 받고 나는 퍽 당혹했다. 이 계획이나 다른 비밀사항에 대해 나는 지금까지 허가되지 않은 사람에게 얘기하지 않았다는 것은 내 스스로도 잘 아는 처지였다.

그러나 전쟁이 곧 시작될 긴박한 분위기 속에서 비밀 유지에 만전의 조치를 취했는가에 관해서 자신自信을 갖지 못했다. 나는 미국이 참전했을 때는 곧 정부의 결정에 따라 전면적으로 이것을 지지하여 국가에 충성을 바칠 것을 각오하고 있었다. 「승리의 계획」 누설의 정신적 고통과 연방수사국의 조사에 의해 나는 죄의식을 느꼈고, 나에게 주어진 일을 수행할 수 없었다.

나의 직속상관인 제로우 전쟁계획처장은 나의 입장을 동정해주고, 내가 비밀을 누설하지 않았다는 것을 확신하고 있다고 말해 주었다. 그 후 2, 3시간 후, 맥크로이 육군 차관보에게서 느낀 분위기는 전연 반대였다. 맥크로이 차관보는 나에게 의자에 앉으라는 말도 없이 차렷 자세로 그는 질문했다. "웨드마이어 군, 우리의 전쟁계획의 정보를 누설한 범인은 반드시 어딘가 증거를 남겼을 터인데… 어떻게 생각하나?"

Ⅲ. 연방수사국(FBI)조사

맥크로이 차관보를 만나고 내 방에 돌아오자 곧 두 사람의 연방수사국 수사관이 찾아왔다. 미국 국내에서 그 조직을 과시하는 연방수사국의 에드워드 탐(Edward Tamm) 차관이 방문한 이유는 「승리의 계획」의 비밀이 왜 누설되었나에 관해서 어떤 생각을 가졌는지 내 설명을 듣기 위해서였다.

첫 번의 조사를 받는 동안, 나는 「승리의 계획」을 작성하는 동안 부주의한 언동을 취한 일은 없었는지 생각했다. 조사를 받는 이틀째도 나는 수사관의 조사를 받으면서 나의 부하와 내가 계획 작성에 교섭을 가졌던 사람들에 대해 수사관에게 설명하면서도 참모본부 전쟁계획처의 직원으로 평상시와 마찬가지로 업무를 처리했다.

나는 수개월 동안 미국의 국가목적을 확인하고, 미국의 유럽전쟁 개입을 정당화하는 정책이나 협정 등이 있는지 발견하려고 노력했다. 미국의 먼로교리(Monroe Doctrine)는 잘 이해되는 정책의 하나이지만, 독일이나 이태리가 이 교리를 분명하게 침해하여 서반구에 영토를 확장하려는 계획을 하고 있는지, 혹은 영토를 어디까지 확장할 수 있는지, 이 점에 대해 확신을 가진 사람은 아무도 없었다.

1941년 6월 22일 소련과 독일은 불가침 조약을 파기하고 전쟁을 개시한 후, 서로 사투死鬪를 계속하고 있는 동안 유럽의 여러 국가는 사정이 허락하는 한, 이것을 조용히 지켜봐야 한다고 나는 때때로 의견을 발표했다. 이리하여 양국이 서로 지쳐 넘어질 때까지 기다렸다가 영국과 아마도 미국이 기회를 잡아 유럽의 세력균형을 확립한다는 역사적 사명을 수행할 수 있으리라. 그리하여 유럽을 공산주의와 파시스트가 지배하는 것을 방지할 수 있을 것이다.

연방수사관은 내가 미국의 어디서 살았는지 알고 싶어 했다. 나는 네브래스카 주의 오마하 시에서 출생했고 거기서 웨스트포인트의 육군사관학교에 입교할 때까지 살았다. 1919년 육군사관학교를 졸업하고, 포트 베닝(조지아 주)을 비롯하여, 필리핀, 워싱턴 시, 중국, 필리핀(두 번째), 포트 레벤워스(캔자스 주) 그리고 다시 워싱턴 시에서 근무했다.

수사관이 "독일에 유학하고 있는 동안, 특별한 교우관계를 가진 사람은 없는지?" 하고 질문하자 다음과 같이 대답했다.

> 나는 독일 육군대학에서 많은 학생들을 알게 되고 친구가 되었다. 또 몇 사람의 교관과 사교장에서 알게 된 몇 사람의 민간인도 있었다. 나는 베를린에서 나치 당원인 로스바흐 씨의 아파트를 빌리고 있었는데, 그는 내가 잘 아는 단 한 사람의 나치 당원이었다. 나의 독일인 대부분의 친구는 군인들이었다.

나는 수사관인 제나우 씨에게 말했다. 즉 나는 주로 전술과 군사기술을 배우기 위해 독일에 파견되었으나, 나치즘에 관한 첩보, 나치 지도자의 성격과 목표, 독일 국민에 대한 나치의 심리적 영향력에 대해 실제로 보고 또한 듣기 위해서였다. 부수적으로 나는 공산주의(독일인들은 볼셰비즘이라 불렀지만)에 관해서 그 조직, 목표 그리고 작전에 대해 많은 것을 배웠다. 독일은 소련을 주요 적국으로 보고, 신문과 라디오로 끊임없이 레닌과 스탈린이 실천한 마르크스의 이론을 알려주었다. 나는 당시 공산주의는 자유세계에 있어서 나치즘과 마찬가지로 위험하다고 생각해서 가능한 공산주의에 관한 지식을 얻고자 많이 노력했다.

나는 독일에 체재 중, 정치 문제를 들고 나와 독일인 친구들을 난처하게 만들지 않도록 조심했다. 실제로 독일 육·해·공군의 군인들은 나치 당원이 되는 것을 허용하지 않았다. 독일 육군대학에서의 약 2년간, 내가 매일 접촉한 독일장교들은 그 성격, 능력, 군사관계의 전문적인 기량에 대해 신중히 선발된 자들뿐이었다. 독일 장교들은 그들의 임무에 근면하고 열심이었다. 그들은 정치문제에 대해 논의하지 않도록 지시를 받고 있었다. 당시의 정부에 대해 아무런 해로움이 되지 않는 비판에 대해서도 그것을 행한 자는 엄중한 처벌을 받거나 영창에 집어넣었다. 독일 육군대학에는 미국 외에도 이태리, 네덜란드, 불가리아, 터키, 일본, 아르헨티나 및 중국으로부터 교환 유학생들이 파견되어 있었다.

제나우 수사관은 전체주의 정치는 좋다고 생각하는가 하고 질문하기에 나는 파시즘이나 다른 어떤 형태의 독재제도에도 분명히 반대한다고 대답했다. 더욱이, 나는 공산주의란 미국의 안전에 있어서 나치즘이나 파시즘보다 훨씬 위험하다고 첨가해서 말했다. 나치즘이 국민적 운동으로 국지적 성격을 가지고 있는 것에 반해, 공산주의는 세계를 공산화한다는 확실한 목표를 세우고 세계지배의 음모를 무자비하게 진행시키고 있는 증거가 확연했었다.

제나우 수사관은 내가 육군에 들어오기 전이나, 그 이후에 무슨 사고를 일으킨 일이 있는가 하고 끈질기게 질문했다. 나는 생각할만한 문제는 없었다. 그러나 1921년 사고를 일으킨 당시는 육군사관학교를 갓 졸업한 청년 장교인 나로서 큰 사건으로 생각되었다. 나는 웨스트포인트에서 수도원과 같은 생활을 보냈기에 일반사회와는 동떨어진 환경에서 성장했다. 사관학교 졸업 후, 자유로운 몸이 되고 보니 지금까지의 엄격한 생활에 반감을 느길 때가 간혹 있었다.

조지아 주의 포트 베닝 근무 중인 1921년 2월, 나는 주둔지 부근의 휴양도시 코로보스 시에 있는 클럽에 친구와 둘이서 술을 마시러 갔다. 술맛이 좋아서 너무 많이 마셔 술주정을 하면서 부대로 돌아왔다. 술주정은 부대의 주둔지 내에서는 규정 위반이며, 특히 금주법시대의 미국에서는 법률 위반이었다. 우리가 술주정을 하고 있을 때, 상관이 왔어도 다리가 휘청거려 차렷 자세도 취하지 못하면서, 나는 "제29 연대 만세! 나는 이 연대에 근무하고 있다. 그것은 나에게 큰 자랑이다." 하고 잠옷차림으로 내 앞에 서있는 대령에게 큰소리를 질렀다. 내가 조용해진 주둔지의 고요한 밤을 시끄럽게 만든 것은 오전 2시였다.

나는 이런 실태로 인해 장교나 신사로 있을 수 없는 행동이라 하여 군법회의를 받았다. 나는 자신의 죄를 인정했고, 6개월간 매월 50달러의 벌금형과 함께 '외출금지'가 언도되었다. 나는 자신의 장래를 생각했다. 사관학교를 갓 나온 초급장교인 주제에 군법회의 처벌을 받다니. 이것으로 나의 군인으로서의 생명은 끝난 것으로 생각했다. 눈앞이 캄캄했다. 그래서 나는 사표를 제출하고 뉴올리언스와 남미를 왕복하는 기선회사에 취직을 신청했더니 간단하게 채용되었다. 그러나 나는 재판 중이거나 군법회의에서 형벌을 선고받고 있는 기간 중에는 사직할 수 없다는 것을 알게 되었다. 말하자면 육군 당국이 나의 사직을 인정하는 것은 6개월 후라는 것이었다. 내가 처벌의 언도를 받고 2개월이 지났을 때, 포트 베닝의 지휘관 폴 B. 마론 장군이 나를 그의 부관으로 임명했다.

이것은 나에게 있어서 행운이었으며, 마론 장군은 훌륭한 인격자로 젊은 장교가 범하기 쉬운 혈기와 폭주를 잘 이해해 주었다. 마론 장군은 나에게 언도된 처벌은 틀리지 않았다는 것을 시인하고, 내가 여기서 좌절하지 말고 열심히 공부하라고 타일러 주었다. 그리고 나의 장래는 육군에 있어서

나 다른 직업에 종사해도 훌륭하게 수행할 수 있다며 개인적으로 나를 격려해 주었다.

마론 장군의 충고로 나는 내 자신의 인생경험의 미숙함을 통감했고, 자칫 허풍스러운 생각이나 성실하지 못한 기분을 극복하게 만들어 착실한 근무를 하게 만들었다. 이것이 처벌을 받게 된 단 한 가지 육군에서의 사건이었다.

당시 독일 제3제국이 실시한 시책 가운데는 훌륭한 면도 몇 가지 있었다. 예컨대, 공공 사업계획, 예술·음악·과학의 장려, 도로와 통신시설의 건설, 하층계급의 사람들을 국비로 해외여행을 시켜 문화교류의 기회 등을 만들어 주기도 했다. 나는 또 미국 육군성에 독일의 전쟁술, 훈련 및 신무기의 기술 개발은 미국 육군보다도 훨씬 훌륭하다고 독일에 호의적인 보고서를 제출했다.

훨씬 후에 미국이 진주만 공격을 받는 직전의 이상한 흥분 분위기에 휩싸여 있을 당시의 공식문서를 찾았더니, 나치 운동에 참가하지 않는 독일인에 대해 내가 호의적인 태도를 보였다는 것, 또한 내가 독일 체재 중에 경험하고 관찰한 사항에 대해 독일 선호의 귀국 보고서를 제출한 것이 나의 동료와 벗 가운데서도 나를 나치의 동조자로 생각하게 했다는 것을 나는 발견했다. 내가 독일계 미국인이기에, 그래서 독일 선호인으로 의심한 사람은 미군 고급장교나 최고 지휘관 가운데 많은 사람이 독일계 출신이었다는 사실을 간과하고 있다. 말하자면, 크루거(Krueger), 니미츠(Nimitz), 아이켈바커(Eichelberger), 올렌돌프(Ollendorf), 스트랫마이어(Stratemeyer), 스파츠(Spaatz) 그리고 아이젠하워(Eisenhower)는 독일계 출신의 미국인이었다. 나는 아마 미국은 전쟁에 개입해서는 안 된다는 것을 강조했거나 경솔히 말한 것이 되리라. 당시의 상황으로는 미국의 참전이 필요할지 모른다는 사실을 나도 시인했다. 내가 이상과 같이 솔직하게 논의하자 수사관들은 상당히 흥미를 가졌던 것이다.

나는 미국이 마침내 전쟁에 돌입한 후, 1942년 1월 1일의 일기에 다음과 같이 적었다.

> 이 새해는 미국 국민뿐만 아니라, 전 세계의 여러 사람들에게도 많은 고통과 희생을 약속해 주었다. 이데올로기 투쟁, 강탈, 지도자의 권력투쟁, 더 살기 좋은 생활을 하기 위해 노력하는 집단, 이러한 것들이 혼합되어 온 세계가 혼란, 파괴, 만행 행위가 펼쳐지고 있다. 지금 미국 국민은 하나의 주의를 타도하려고 힘을 기울이고 있으나, 이 주의를 타도한 후에는 이 주의와 같은 정도의 위험성이 있는 색깔이 다른 주의를 출현시키게 된다는 것은 분명하다. 미국은 전쟁으로 파괴된 세계를 안정시킬 수 있는 임무를 수행할 실력을 구비하고 있으니 전쟁에서 승리하여 평화회의에서도 훌륭한 성과를 얻어야 한다.

12월 7일의 일본군의 진주만 공격에 의해 미국 국민 전체의 관심은 미국의 방위라는 신성한 의무에 집중되었다. 우리 미국인들은 모든 전쟁에 대한 서로 다른 견해를 버리고 하루라도 빨리 승리하기 위해 국가에 충성과 애국심을 바치는데 각자의 최선을 쏟는다는 것에 전 국민이 일치했다.

연방수사국의 비밀 누설사건의 조사는 아직 계속되었으나, 일반인의 관심은 급속히 이 사건에서 멀어졌다. 그 후 세계대전의 4년간, 이 「승리의 계획」 누설사건은 뉴스에서 사라졌다. 누가 이 비밀을 누설했는가를 규명하고자 했던 나의 노력도 실패하고 말았다.

그러나 나는 이 사건 발생 당시의 워싱턴의 모습을 확실히 회상할 수 있다. 전쟁이 임박한 긴장감, 미국 참전을 정당화하기 위해 루스벨트 대통령이 차례로 실시한 여러 책략策略, 1억 3천 5백만의 미국 국민을 죽음과 파괴의 유럽지옥에 보내려는 어긋난 길의 폭풍을 진압시키고자 하는 사람들의 현명한 마음의 현명한 진정작용, 그러한 것들을 나는 생생하게 회상할 수 있다.

Ⅳ. 전략가로서의 교육

나는 제3자로부터 어떠한 연유에서 전략계획 수립의 책임 있는 지위를 얻게 되었나 하는 질문을 받았고, 또 나 자신도 그 이유를 때때로 생각해 본다. 나의 어떠한 경험, 훈련, 혹은 관심이 나로 하여금 참모본부의 전쟁계획처(War Plan Division)로 오게 했으며 또 「승리의 계획」의 작성을 담당하게 된 원인이 되었을까?

옛말에 각자의 성격이 각자의 운명을 결정한다고 했다. 인간은 소년시절을 보낸 환경과 그 때 받은 영향에 의하여 그 사람의 성격이 형성되고 관심을 가졌던 대상이 결정되며, 일생을 지배하는 장래의 진로가 결정된다는 것도 사실이다.

나의 인생을 결정케 하는데 영향을 미친 어린 시절을 회고해 보건대, 그것은 나의 아버지의 영향으로 역사에 대한 나의 비상한 관심을 각성케 했다는 것을 시인해야 하겠다. 역사는 내가 좋아하는 과목의 하나요, 또 그 후 군인으로서 전략적戰略的 사고思考의 배경적 요소가 되었다. 나의 부친이 미국의 제1차 세계대전 참전 전에 대전大戰의 원인과 독일이 전쟁 도발자인지 아닌지 친구들과 논의함으로써 나는 깊이 생각을 하는 동기를 가지게 되었다. 그 결과 조잡하고 악의에 가득 찬 전쟁선전에 현혹당하는 일이 적어졌고, 또 온건하게 빈정대는 사람인 역사가 기번(Gibbon)은 "인간의 어리석은 짓, 범죄 및 참혹의 기록"이라고 부른 전쟁에 대하여 연구하도록 용기를 북돋아 주었다. 그래서 나는 일찍이 군사사(Military History) 뿐만 아니라, 정치사, 경제사, 사회사에 관해서도 관심을 가지게 되었다. 오마하(Omaha) 시의 초등학교와 중학교에서 받은 정규 교육은 그렇게 영향을 주지 못했으나, 그 당시 나는 많은 독서를 하였다.

미 육군사관학교에서 잘 감독된 육체적, 정신적 및 지적 훈련을 받은 경험이 있는 청년들은 누구나 그렇게 생각하는 것처럼 나도 사관학교 생활에 의하여 그 후 계속 많은 감화를 받았다. 기술적인 교육 외에 생도들은 훈육의 중요성, 겸허, 경제적·사회적 직위에 관계없이 타인을 존경하도록 교육을 받았으며, 사관학교의 훈육에서 명예를 존중하고 성실해야 한다는 것을 배웠다. 지금 생각하면, 두 가지의 덕목은 미국의 장래를 약속하는 눈에 보이지 않는 보증이라고 여겨진다.

웨스트포인트를 졸업한 후, 우리 학년은 2, 3개월간 유럽을 견학했다. 이 여행 중 나는 전쟁에 의한 혼란과 파괴의 자국을 견학했고, 각 병사의 조국에의 용감한 행위, 희생, 헌신을 말없이 얘기하고 있는 몇 줄의 십자가가 서 있는 묘지를 방문했다. 나는 너무 자신의 안락이나 안전에 신경을 쓰지 않게 되고 타인에 관하여 더 걱정하게 되었다. 나는 천천히 그리고 거의 무의식적으로 인생에 대하여 심각하게 생각하게 되었다. 나는 많은 책을 읽었고, 자발적으로 공부하였으나, 이것은 정규 시험에 합격하기 위해서가 아니고, 갑자기 넓혀져 가는 나의 사물의 본질을 탐구하려는 호기심을 만족시키기 위해서였다. 이상한 성격의 인물을 발견하거나 또 그 사람과 흥분의 경험을 나눈다든가, 인생에 대하여 넓은 견지에서 본다는 등 독서에서 많은 즐거움을 얻었다.

나는 조지아 주의 포트 베닝에서의 근무 후, 10년간의 절반 이상을 필리핀과 중국에서 보냈다. 그러나 그 사이에 한 번 워싱턴에 단기 여행을 한 적이 있었다. 중국의 텐진(天津) 근무는 특히 공부가 되었다. 장교들과 그의 부인들도 중국 북부의 언어이고 전 중국의 공용어 겸 문장어인 북경어를 배우도록 권유를 받았다. 우리는 시험에 합격하기 위해 일주일에 6일간 땀을 흘리면서 공부를 했다. 우리의 중국어 선생은 영어를 몰랐다. 이 선생의 중국어 교수법은 어떤 하나의 물건을 가리키면서 그 이름을 가르치고 그 이름을 자기가 발음한 후에 몇 번씩 우리에게 반복케 하는 것이었다. 우리는 중국의 본 고장에서 그것도 귀로부터 중국어를 배웠다.

나는 텐진 주재駐在와 2회의 필리핀 근무의 덕택으로 바로 지금부터 동양의 천지를 진동시키고자 하는 큰 동란에 관하여 깊이 관찰할 수 있었다. 나는 샌프란시스코에서 필리핀으로 향하는 배에서 부모와 함께 여행 중인 데이드 엠비크(Dade Embick) 양과 알게 되어 1925년 콜레지돌에서 그녀와 결혼했다. 결혼 1년 후, 장남 앨버트가 워싱턴에서 태어났고 그리고 1928년 차남이요 막내 아들이 태어났다.

미 본국에 돌아가서 캔자스 주의 포트 레벤워스(Fort Leavenworth)에 자리 잡고 있는 육군대학에 입학하게 되었다. 학교의 교육과정은 2년간(1934~6)이었다. 1학년 때는 증강된 사단 단위까지의 전술과 기술 외에 보병사단의 모든 무기의 전술적, 기술적 취급법과 지원 요령, 즉 전차, 포병, 통신, 공병 및 자동차 수송에 관하여 배웠다. 자동차, 기차 및 선박을 사용한 병참 및 기동에 대해서도 배웠다.

군사사軍事史는 중요한 과목이었고 또 학생들에게 있어서도 즐거운 연구과목이었다. 학생들에게 과해진 문제의 어떤 것은 도상연습으로 해결할 것도 있었고 또 연습의 경우에는 연습에 적합한 부근의 지형을 골라서 학교가 바라는 기동연습을 했다. 학생들은 열심히 공부를 했다. 더욱 중요한 것은 각 학생의 성적은 육군성에 통보되고, 이 성적이 각자 장래의 육군생활을 크게 좌우한다는 것을 학생들은 잘 알고 있었다.

제1학년에서 2학년으로 진학할 때 학생들은 명칭뿐인 휴가를 받았다. 그리고 휴가가 끝나면 학생들은 군사문제에 관하여 연구논문이나 외국어만으로 기술되어 있는 역사상의 중요한 작전의 일부를 번역하여 제출해야만 했다. 나는 1차 세계대전의 벨포트 갭(Belfort Gap) 부근의 전투를 기술한 프랑스어 문헌의 번역을 선택하였다. 만약 내가 졸업 후, 독일의 육군대학에 유학하게 된다는 것을 사전에 알았다면 프랑스어 대신 오히려 독일어의 문헌을 골라서 번역했을 것이다. 그러나 내가 독일 유학에 예정되어 있다는 것을 알려온 것은 제2학년 때였고, 육군대학의 부교장은 나의 이력서를 보고 내가 독일어를 배웠다는 것을 알았다. 나는 고등학교에서 2년간 독일어를 배웠으나 이미 거의 잊어버렸다고 말했다. 그러나 나는 독일 유학을 희망했고 가정교사를 두고 독일어를 공부하게 되었다.

당시 웨스트포인트의 동기생인 육군 대위 하이트네스가 전년에 미 육군대학 졸업 후, 독일 육군대학에 파견되어 있어서 나는 그에게 편지를 하여 독일 육군대학 및 베를린의 생활 상태와 미국인의 초등학교에 관하여 문의하였다. 그는 나의 편지를 받고 무척 반가워했으며, 독일 유학을 권장하였다.

미 육군대학의 제2학년의 과정에서는 대부대, 예컨대 군단(Corps)과 군(Armies)의 운용에 관하여 배웠다. 또 군사사에 관해서는 프리데릭 대왕, 나폴레옹, 시저(Caesar), 마케도니아의 필립 대왕 및 알렉산더에 대해 연구했으며, 남북전쟁과 제1차 대전의 주요한 작전에 대해서 상세히 검토했다. 그리고 해군과 공군에 대해서도 연구를 했다.

미 육군대학에서 나는 가장 새로운 군사학軍事學에 대해 공부했다. 그러나 내가 전략가로서 본격적인 교육을 받은 것은 1936년부터 38년까지 2년간 독일 육군대학에서 배움으로써 시작된다. 독일 유학은 군인으로서 가장 습득하는 것이 많았던 임무였으며, 내가 1941년 초에 참모본부의 전쟁계획처에 보직을 받은 주요한 이유는 이 유학에 있었던 것이다.

독일 육군대학에서, 제2차 대전 초기 독일군에 혁혁한 전과를 가져다 준 기계화 부대와 항공부대에 관한 새로운 전술을 습득할 기회가 부여되었을 뿐만 아니라, 국제문제와 세계의 긴장된 분쟁의 진상에 대하여 넓고 깊게 이해할 수 있게 되었다. 나는 독일 육군대학에 유학한 보람으로 미국 육군대학에서 공부한 엄밀한 의미의 군사학의 좁은 개념의 시야에서 전쟁목적을 달성하기 위해 필요한 정치적·경제적 및 심리적 수단을 포함한 넓은 개념의 전략을 연구할 기회를 가졌다.

나는 1936년 7월 2일 베를린에 도착했으며, 당시 개최되고 있던 베를린 올림픽 경기를 구경할 수 있었다. 내가 유럽에 도착한 것이 여름이었기 때문에 육군대학의 강의가 시작될 때까지 3개월간 독일어 공부에 시간을 충당했다.

독일의 육군대학은 베를린의 모아피트 지구에 있었으며, 이 지구의 주변 환경은 좋지 않은 공업지대였다. 그러나 육군대학의 교육시설은 대단히 훌륭했으며, 근대적인 설비가 잘 갖추어진 자습실, 도상 연습실, 강의실, 도서관 및 체육관 등이 있었다. 당시 나는 미 육군대학의 2개년 과정을 졸업했기 때문에 언제나 양국의 육군대학을 비교하여 생각했다. 그리고 나는 독일 육군대학의 교수법과 교육 내용에 깊은 감명을 받았다. 독일 육군대학의 교수법과 교육과정은 나의 판단에 의하면 미 육군대학보다 훨씬 훌륭하였다.

미 육군대학의 교육은 독일에 비하여 이론을 대단히 중요시 했다. 더욱이 미 육군대학의 교관들은 독일의 육군대학 교관들처럼 유능하지도 않을 뿐만 아니라 훈련되어 있지도 않았다. 내가 미 육군대학을 졸업하기 직전인 1936년 6월, 부교장 버트(Burt) 대령은 우리 동기생들을 불러서 육군대학의 교육과정과 교수법에 대하여 학생들의 의견을 구하였다. 나는 육군대학의

'형편없는 교수법에도 불구하고' 많은 것을 공부했다고 약간 장황한 어조로 부교장에게 말했다.

부교장은 다행히 내가 건설적인 의견을 말했다고 시인했다. 나는 미 육군대학에는 진실로 학생을 교육 지도할 수 있는 교관이 2, 3명에 지나지 않는다고 말했다. 2, 3명 이외의 교관들은 어느 정도 지식을 가지고 있지만 이것을 타인에게 가르칠 능력이 결여되어 있고 어떻게 타인에게 자기의 지식을 주입하는가 하는 교수법의 훈련이 부족하다고 말하였다.

부교장은 나에게 그 이유를 질문했다. 나는 새로운 교관의 임명은 이미 육군대학의 교관을 하고 있는 그들과의 교우관계에 의해 대체적으로 결정된다는 점을 지적했다. 이것은 육대의 교관들은 각 학년 말이 되면 교장 및 부교장으로부터 교관 후보자의 명부를 제출하게 되어 있다는 얘기를 들었다. 이 교관 후보자 명부의 작성에 있어서 골프의 기술, 이미 교관으로 있는 자와의 교류 정도 등이 결정기준이 되어 있으며 후보자의 군사적 전문지식이나 지도력은 기준이 되지 않는 경우가 많았다.

한편 독일 육군대학에서는 교관들은 확실히 자기의 지식을 학생에게 전달하는 방법, 즉 교수법을 잘 알고 있었다. 독일의 교관들은 독일 육군의 전술과 모든 기술상의 여러 원칙을 완전히 갖추고 있었다. 그래서 나의 유학 중, 학생들이 강당에서 실전적인 작전을 연습하지 않는 날은 하루도 없었다. 그 연습에서 교관들은 예컨대, 사단, 군단과 같이 대부대 작전에 관한 문제를 설정했다. 교관은 거기서 한 학생을 선발하여 부대 지휘관으로 명하고 다른 학생들은 그의 참모로 명하거나 혹은 연습의 계획과 실시를 비판하는 관전자觀戰者가 되었다. 각 학생은 각각 명령을 내리고 또 그것을 수령하여 적절한 행동을 취해야 하는 임무를 명확히 할당받았으나, 이것을 수행하기 위해서는 각 학생은 전술적으로나 기술적으로도 자기가 판단을 내려야 했다. 이러한 절차가 독일의 육군대학에서는 매일 계속되었다. 이것은 문제를 이론적으로 해결하는 것을 크게 존중하는 미 육군대학을 무의식적으로 비판하게 되는 마음을 가지게 했다.

독일 육군대학에서의 군사사 연구도 또한 대단히 흥미 깊게 또 연구에 적합하게 준비되어 있었다. 위대한 지정학자地政學者 하우스호퍼도 몇 번 우리에게 강의를 했으며, 주로 고차적 수준의 전략(higher level strategy)에 대해 설명했다. 그는 「심장지역설」(heartland theory)에 관해 논하고 클라우제비츠, 골츠(Von der Goltz) 및 드 피크(du Picq)가 제창한 여러 원칙을 논의했다. 전략연구에 있어서 독일장교들은 남북전쟁에 관하여 공부하지 않지만 영국군 장교들은 남북전쟁에 있어서 남북 양군이 취한 전술과 기술을 연구해야 했다.

후년 나는 많은 영국군 장교, 특히 처칠 수상이 남북전쟁에 관하여 많은 미국군 장교와 같은 정도로 아니, 그 이상 연구하고 있었다는 것을 알았다. 독일군 장교는 프리데릭 대왕, 나폴레옹, 시저, 알렉산더 대왕 및 마케도니아의 필립 대왕이 실시한 전쟁에 중점을 두고 연구했다. 제1차 대전의 전술이 연구되었고 미국의 참전이 대상이 되었다는 것은 두말할 나위도 없다.

미국에 관해서는 비난하는 듯한 얘기는 아니었지만, 미국의 압도적인 생산력이 제1차 대전의 승리를 가져온 결정적 요소였다는 것이 강조되었음을 여기에 첨가해 둔다. 미국은 독일 잠수함이 격침시키는 선박 이상의 선박을 건조하였다. 나는 미국의 생산력에 대하여 힌덴부르크 장군의 '무자비한 공업력'이라는 의견과 마찬가지였다. 미군 지휘관의 누가 전술적 혹은 전략적으로 훌륭했다는 얘기는 없었다.

프리데릭 대왕이나 나폴레옹 작전에 대하여 독일의 육군대학생이 연구할 때는 옛날 전쟁을 했던 그 장소에 가서 연구를 했다. 군사사 교관은 당시의 상황을 설명하고 양군의 배치와 전술상의 여러 요인을 분석하고 또 짬짬이 알려져 있지 않은 흥미 있는 사실史實을 소개해 주었다. 우리들 학생들은 제1차 대전의 여러 전장, 특히 동프로이센의 타넨베르크도 방문했다. 폰 프랑소와의 용감한 지원을 얻어 힌덴부르크 사령관과 루덴도르프 참모장은 우연히도 가장 훌륭한 팀워크(team work), 즉 힌덴부르크의 냉정·침착·군셈, 루덴도르프의 훌륭한 전술, 프랑소와의 맹진·약진·대담무쌍의 결합으로 이루어졌다고 설명하였다. 힌덴부르크, 루덴도르프, 프랑소와의 세 장군은 타넨베르크의 전투에서 그들의 능력을 최고도로 발휘하여 우세한 러시아군을 격파하고 서로 힘을 합하여 근대 섬멸전(annihilation)의 좋은 예를 남겼다.

나의 1학년 때의 주임 지도관은 후에 뉘른베르크 군사재판에서 전범이 된 알프레드 요들 장군의 동생인 페르디난트 요들(Ferdinand Jodl) 소령이었다. 소령은 제1학년의 모든 기간에 전술과 군사기술에 관하여 지도해 주었는데, 교관으로서 가장 훌륭하였다. 병참보급과 철수작전, 통신, 항공, 기계화 부대 및 포병에 관한 특수과목에 대해서는 각각 다른 교관이 담당하였다.

독일의 육군대학에서는 제1학년에서 제2학년이 될 때 휴가가 주어지는 대신 부대로 배속을 받게 된다. 학생들은 부대 지휘관이나 참모의 임무를 맡아서 육군대학에서 습득한 이론을 실제로 적용해 보는 것이다. 매년 여름이 끝날 무렵이면 학생들은 추기秋期 연습에 참가하기 위하여 대부대로 배속된다. 이러한 방식으로 학생들은 완전한 실지훈련의 경험을 얻을 수 있다.

제2학년은 10월 1일부터 시작되는데, 과목 속에는 군이나 군단처럼 대부대의 전투가 포함되어 있으며, 제1학년에서 습득한 과목보다 더 광범한 대전략(grand strategy)에 대해 강의를 받는다. 찬찬히 생각해야 하는 일련의 대전략의 강의에서 지리, 인구 통계학(demography), 기후, 국민의 기질, 정치체제 및 경제 등의 중요성에 관하여 강조하였다.

독일에 유학하기 전에 나는 영국의 지정학자 할포드 맥킨더(Halford Mackinder) 경의 훌륭한 저서 『심장지역설』(heartland theory)을 읽었다. 맥킨더 경은 이 책에서 세계를 정복하고자 하는 자는 유럽과 아시아 대륙의 심장부를 지배해야 한다고 주장했다. 독일인은 맥킨더의 학설을 채용하여 독일의 저명한 전략가 하우스호퍼(Haushofer)가 이 생각을 더욱 연구·발전시켰다.

맥킨더의 학설을 비스마르크적으로 표현을 빌려서 설명한다면 "보헤미아를 지배하는 자가 유럽의 지배자가 된다"고 하는 것이다. 보헤미아는 물론 체코슬로바키아의 일부이다. 내가 독일의 육군대학에 재학 중 도상연습의 하나에 체코슬로바키아에 대한 가상적 공격작전이 포함되어 있었다. 몇 년 후, 실제로 체코슬로바키아의 공략이 일어났고, 이 도상연습이 그렇게 가상적 성질의 것이 아니라는 것이 증명되었다. 육군대학에서의 도상연습의 성과는 그 후 1년 만에 실제로 실시한 작전과 거의 같으며, 그 때 독일군은 남방으로 진격하여 체코를 재빨리 점령하였다.

나는 2년간의 독일 유학에서 귀중한 친구를 얻었다. 나의 친구인 독일장교의 대부분은 1944년 7월, 비참한 실패로 끝난 히틀러 암살사건에 휩쓸려 들어갈 운명에 있었다(이에 관하여 후장에서 설명하겠지만, 여기서는 나치정권을 전복하여 연합군과 조건부로 전쟁을 종결시키고자 한 것이 군인들의 희망이었다는 것을 말해 둔다).

독일의 육군대학 유학 중 나는 매일 대다수인 교관과 학생인 독일장교들과 접촉을 했다. 나의 학년에는 독일 육군 대위인 학생이 약 120명 있었다. 그들의 평균 연령은 35세였다. 또 이 학년에는 9명의 외국장교의 유학생이 있었다. 중국과 아르헨티나에서 각 2명, 불가리아, 이태리, 일본, 터키 및 미국에서 각 1명씩 와 있었다. 학생은 15명에서 18명으로 각 반으로 나누어져 있었으며, 나의 반에는 이태리 육군의 루돌프 파사노 대위가 있었다. 그는 대단히 인기가 있었으며 나보다 독일어가 나았고, 또 열심히 공부하고 있었다.

우리 동기생들과 교관들은 언제나 사이가 좋았으며, 그 가운데서 2, 3명은 각별히 나를 도와주었다. 독일인 학우의 한 사람인 프리츠 베렌드센과는 2년간의 유학 중 책상을 나란히 하고 배웠지만 그는 마음속으로부터 나를 도와주었다. 그가 나의 독일어의 부자유를 도와준 것은 결코 잊을 수가 없다. 교관이 처음으로 'Hinhaltenderwiderstand'라는 말을 사용했을 때 나는 약간 놀랐다. 이 단어의 뜻을 생각하고 있을 때(이 말의 뜻은 다만 '행동을 지연시킨다'는 뜻이다), 옆자리의 그가 기회를 놓치지 않고 이 단어의 뜻을 가르쳐 주어서 한 구절의 말도 놓치지 않고 강의를 들을 수 있었다. 이외에 나에게 호의를 가졌던 독일 장교가 있었지만 대부분 이번 전쟁에서 전사했다.

나는 독일정부의 손님으로서 독일 육군대학에 유학하고 있어서 히틀러나 기타 독일 정치지도자에 관하여 전연 화제에 넣지 않도록 주의하였다. 그러기 때문에 나는 군인이나, 민간인이나를 막론하고 독일인의 누구하고도 정치문제에는 전혀 의논하지 않기로 했다. 독일인도 나에게는 언제나 그들로부터 정치적 문제에 대해 얘기하는 것을 피하고 있었지만, 독일군의 장교들이 히틀러와 나치정당을 비난하고 있다는 것을 점차 알게 되었다. 1936년 베를린 도착 후, 나는 베크 장군을 만났는데 그 때 받은 장군의 인상은 독일 육군의 명예 있는 전통을 확실히 계승하고 국가에 충성을 바치는 인물임을 느꼈다. 그는 날카로운 감각을 지니고 있었으며 조국 독일에 대하여 충성을 바치고 있었는데, 왜 그가 최후에는 그의 생명을 걸고서 히틀러를 정권의 자리에서 추방코자 했는가 하는 것을 나는 쉽게 이해할 수 있었다.

매년 봄이 오면 독일 육군대학의 학생들은 교관과 함께 훈련을 위해 스키여행이 계획되었다. 제1학년의 봄(1937년), 나의 학년은 체코의 국경에 가까운 드레스덴의 남동, 크룸휴벨 부근에 스키 여행을 했다. 우리는 국경에 가까운 산을 미끄럼 타면서 즐거운 2주간을 보냈다. 이것은 나에게 있어서 최초의 스키여행이었다. 이 스키 여행 동안 학생들은 육군대학에서 배운 전술과 기술상의 여러 원칙을 실제로 응용하여 현지 전술의 문제를 푸는 과제가 주어졌다.

1938년 3월 12일, 독일군은 오스트리아에 진주했는데 이것은 오스트리아 병합으로 불리고 있다. 이 때 나는 육군대학의 학우들과 더불어 오스트리아 국경에 연하여 스키를 타고 있었다. 학생들은 오벨스돌프에 기숙하며 현지 전술을 실시할 예정으로 있었는데, 그 때 독일 학생들은 숙영지를 사전 연락도 없이 떠나고 있었다. 사실 나는 오전 8시, 스키여행 계획의 회합 예정 지점에 도착할 때까지 그들이 이미 현장을 떠나고 있었다는 것을 알지 못했다. 거기에 나의 지도관인 코흐 소령이 와서 독일 학생들은 명령에 의하여 다른 장소로 이동했다고 알려 주었다. 코흐 지도관은 그것을 알려주고는 그대로 사라지고 말았다. 물론 나도 묻지를 않았다.

이것은 나에게 있어서 전연 기묘한 경험이었다. 그 전날 밤 동료들과 더불어 팔을 끼고 술을 마시고 노래도 불렀는데 하룻밤을 새고 보니 그들 독일 장교들은 험악한 분위기가 되고 무엇인가 비밀을 숨기고 있는 듯 나에게 대하는 태도가 달라졌다. 이것은 나에게 있어서 괴상한 경험이었다. 전쟁이라도 일어났는가 하고 나는 생각했다.

최초로 독일 군부가 히틀러에 대하여 반란을 기도하고 있다는 중대한 징조를 나타낸 것은 군부의 지도자들이 히틀러의 침략정책은 마침내 전쟁으로 발전할 것으로 생각하여 단호히 이것을 반대한다고 주장했을 때였다. 이처럼 계획되지도 않았고 또 상부에서 지도된 것도 아니었지만 반反히틀러의 감정이 확실한 모습으로 나타나기 시작했다. 그리하여 독일군의 최고 지도자들은 서로 정계政界와 재벌계의 유력자들에 대해서도 반反히틀러 감정에 크게 관심을 표명하게 되었다.

독일 육군 참모총장 베크(Ludwig Beck) 장군은 이와 같은 단호한 반反나치의 상징으로 되어 있었다. 그는 나치의 정책이나 경제원칙에 대해서 전면적으로 불찬성이었고, 히틀러를 존경하고 있지 않았을 뿐만 아니라, 그의 행동을 칭찬하지도 않았다. 나의 독일 유학 중 이와 같은 행동을 조금도 나타내지는 않았지만 장군이 히틀러를 싫어하고 있었다는 것은 장군과 극히 친한 2, 3인의 동료들에게는 잘 알려진 사실이었다. 장군은 나치의 세력 확장정책에 반대하고 독일의 오스트리아 병합에도 히틀러에게 강력히 항의했다. 당시 장군은 독일이 침략적인 가혹한 정복정책을 취하는 한, 반드시 전 유럽에 걸쳐 파멸적인 전쟁을 야기 시킬 것이라고 지적했다. 그래서 장군은 히틀러에게 인접국가와 평화적인 협조관계를 맺도록 강력히 건의했다. 히틀러는 우쭐하여 베크 장군의 경고를 무시하고 성의와 단호한 간언諫言에 귀를 기울이지 않았다.

1938년 여름, 체코슬로바키아를 둘러싼 위기가 폭발점에 도달했을 때, 베크 장군은 히틀러에게 면담을 요구했다. 히틀러는 베크와 회견했을 때, 체코슬로바키아를 병합하려는 그의 생각을 부정하려 하지 않았다. 히틀러는 체코를 병합하기 위해서는 필요하다면 무력에 호소해서라도 강행하려는 생각임을 확실히 했다. 그러나 역설적으로 그는 결코 전쟁을 할 생각은 없다고 강조했다. 베크는 히틀러의 이러한 답변에 만족하지 않았다. 장군이 히틀러에게 전쟁에 호소하지 않는다는 확실한 보장을 요구하자, 히틀러는 분연히 "군대는 정책을 수행하는 도구이다. 그 때가 온다면 나는 육군에 그 임무를 할당할 것이다. 육군은 주어진 임무를 수행해야만 하는 것이고 그 임무가 옳은가, 아닌가를 논의해서는 안 된다"고 외치면서 베크 장군의 요청을 거절했다.

이에 대하여 베크 장군은 조용히 말했다. "내가 납득할 수 없는 관점이 바로 이것입니다. 즉 육군 참모총장으로서 내가 찬성하지 않는 명령에 대해서 책임을 질 준비가 나에게는 되어 있지 않습니다." 베크 장군은 즉석에서 사표를 제출했다. 그러나 히틀러는 이 문제를 우물쭈물 넘겨서 베크를 잡아 두려고 노력했으나 베크 장군의 의지는 확고했다. 그는 다시 육군성의 참모총장실에 나타나지 않았으며 그의 직무를 수행하려 하지 않았다. 이리하여 베크는 히틀러에게 그의 참모총장 사직을 승인케 하는 데 성공했다.

베크 장군은 연합국 측의 선전에 자주 등장하는 독일의 육군 참모장교의 모습과는 정반대의 군인이었다. 그는 조용하고 온화하게 얘기하며 또 냉정하고 침착하였다. 그가 어떤 정식의 얘기를 해야 할 때는 신중한 단어를 선택하여 얘기하고자 하는 사리를 이론적으로 쉽게 설명하였다. 베크는 국제관계에 관해서도 일가견이 있었고, 중부 유럽에 커다란 국제 분규가 발발 직전에 있다는 것도 알고 있었다. 그는 유럽 분쟁의 발전에 커다란 영향을 미치는 정치적·경제적 및 심리적 요소에 대해서 놀라울 정도로 잘 알고 있었다. 더욱이 유럽 각국의 군사력과 그것의 한계도 잘 알고 있었다. 그리고 독일군 장교의 전통을 계승한 문·무文武 겸비의 용장이었다. 그는 클라우제비츠, 골츠의 제자였고 슈펭글러, 드 피크, 손자의 병법에도 능통하였다. 그는 스탈린그라드 전투 이전에 독일군이 소련에서 패배할 것을 예견하였고, 서부전선에서도 독일군이 불리한 상황에 직면할 것이라고 예상했다. 영·미 연합군의 영국해협 횡단의 프랑스 상륙작전은 해·육 상륙부대를 지원하는 압도적인 항공세력 엄호 하에 성공할 것이라고 그의 친한 친구에게 말했다.

나는 2년간의 독일 육군대학의 유학을 끝마치고 귀국한 후, 미국과 독일의 육군대학 교육의 비교에 관하여 검토할 것을 요구받았다. 나는 100쪽에 달하는 보고서와 독일 육군대학의 조직 기능뿐만 아니라 기계화사단, 공정사단, 대전차부대 등을 사용하는 새로운 독일 전술개념에 대해서 해설했다. 기계화사단, 공정사단 및 대전차부대는 당시 미 육군에는 존재하지 않았다. 나는 스스로 참모총장 크레이그 장군과 참모본부의 관계부처에 독일 유학에 관하여 보고했으나, 그들은 나에게 군사 이외의 문제를 질문함으로써 나를 환멸하게 했다. 나는 히틀러의 기벽奇癖, 나치의 유태인 박해, 괴벨스와 괴링의 연애사건에 관하여 여러 가지 질문을 받았으나, 독일의 전략,

전력, 군사훈련, 조직에 관해서는 거의 질문을 받지 못했다.

전쟁계획처의 마셜 장군은 다른 사람들과는 달리 나를 기쁘게 했다. 그는 나의 보고서를 주의 깊게 읽어 주었다. 내가 그의 방에 갔을 때, 그의 책상에는 나의 보고서가 놓여 있었다. 나와 마셜 장군은 독일에 관하여 수 시간 동안 얘기를 나누었다. 그는 점심시간에 나를 불러 같이 식사한 후, 얘기는 오후에도 계속되었다. 그는 내가 상상한 이상의 관심을 보여 주었고, 또 우리는 서로 공감하는 것을 발견했다. 마셜 장군과의 제1회의 면담이 약 1년 후에 내가 미국의 전쟁계획을 수립하는 임무를 맡게 된 원인이 되었다고 나는 생각한다.

아무튼 마셜 장군은 나에게 호감을 가지고 있음을 느꼈다. 언제인가 마셜은 조급히 쓴 메모를 들고서 그의 부관을 향해, "이 메모를 전쟁계획처의 다리가 후리후리하게 긴 소령에게 가져가서 고쳐오게. 그는 쓰는 방법을 알고 있을 터이니." 하고 말했다. 마셜은 이 엉터리 문장의 기안자가 나라는 것을 알지 못했다. 부관은 내가 기안자라는 것을 알고 있었지만, 명하는 직무에 충실하게도 그 일을 말하지 않고 그는 나를 놀리면서 메모를 돌려주었다. 그리고 "참모총장은 이 문장이 엉터리이니 당신이 다시 고칠 것을 명했다"고 말했다.

나는 이 메모의 내용에 대해 약간의 배열을 고치고 격조를 높이기 위해 긴 단어를 붙였지만 기본적 구상은 그대로였다. 후에 마셜 참모총장은 나의 메모를 읽고서 부관에게 다음과 같이 말했다. "보란 말이야. 문장이란 이렇게 쓰는 법이야."

Ⅴ. 승리의 계획

앞에서 얘기한 것처럼, 「승리의 계획」의 목적은 우리의 '잠재적국潛在敵國'을 굴복시키기 위해 미국의 인적 자원, 공업력, 수송력을 동원하는 데 필요한 자료와 견적을 미국정부에 제공하는 데 있었다. 이것은 대단히 큰 과제로 특별히 정한 개인이나 한 부서의 힘으로 가능한 일은 아니었다. 나는 마침 이 계획 작성의 기본 작업을 담당하는 참모가 되었다. 이 기본 작업이란 국가목적과 작전의 규모를 정하고, 그것을 실현하기 위해 필요한 힘을 주로 군사적 단위로 어림하는 작업이었다.

미국의 공업생산력을 전쟁의 실제에 맞추어, 그 능력을 충분히 발휘케 하기 위해 사전에 여러 가지 고려사항을 조사해 두어야 할 문제가 많았다. 예컨대, 미군은 어디에서 전쟁을 하는 것일까? 장래의 전장 예정지역에 군대를 수송하고 그것을 유지하기 위해 인원과 화물 수송용 선박이 어느 정도 필요할까? 미국의 육·해군이 작전을 실시하는 경우 제공권을 획득하기 위해 어떤 형의 항공기가 몇 대나 필요할까? 적의 잠수함, 항공기, 적군의 배치상황을 정찰하기 위해 항공기가 몇 대나 필요할까? 적국에 대해 경제봉쇄를 실시하기 위해서는 어떻게 하는 것이 좋을까? 또 그것을 위해 어떤 병력이 필요하며, 어느 정도의 속도로 징병徵兵을 실시할 것인가? 징집된 병사들의 장비, 훈련시설, 수송수단을 충분히 준비하여 이 병사들을 예정된 전투에 효과적으로 투입하기 위해 어떻게 조치해야 할 것인가 등이다.

군사계획을 담당하는 사람이 말하는 "누구"란, 가상적국과 동맹국이며 거기에는 적과 우리의 의도와 능력도 완전히 평가되어 있음을 뜻한다. "무엇"이란, 어떤 형식의 승리를 획득할 것인가를 뜻한다. 어떤 형식이란, 부분적 승리인가, 전면적 승리인가. 기동 및 공격작전에 의해 승리를 가져올 것인가, 아니면 적에게 출혈작전을 강요하고 해상봉쇄를 실시하여 승리를 획득할 것인가 등 작전 양식의 차이에서 오는 승리의 형태이다. "언제, 어디서"라는 항목은 인원과 장비의 관계를 나타내는 훈련·장비 예정 일람표(flow chart)가 중요하다는 것은 당연하다. 그리고 "어떻게 해서 혹은 무엇을 사용해서"의 항목은 스스로 생각해야만 한다. 그 이유는 먼저 수단을 생각하지 않으면 목적에 도달할 수 없기 때문이다.

가장 중요한 문제에 대해 만족스러운 해답을 제공한다는 것은 거의 불가능하다는 것을 나는 알았다. 즉, 일본·독일·이태리 3국과 싸워 군사적으로 격파하는 과정에서 미국은 국내외에 있어서 어떠한 국내, 국제정세를 만들어야 하고 유지하는가 등이었다. 확실히 나는 미국이 제1차 세계대전의 경험을 반복하고자 하는 것이 아니라고 생각했다. 제1차 세계대전에 있어서 미국의 경험이란, 살상—파괴—분열의 단계를 거친 후, 대전 중일 때의 적국에게 지지를 얻으려고 노력했고, 마침내 전쟁으로 황폐화된 지역의 부흥을 지원해야만 했다. 그리고 제1차 대전 후 가장 비극적인 상황은 평화조약을 체결할 때, 국가들 간의 평화, 정의正義, 체면 때문에 대전 이전보다도 더 위험한 조항을 허용했다는 것이다.

제2차 대전을 시작함에 있어서, 확고하게 전제정치의 계속을 허용치 않는 정치, 경제, 영토, 사회의 여러 조건을 확립하고자 하는 결의를 미국이 또다시 표명하지 못하는 사태가 되리라고는 나는 도저히 상상할 수 없었다. 미국 국민은 나치주의(Nazism)를 공산주의로 교체하자고 희망하지 않았다고 나는 확신하고 있다. 이런 문제는 국가의 최고 지도자가 결정할 문제였고, 나는 확실한 것을 알지 못하고 당분간 막연한 「승리의 계획」 입안이라는 어려운 일에 온 힘을 기울여야 했다.

실제 전투에서 원정부대 혹은 임무부대를 지휘하는 지휘관은 이 작전의 준비단계에서는 아무것도 할 일이 없다는 것을 지적해 둔다. 부대 지휘관의 과업이란, 자기가 지휘할 부대의 전술적·기술적 능력에 대해 알아야 하고, 장애물, 기상, 지세地勢, 부대의 사기士氣와 실전 능력에 대해 숙지할 필요가 있으며, 특히 필요한 것은 적군에 관해 상세히 알아야 한다는 것이다. 이러한 사항은 지휘관에게 있어서 할당된 전투임무를 수행하는 것을 지원하거나 방해하는 여러 요인들이다.

「승리의 계획」은 전략계획도 아니고 또한 전술계획도 아니다. 다만 전략의 여러 원칙 가운데 이 계획에 수용할 수 있는 원칙이나 전술상의 기본적 요소라는 것은 이 「승리의 계획」을 입안하는데 그 일부를 이루는 것이다. 이 계획 입안에서는 최종적으로 군수생산의 소요량이 견적에 포함된다.

그러나 국가목적은 이 전쟁계획과는 별도로 검토되며 전략의 기본원칙이 된다. 거기에 바탕을 두고, 평시에 미국의 국가 이익을 옹호하기 위해 정치적, 경제적, 심리적인 여러 수단이 주요한 무기로 사용된다. 또 전시에는 이 세 가지 수단을 합하여 군사력을 행사하게 된다. 「승리의 계획」은 결코 일정불변의 것이 아니다. 계획 작성에 있어서 시간이 경과함에 따라 생산력과 새로운 기술의 개발 및 확대를 계속하는 여러 전장戰場으로부터의 요구에 맞추어 계획을 조정해야만 했다. 일본이 진주만을 공격하기 훨씬 이전, 미국의 산업계는 프랑스, 영국, 중국 및 소련(1941년 6월 이후)으로부터 긴급한 군수물자의 주문에 응하기 위해 쉬지 않고 생산에 임했다.

미국의 어떤 병종의 부대를 어느 정도 필요한 것인가를 견적하기 위해, 우리와 적군의 육·해·공군의 병력 및 그 내용에 대해 검토를 했다. 일반적으로 공격군과 수비군의 병력 비율은 2대1 내지 4대1이며, 이 비율은 전장의 지형, 양군의 사기, 전투력, 보급능력에 따라 달라진다. 좀 더 정확한 적군의 전력戰力을 평가하고자 한다면 대단히 어려운 문제에 직면하는 것이 보통이다. 그것은 적군에 관해 알지 못하는 분야가 많기 때문이다. 미국 참모본부 제2국(정보)의 파악으로 추축국의 사단 수, 즉 1943년에는 400개 사단을 보유하리라는 정보를 채용한다면, 지금까지의 경험적 원칙으로 비추어봐서 우리 연합국 측은 800개 사단 혹은 그 이상이 필요하다는 것이다.

영국과 영국 연방국에서 약 100개 사단을 제공할 수 있으리라. 그렇게 되면 이론상 700개 사단은 다른 나라에서 구해야만 할 것이다. 제2차 대전 때의 1개 사단의 병력은 평균적으로 15,000명이지만, 전선에서 전투 중의 1개 사단을 지원·유지하는 데는 거의 같은 수의 보급지원부대가 필요하다. 그래서 「승리의 계획」 작성에 종사하는 참모들은 전선부대와 후방부대와의 병력 합계, 즉 30,000명을 1개 사단이라 부르고, 이것을 모든 계산단위로 사용했다. 1개 사단을 30,000명이라 하고 추축국에 대한 사단 병력비를 적어도 2대1의 비율로 유지하려면 미국은 적어도 2천만 명 이상의 병사가 필요하다는 계산이다.

미국 내의 인적 자원을 조사한 결과, 미국의 전 인구 가운데 이런 방대한 인원을 징병하고, 거기에다 통신시설, 수송시설 및 일반 국민들에게 불가결한 보건·치안유지기관을 포함하여 전시 경제활동을 계속한다는 것은 불가능했다. 그러나 유능한 애국적 과학자 집단과 다른 이론과학 및 응용과학 분야 사람들의 헌신적인 노력으로 여러 가지 수단과 무기가 발명되어 인적 자원이 보존되고, 이에 대신할 방법과 무기·기계가 개발되었다.

우리는 약 1천만 명의 미군 병력을 가지고 전쟁에서 승리하기 위해, 미국의 발달된 무기체계(탁월한 무기기술과 거대한 공업생산력의 지탱으로)에 의존했다. 우리 연합국 측은 전 세계의 어느 지역에 있어서도 모두 우세를 유지할 수는 없다. 이것은 적군에 있어서도 마찬가지이다. 그래서 우리는 전쟁의 승패를 결정하는 가장 중요한 지점에 병력을 신속히 집중시킨다는 올바른 전략 원칙을 채용했다. 제2차 대전 초기에 항공세력(air power)은 그 용도의 유연성, 신속한 기동성 그리고 놀라운 파괴력을 갖춤으로써 전쟁의 승패를 결정하는 결정적 무기라는 것이 증명되었다. 그래서 우리는 과학자, 대량 생산기술, 결정적인 공격의 집중, 항공력의 개발 등 여러 요인을 검토한 결과, 전체적으로 보았을 때 연합국 측 사단 수의 부족을 메우고도 약간 남는다는 것을 알았다.

미국의 전쟁계획으로는 약 500만의 해외 파견군을 예상하고, 전체로서 육·해·공군 및 지원부대를 합하여 850만 명의 동원을 계획했다. 그리고 유럽전선에서 싸우는 500만 명의 군대를 지원하기 위해 약 700만 톤의 선박이 필요했는데, 그것은 1,000척의 선박이었다. 해운위원회에 의하면 이런 많은 선박을 건조하는 데는 2년의 세월이 필요하다는 것이었다. 이런 계획 입안의 담당자들은 계획에 반영된 육군과 육군 항공부대가 작전을 개시하고, 이들의 지원부대가 활동을 시작하자면 적어도 2년간이 소요되리라 생각했다.

우리가 작성한 대규모의 기동작전과 이것을 실시하는 데 필요한 육군과 육군 항공부대에 대해 견적한 병력을 뒤돌아 봤을 때 놀라울 정도로 전쟁의 실제와 일치했다. 나는 「승리의 계획」 원안을 참모본부의 제3처(작전, 훈련담당)에 제출했을 때, 당시의 제3처장이 깜짝 놀란 것을 지금도 기억하고 있다. 그는 미국이 이런 많은 병사를 동원한다는 것은 불가능하며, 따라서 이 원안이 승인되지 않으리라 예언했다. 미국이 약 850만 명의 병사와 탑승원을 동원하여 지원부대를 포함한 대규모 전투부대를 편성해서 훈련을 실시하고, 계획에 상정想定한 것처럼 멀리 떨어진 전장에 파견하여 그것을 유지하고 지원한다는 것은 말도 되지 않는다고 제3처장이 말했는데, 그것은 그 자신의 입장에서 본다면 당연하리라. 왜냐하면, 이 계획의 진행 속도를 조정하거나, 그 작전 규모를 상정한다는 것은 제3처장의 사고思考의 한계를 훨씬 넘은 광범위한 작업이었기 때문이다.

참모본부 제4처(보급, 수송담당)도 이 계획의 원안을 보고 놀라 자빠졌다. 처장은 이 계획을 면밀히 검토하여 실현하도록 노력해 보자고 약속해 주었다. 미국의 모든 기관들은 이 계획에 대해, 그런 방대한 군수생산이 과연 가능한가 하는데 크게 의문을 가졌다. 「승리의 계획」에서 요구하고 있는 방대한 군수물자는 100년 후의 2050년 이전에는 도저히 생산하지 못하리라고 당시 육군 보급관계의 권위자로 알려진 오랜드(Aurand) 준장(후에 소장)이 말했는데, 오랜드의 생각이 잘못이라는 것이 후에 증명되었다.

이런 논의를 하고 있는 동안, 미국과 영국의 지도자는 세계전략(global strategy)에 주목하기 시작했다. 이들은 1941년 8월 대서양 회담에서 독일에 대해 공동보조를 취하기로 의견의 일치를 봤다. 두 지도자는 비밀 군사협정을 체결하여 고상한 주의主義와 주장主張을 담은 대서양 헌장(Atlantic Charter)을 채택했으나, 이 헌장은 미국과 영국이 수용했다기보다는 이것을 위배했다는 점에서 이 헌장은 더욱 불명예스러운 것이 되었다. 양국의 지도자인 루스벨트 대통령과 처칠 수상은 이 회담에서 서로 상대국을 칭찬했으나, 양국의 군사 지도자들은 의견의 일치를 보지 못했다. 미국의 군사 당국자는 영국군 수뇌부와는 중대한 차이점을 보였다.

영국군 측은 이 회담에서 「영국군 참모총장의 전반적 전략개관」(General Strategy Review by British Chiefs of Staff)이라는 각서(memorandum)를 제출하고, 미국 육군 참모본부 전쟁계획처 참모들의 견해를 요청했다. 미군 측의 의견은 사람에 따라 달랐지만, 우리 담당 참모들은 모두 영국과의 연합전쟁에는 반대하는 것이었다. 미군의 전쟁계획처 참모들이 강조하는 하나의 기본적 구상構想은 미국이 참전하는 경우 승리가 확실하고 또 승리하는 데 시간이 걸려서는 안 된다는 것이었다.

당시(1941년 여름) 입수할 수 있었던 가장 믿을 수 있는 정보에 의하면, 나치 독일의 대부대는 폴란드, 노르웨이, 프랑스를 격파한 방법으로 소련군을 신속히 격파할 수 있으리라고 했는데, 이 전해진 사실을 상기할 필요가 있다. 독일군의 대부분은 멀리 동부전선에 진출해 있기 때문에, 선불리 철수할 수 없는 상황을 잘 활용해서 우리는 조속히 독일군에게 맹렬한 공격을 퍼부어야 한다는 것은 명백했다. 미군 참모본부 전쟁계획처의 참모들이 얘기한 의견은 영국군 측의 관심을 불러 일으켰다.

우수한 장교인 프랭크 키블러(Flank Kibler) 육군 대령(후에 소장)은 "영국이 승리를 획득하는 것을 낙관할 근거가 없다"고 말했다. 그는 미국을 영국제국의 방벽防壁으로 만들고자 하는 영국의 생각을 신랄하게 비판하고, "미국은 전쟁에서 가치 있는 작전을 착수할 수 있을 때까지 행동의 자유를 보류해야 한다"고 말했다.

나는 다음과 같은 의견서를 직속상관인 번디(Bundy) 대령에게 제출했다. 나는 영국신문의 패배주의적인 태도를 강하게 비난하고, 영국 연방의 여러 국가가 그 자원을 한층 더 전쟁수행을 위해 동원되어야 한다고 적었다. 미국은 영국에 대해 전쟁 일보직전까지 모든 수단을 다하여 영국을 원조할 결의를 보장하는 것은 좋으나, "미국은 자국의 국가목적을 달성할 수 있을 때까지 참전국이 되어서는 안 된다"는 것을 영국은 인식해야 한다는 것을 나는 제안했다. 나는 미국의 지도자들이 이 사실을 인식해야 한다는 것을 권고했다. 군사 사학자인 마크 왓슨(Mark Watson)은 그의 저서 『제2차 대전의 미육군-참모총장의 전쟁 전 기획과 준비』(*U.S Army in World War II-The War Department : Chief of Staff Pre-war Plans and Preparations*. pp. 406~7)에서 나의 견해를 다음과 같이 논평했다.

웨드마이어가 미국 육군의 전력戰力에 대해 현실적 입장을 취한 것은, 그가 중심이 되어 작성한 미국의 「승리의 계획」 작성을 위해 몇 주간에 걸친 진지한 연구의 결과에서 비롯되었다.

영국의 신문 논평에서 눈에 띄는 것은 영국제국을 유지하기 위해 다른 국민을 교묘히 동원한다는, 영국이 지금까지 오랫동안 채택했던 정책을 답습하는 것이었다. 나는 이런 영국의 태도를 조금도 책망하지 않았지만, 나는 미국인으로서 그때 느끼고 또 현재도 굳게 확신하는 것은 영국의 오랜 역사에서 이러한 점은 많이 배워야 한다는 것을 느꼈다.

우리들 군사계획 입안자나 승리를 위한 전략가들은 정치적 힘을 가지지 않았다. 우리는 여러 가지 제안을 제출하는 데서 멈추었다. 루스벨트 대통령이 최종적인 결정자이며, 대통령의 측근집단, 특히 해리 홉킨스(Harry Hopkins)가 미국의 공장에서 계속 증산되고 있는 군수물자의 할당을 결정하는 권한을 장악하고 있었다. 이들 집단은 루스벨트 대통령의 친구라는 관계만으로, 전략에 대한 지식이 없을 뿐만 아니라 경험도 없는데 미국의 운명을 정하는 중대한 결정을 내렸고 또 미국의 정책에 중대한 영향을 미쳤다.

미국의 세계전략을 기초로 하고, 미국의 국가 이익을 확실히 명시한 노선에 따라 외국과 미국의 군대에 무기류를 할당하는 제도가 확립되어 있지 않다는 것을 패터슨(Patterson) 육군 차관은 1941년에 일찌감치 걱정했었다. 무기대여(Lend-Lease)를 요구하는 각국이 미국의 군수품을 모두 취하고 있는 한, 이 대전에서 승리를 얻고자 하는 계획된 미국의 군대와 전략은 실행에 옮길 수 없었다. 그래서 패터슨은 육군 장관에게 각서를 제출하고, 미국이 수용할 수 있는 전략과 이것을 실시하는 데 필요한 미군과 연합군의 병력에 대해 명확한 명령을 내리도록 요구했다.

이 각서에 바탕을 두고 스팀슨 육군 장관은 백악관이 이 각서에 준한 조치를 신속히 취할 수 있게 하였다. 이 각서에 기초하여 1941년 7월 대통령의 명령이 하달된 결과, 「승리의 계획」을 작성하게 되었던 것이다.

공동보조를 취하기 위해 제로우 전쟁계획처장은 번디 대령의 각서를 해군의 전쟁계획처장에게 보냈다. 해군 측이 이 각서를 검토하고도 아무런 반응을 보이지 않자, 마셜 육군 참모총장은 경고를 발표했다. 마셜은 이 경고를 실행에 옮길 것을 결심하고 육군 전쟁계획처에 다음과 같은 지시를 내렸다.

> 우리는 유럽전쟁이 더욱더 확대·발전하는 성질을 가지고 있다는 제안과 더불어 무기류나 폭격기 등을 증산하고 개선하라는 제안을 받고 있다. 이러한 제안에 응답하는 첫 단계로, 우리로서는 육·해·공군 3군의 견지에서 미국의 현황에 대해, 그리고 한층 더 명확한 전략평가를 실시해야 한다. 현황에 합치되는 평가를 실시함으로써 언제나 문제가 되는 조직·전술·전략상의 문제점이 현재 해결되고 있는 이상으로 더욱 일치점을 발견할 수 있다.
>
> 참모본부의 다른 부처와 연락을 취하여 본인에게 전략 견적안을 제출하는데 필요한 조치를 취하라. 이 견적안은 간단한 것이어야 한다. 보충적인 설명의 부록은 차후 추가해도 좋다. 전략 견적안의 제1차 안은 육군 외의 다른 부서의 견해를 구하기 위한 기초가 되어야 한다. 그렇게 되면 우리는 육군이 작성하는 전략 견적안을 더욱 완전한 것으로 만들 수 있으리라.

1941년 여름, 미국의 군수품 생산을 조정하는 토의와 회의가 여러 번 열렸는데, 그전에 먼저 이 해 4월, 패터슨 육군 차관으로부터 훌륭한 각서가 제출되어 있었으나, 대통령의 명령이 내린 것은 7월 9일이었다. 대통령 명령에 의해 「승리의 계획」 작업은 촉진되었고, 군부는 세계전략계획(global strategic plan)을 구체화하여 이 계획을 실현시키기 위해 필요한 병력과 무기류의 견적을 작성하는 연구가 개시되었다. 말을 바꾸어 한다면, 미국의 군수물자 생산은 각 부서의 의견일치를 본 전략에 따라 생산되는 군수품의 형식, 수량, 우선순위를 견적할 수 있게 되었다.

스팀슨 장관의 차관보 맥크로이(McCloy)는 물자보다 사람의 문제부터 계산하는 우리의 계산방식을 이해하지 못했다. 대통령은 육·해군에 대해 "우리의 잠재 적국을 격파하기 위해 필요한 군수 총생산 소요량"에 대한 자료를 제출하라고 명했는데, 맥크로이 차관보는 이에 반대했다.

맥크로이는 제로우 장군에 대한 각서에서 "추축군을 격파하기 위한 소요 병력을 최초로 도출해서 거기서부터 이 병력을 기초로 하여 필요한 무기의 수량을 결정하는 것이 어떻게 대통령의 명령에 지시되어 있는 방법과 일치하는지, 크게 흥미를 가지고 있다"고 말했다. 제로우 장군은 맥크로이의 각서를 나에게 보여주며 이에 대한 회답의 기안起案을 명했다. 왜 맥크로이의 각서에 대해 회답하는가 하면, 제로우 장군이 설명한 것처럼 육군성의 높은 지위에 있는 문관文官들 가운데는 전쟁은 물량物量만으로 승리할 수 있다고 생각하는 사람이 있다고 생각했기 때문이었다. 나는 각서에 대한 회답의 원안을 작성하였고, 그것을 제로우 장군이 약간 수정을 했는데, 그 내용은 아래와 같다.

> 우리는 잠재 적국을 어떻게 격파할 것인가의 전략을 구상했고, 그것을 바탕으로 이 전략을 실시하기 위해 필요한 주요 병력(육·해·공군)을 결정해야 한다. 미국이 군수생산에 있어서 독일보다 우수하다는 것만으로 독일에 승리한다고 생각하는 것은 현명하지 못하다. 10만대의 항공기를 보유하고 있어도 훈련된 조종사가 없거나, 전장에서 사용할 수 있는 비행장이 없거나, 항공부대를 유지하는 선박을 사용할 수 없다면, 우리의 항공기는 아무런 가치가 없는 것이 되리라. 전쟁이란, 적절한 전략이 충분히 효과적으로 장비되고, 잘 훈련된 군대에 의해 실시되었을 때에 승리를 획득할 수 있다.

Ⅵ. 대전략[역자 주2)]

전략의 책정은 그의 특기가 아니었다. 그는 오히려 직관과 충동에 의해 행동했다.… 그는 그가 찬성하는 방침의 의의意義를 고찰하는 것은 결코 잘하지 못했다. 실제 그는 때때로 그 의의를 고찰하고자 하지 않았다.

제2차 대전 중, 영국의 참모총장이었던 앨런 브룩(Alan Brooke) 원수가 전쟁지도자로서의 윈스턴 처칠의 성격을 묘사한 이 말은 루스벨트 대통령에게도 그대로 적용된다. 연합군은 제2차 대전에서 승리를 획득했다. 그러나 영국과 미국의 지도자들은 도대체 무엇을 위해 싸우고 있는가, 그 목적을 알지 못하고 또 그것을 알려고도 하지 않았기에 독일과 일본을 군사적으로 격파함으로써 새롭고 더 위험한 적을 육성하는 결과가 되고 말았다. 스탈린은 처칠이나 루스벨트와는 다르게 나치 독일을 격파할 뿐만 아니라, 다른 목적을 가지고 있었다. 스탈린은 대규모의 살육과 파괴를 동반하는 대전쟁大戰爭의 과정에서 진공지대가 발생한다는 것을 알고, 전쟁 종결에 있어서 확실하게 정치적, 경제적, 심리적인 여러 목표를 달성하는 지위를 획득하

역자 주2) 전략(strategy)이라는 용어는 무력전을 위한 준비·계획 그리고 운용의 방책이라는 좁은 뜻으로 사용해 왔으나, 전쟁의 규모가 크고 복잡해짐에 따라, 비군사적 요소를 고려한 넓은 뜻의 전략, 즉 대전략(Grand Strategy)을 생각하지 않을 수 없다는 웨드마이어 장군의 전략적 사고思考의 발전과정을 소개했고, 지금은 국가전략(National Strategy)이라 부르고 있다.

려고 결심하고 있었다. 스탈린은 전쟁에서 승리를 획득할 뿐만 아니라, 발칸반도와 서유럽의 모든 지역을 공산화하기 위해 유리한 조건을 만들고자 생각했기에 스탈린만이 전쟁의 참다운 승리자가 되었다.

미국의 중대한 약점이고 또 공산주의 독재에 대한 냉전의 현실을 가져온 원인이 된 것은, 미국이 올바른 전략의 구체적이고 명확한 그리고 실현 가능한 목적을 가지지 않았다는 것이다. 미국은 전쟁의 의의를 밝히는 전쟁 목적을 바르게 형성하는 데 실패한 과거의 뼈아픈 교훈에도 불구하고 적대하고 있는 상대국을 알 뿐이며, 과연 무엇을 위해 싸우고 있는가라는 그 목적을 알지 못한 것 같다. 우리는 위험에는 용감하게 대응하지만, 앞으로 어떻게 될 것인가라는 앞을 내다보는 선견지명先見之明을 가지고 있지 않았다. 우리가 장래에 대해 비전(vision)을 가지고 이해하고 있었다면, 우리는 선제권을 취하고 그것을 유지할 수 있었을 터인데, 우리는 현실의 자극이나 예상되는 위험에 대해 맹목적으로 감정적인 반응을 보여 왔다.

기원전 350년, 아테네의 대웅변가 데모스테네스(Demosthenes, 884~322 B.C)는 그때만 넘기려는 편의주의便宜主義 정책 때문에 곧 마케도니아 인에게 정복당하게 되려는 아테네 시민을 심하게 꾸짖었다. 아테네 시민을 꾸짖은 그의 말은 우리의 경우에도 해당된다.

> 전쟁에 있어서 개개의 사건에 마음이 쏠려서는 안 된다는 것을 이해하려 하지 않는다는 것을 아테네 시민들은 부끄럽게 생각하라. 여러분, 아테네 시민은 군선軍船, 기마대 그리고 국가 세입의 면에서 그리스 전체에서 가장 강대한 시민이다. 그러나 여러분은 이것을 최선으로 활용하지 않고 있다. 여러분은 야만인들이 격투格鬪하는 방식으로 전쟁을 하고 있다. 즉 야만인들은 일격을 받으면 그 일격에 대해 곧 반응한다. 한 번 더 일격을 받으면 거기에 대해 반응한다. 그래서 야만인들은 적으로부터 교묘히 피하는 지혜도 없을 뿐만 아니라, 적의 공격을 교묘히 받아 넘길 생각도 없다. 아테네 시민들은 야만인들과 마찬가지이다. 마케도니아의 필립(Philip) 왕이 카이로네아(Chaeronea)를

> 공격했다고 들으면 카이로네아에 원군援軍을 보내고, 또 그가 테르모필레(Thermopylae)에 있다고 들으면 여러분들은 우로 좌로, 마치 그의 명령에 따라서 움직이는 것처럼 그의 뒤를 따른다. 일정한 방침도 없고 아무런 예방조치도 없다. 아테네 시민 여러분들은 행동을 일으키기 전에 나쁜 소식을 기다리고 있다.

아테네 전성기의 페리클레스(Pericles, 495?~429 B.C) 시대를 지나 몰락기에 접어든 아테네인이나, 태양이 가라앉기 시작한 영국제국의 처칠 수상과 마찬가지로 우리 미국 국민은 취해야 할 행동의 여러 방침 속에 포함되어 있는 모든 의의를 검토하지 않았고 현재도 마찬가지다. 대전략은 미국의 특기가 아니었다. 힘이라는 것은 그것을 적극적으로 그리고 효과적으로 사용하고자 하는 자에게 필연적으로 집중하는 성질을 가지고 있다는 충분한 증거가 있는데, 우리는 행동을 일으키기 전에 나쁜 소식을 기다리는 듯하다.

나는 육군이나 민간에서 책임 있는 지위에 있는 나와 동연배의 사람과 비교하여 내가 더 총명하다고는 생각하지 않는다. 그러나 나는 소년시절부터 역사에 대단한 관심을 가지고 있었고, 또 제1차 대전 후, 외교관이나 학자, 장군들이 저술한 많은 명저名著에서 미국 정책의 성공과 실패에 관하여 귀중한 교훈을 배울 수 있다는 것도 알았다.

나는 장인인 엠비크 장군과 베르사유 평화조약이나 국제연맹에 대해 때때로 토의했다. 장군은 윌슨 대통령의 박식한 보좌관 블리스(Bliss) 장군의 수석 수행원으로 1918년의 파리 평화회의에 참석했다. 나는 엠비크 장군과 함께 베르사유 조약이 평화를 존속시키기는커녕, 그것과 반대로 제2차 대전으로 달리는 길을 만든 이유를 분석했다. 고인이 된 나의 벗인 조지 크릴(George Creel)은 윌슨 대통령의 믿을 수 있는 친구요, 제1차 대전 중 홍보문제에 대한 윌슨 대통령의 주요한 조언자의 한 사람이었다. 그는 베르사유 회의에서의 영국·프랑스·이태리 대표들의 행동의 동기가 되었던 책략, 음모

그리고 앞을 내다보지 못한 국가목적에 대해 가르쳐 주었다.

그러나 나로 하여금 참다운 전략의 여러 요소에 대해 생각하게 한 최대의 자극은 앞에서 얘기한 것처럼 베를린에 소재하는 독일 육군대학에의 유학이었다. 독일 육군대학에서 군사사(military history)에 대해 훌륭한 교관으로부터 가르침을 받을 기회가 부여되었을 뿐만 아니라, 지리학, 심리학, 인구 통계학, 경제학 및 정치학이 전략상 어떤 영향을 미치는가에 대해 생각하게끔 교육을 받았다

나는 나치 정권하의 독일에서 인쇄된 표어나 그림 그리고 라디오에 의해 민심을 지배하고자 하는 거대한 선전력의 실태에 대해 연구했다. 나치스와 공산주의자들은 평시나 전시에 있어서 전쟁목적을 달성하기 위해 사람들의 생각을 좌우하는 근대적 방법, 즉 선전宣傳의 중요성이 점차 증대하는 것을 인식했다.

나는 독일 유학을 마치고 포트 베닝에 돌아와서 훈련과 전술적 기동을 하면서도 독일 육군대학에서 배운 것을 더욱 연구하거나, 독일 체재 중에 느낀 인상印象들을 생각하기도 했다. 나는 워싱턴으로 전근되었고, 육군 참모본부의 전쟁계획처에서 일하라는 명령을 받았다. 이리하여 내가 이전부터 생각하고 있었던 대전략(Grand Strategy)의 개념이 결실을 맺게 되었다.

나는 때때로 육군의 동료 특히 전쟁계획처의 동료나, 영국의 작전계획처 대표 비비안 다이크스(Vivian Dykes) 준장과도 전략에 대해 나의 생각을 때때로 얘기했다. 다이크스 준장은 버지니아 주의 포트 메이어(Fort Myer)의 기숙사에서 생활하고 있었고, 나의 숙소도 그 이웃에 있었기 때문에 나는 저녁때 그와 자주 만났다. 저녁 때 그는 나의 숙소를 방문하여 가족들과 함께 식사를 했으며, 우리는 곧 친한 벗이 되었다. 다이크스는 세계를 넓게 여행했고, 사람의 마음을 이끄는 신사이며, 깊은 학문을 터득한 교양인이었다. 서로 친밀하게 되자, 우리는 자유로운 의견을 교환하게 되었고 또한 서로 진

지한 논의를 했다. 그는 국제 문제에 대하여 영국의 생각을 요약해서 말했다. 나는 세계 전쟁에 있어서 미국의 참다운 국가 이익은 무엇인가를 정확하게 설명하려고 했다.

우리는 오랜 기간에 걸쳐 우호적이고 유익한 토론을 반복했는데, 그동안 전략의 정의定義에 대해 고전적인 것, 사전에 정의되어 있는 것, 또 전략의 교과서에 적혀 있는 것에 대해 연구했다. 이러한 정의는 너무나 전략을 좁은 뜻으로 해석하여 현재로는 시대에 뒤떨어져 있다고 나는 비평했다.

클라우제비츠는 전략이란 "전쟁목적을 달성하기 위한 여러 전투의 사용"이라 정의했다. 메리엄-웹스터(Merriam-Webster) 사전에는 "전쟁목적을 확보하기 위한 교전국의 무력을 사용하는 과학과 기술"로 전략을 설명하고 있다. 옥스퍼드 사전에는 "자기가 생각하는 장소, 시간 및 조건에서 적에게 싸움을 강요하듯, 군대나 함선을 이동 혹은 배치하는 기술"이라 했다.

몇 년 후, 하버드 대학의 군사사 연구가인 사무엘 엘리엇 모리슨(Samuel Eliot Morrison)은 그의 훌륭한 저서, 『전략과 타협』(*Strategy and Compromise*)에서 '항공기'라는 단어는 지금 옥스퍼드 사전에 '배'로 정의되어 있는 단어의 뜻을 따라야 한다고 말했다. 그는 전략이란, "가장 경제적으로, 그리고 신속한 방법으로 적을 타도하는 기술"이라 했다. 나에게 있어서 전략이란, 지금까지 여러 사람들이 정의한 이상으로 훨씬 광범한 개정을 가할 필요가 있다고 생각했다.

모리슨은 앞에 얘기한 책에서 "전술이란 적과 실제로 접촉하는 부대와 항공기를 운용하는 것을 뜻한다"고 적었다. 다이크스와 나는 문외한은 언제나 전술과 전략을 혼동하고 있다는 데 의견이 일치했다. 나는 다이크스에게 전략에 대한 정의를 문의했더니, 그는 클라우제비츠의 "전쟁이란 다른 수단에 의한 정책의 연장이다"고 하는 유명한 격언과 비슷한 견해를 제시했다.

우리는 전략에 관한 많은 원전原典을 조사해 보았고, 각각의 해석에는 논거가 있다는 것을 알았다. 전략과 전술에 대한 일반적인 구별은, "전략은 일반적으로 전장에서 싸우는 모든 작전을 포함한다"는 것이며, "전술이란 전투하는 당일의 군의 기동, 즉 부대를 공격으로 인도하기 위한 부대의 전투, 집중 및 가지각색의 배치를 말한다"는 것이다. 골츠(von der Goltz, ※저자 주 : 독일 육군의 원수이며, 제1차 대전 직전에, 『군사 통솔에 관하여』와 『전쟁수행』이라는 훌륭한 두 권의 책을 저술한 유명한 장군이다)는 다음과 같이 말했다. "일반적으로 전략이란, 가장 실현 가능한 유리한 조건하에서 부대로 하여금 결정적인 전투를 실시할 수 있도록 하는 대규모의 수단에 관한 것이다"고 말하고, "전술은 교전 자체가 취하는 수단이다. 전략은 통솔의 과학이며, 전술은 부대 운용의 과학이라 말할 수 있다"고 설명했다.

독일의 육군 참모총장이며, 클라우제비츠의 제자인 몰트케(Moltke, 1800~1891) 장군은 다음과 같이 말했다. "전술이란 임기응변을 위한 조직적 방법이다. 그것은 과학 이상의 것이며, 또한 과학을 실제로 적용하는 것이다. 그것은 끊임없이 변화하는 상황 하에서 최초로 생각했던 계획을 실시하는 것이다. 전략이란 전술에게 활용의 기회를 제공하고, 군대를 지휘하여 전장에서 병력의 집중을 행함으로써 승리할 수 있도록 하는 데 있다."

이러한 정의는 전략을 너무 좁은 범위로 제한한 것으로 나는 생각했다. 전략을 정의한 사람들은 전쟁이 한 국가의 영토 보존, 경제적 안정을 유지할 목적으로 싸운다 해도, 그리고 그 생활권, 자원, 세력권을 확대하기 위한 것이라 해도, 전쟁의 결과가 국가의 운명을 결정한다는 데 있어서와 같은 정도의 중요성을 가지고 있는 몇 가지 요인에 대해 아무런 설명을 하지 않고 있다. 과거에 있어서는 군사적 요인과 경제, 과학, 기술, 정치 및 심리의 각 요인 간에는 줄을 그어놓고 있었다. 그러나 지금 생활하고 있는 현대에 있어서 이 경계선은 거의 지워졌으며, 나는 현대에 살아남기 위해 전략에 대해 더 넓은 개념이 필요하다는 것을 느꼈다. 카사블랑카(Casablanca) 회담으로 출발하기 직전, 나는 다이크스 준장에게 전략에 대한 한 개념을 제시했다. 이 개념은 그 후 미국 전쟁대학원(National War College)에서 강연했을 때 청중들에게 제시했다. 그때 나는 "대전략이란, 국가정책에 의해 결정된 여러 목표를 달성하기 위해 국가의 모든 자원을 운용하기 위한 기술(art)과 과학(science)이다"고 말했다.

내가 여기서 지적한 것처럼 대전략이란 측정測定할 수도 없고, 막연하여 파악하기도 어려운 문제이다. 인간의 감정을 다루기 때문에 그것은 특수한 기술(art)이며 또 전략상의 여러 요인 가운데 과학적으로 정밀하게 측정할 수 있는, 예컨대, 거리, 면적, 속도 등은 정확한 계산을 요구하는 요인이 많으니, 그것은 과학인 것이다.

나는 전략에 관한 정의에서 국가의 여러 자원에 대해 말을 했는데, 한 국가 내에서 논의할 수 있는 인적, 물적 및 정신력 등 모든 자원을 고려사항으로 넣었다. 그리고 모든 자원을 크게 네 가지 분야로 분류했다. 이러한 네 가지 자원은 어느 근대 국가에 있어서도 정도의 차이는 있을지라도 일반적으로 존재하는 것이다. 즉, 정치·경제·심리 및 군사 자원인 것이다. 이런 네 가지 자원은 실제 국가정책을 결정함에 있어서 네 가지 주요 무기 내지 도구가 된다. 만약 최초의 세 가지(정치·경제·심리) 자원이 효과적으로 사용된다면, 즉 세 가지 도구가 잘 조정된 계획에 따라 사용된다면, 국가정책 수행을 위한 전근대적이고 직접 행동인 제4분야인 군사력을 행사한다는 것은 불필요하게 될 것이다. 정치적 자원에는 우호국과의 협정과 조약이 포함되며, 경제적 자원에는 외국과의 상호 통상조약과 통상정지, 봉쇄가 포함되고, 심리적 자원에는 공공연한 선전宣傳과 비밀선전을 말하며, 군사적 자원은 한 국가의 군사력을 말하는 것이다.

그래서 나는 다이크스 준장과 토론하고 그 후 논쟁을 계속해 왔지만, 전략에 관한 사전의 정의는 너무나 좁은 뜻으로 제한되어서 시간의 흐름에 따라 시대에 뒤떨어진 것이 되고 말았다. 대전략이라는 말은 더 넓은 뜻을 가지도록 해야 한다. 실제로 나는 전략에 대한 옛날의 정의가 전략 그 자체를 만족하게 표현하거나 설명하고 있는가에 대해 의심스럽게 생각하고 있다. 내가 보아 온 전략에 대한 다른 정의는 모두 군사력을 부당하게 강조한 것뿐이었다. 예컨대, 모리슨 제독은 최근 전략에 대한 새로운 정의를 내렸지만 그것은 싸움을 전제조건으로 한 논의였다. 우리는 사람들의 마음속에 군사적 자원이나 전쟁만으로 해석되지 않는 적당한 하나의 말을 가져야 한다. 이 말은 정치적이나 경제력이나 심리적 유리有利함에 대한 고려와 이러한 세 가지 자원을 사용하여 끊임없이 계속되고 있는 세계적 투쟁에 대해 동의어同義語이거나 혹은 그 이상의 중요성을 가진 넓은 뜻이어야 한다.

역사의 기록에 의하면 개인, 군대, 왕국, 국가, 제국 및 연방 사이에서는 정치적, 경제적, 심리적인 유리한 지위를 획득하기 위해 언제나 투쟁이 계속되어 왔다. 중세시대 초기에는 사람들의 목적이나 목표는 단순하였고, 일반적으로 식량, 토지, 주거의 획득에 제한되어 있었다. 그 후에 기사騎士들의 번쩍이는 마상시합이 등장하자, 전쟁이나 대원정大遠征이 나타나게 되었다. 이러한 전쟁이나 대규모 원정은 영광이나 이상理想을 위해 싸우는 경우가 많았다. 이 시대에는 완력의 사용법, 체력, 용기 및 민첩한 행동 등이 강조되었다. 그러나 시간이 흐름에 따라 탐욕적인 제왕이나, 무법의 폭군이나, 훌륭한 지도자까지도 경제력(적측에 식량이나 필수품을 입수할 수 없도록 조치하는 것)이나, 심리적 영향력(진실, 허위, 파괴를 수단으로 하여 민심을 좌우하는 선전의 이용 등)의 효과를 발견함에 따라 군사력을 차츰 사용하지 않게 되었고, 다른 수단으로 소기의 목적을 달성할 수 없는 경우에만 군사력을 사용했던 것이다.

최근 국제간에 있어서의 국가 목적은 본질적으로 영토획득(중요한 원료의 입수처와 제품의 매각 시장이나 거기에 부수된 세력 확장)을 지향했기에, 여러 국가는 대전략으로 정치적, 경제적 그리고 심리적인 여러 무기를 광범위하게 사용하는 것을 주목하여 왔다.

존 딜(Sir John Dill) 경이 나중에 나에게 얘기했지만, 다이크스 준장은 내가 경제나 선전 등에 관심을 가지고 있었기에 나를 '비정통적인' 그리고 '예외적인' 군인으로 생각한 모양이다. 나는 딜 경과 함께 카사블랑카 회담 후 동아시아를 여행했는데, 그는 전략에 관한 나의 견해에 관심을 표시했다. 이 여행 중에 밤이 되면 두 사람은 연합국 측의 목표를 달성하기 위해 군사작전의 지원면에서 연합국 측의 모든 자원을 조정하면서 이것을 계획적으로 사용하는 동시에 연합국 측의 목표에 대해서도 의견의 일치를 찾는 것이 중요하다는 것을 자주 토론했다.

나치 독일을 미국의 현관 앞에 접근치 못하게 하는 주요한 방벽이 되어온 것은 영국의 해군이라고 다이크스가 말했을 때, 실례이지만 그것은 틀렸다고 나는 대답했다. 그 이유의 첫째는, 미국은 양적으로나 질적으로 영국 해군보다 강대한 해군력을 가지고 있다. 둘째는, 독일은 거대한 항공모함을 건조하지 않고는 대서양을 건넌다는 것은 거의 불가능하다.

독일이 승리를 획득하게 되면 영국 함대를 상실하게 된다는 점에 대해 다이크스는 진지하지는 않았지만, 우연한 기회에 우리 두 사람 사이의 화제가 되었다. 이 문제는 당시 신문기자들이 달려드는 화제였으리라. 독일이 영국 본토를 정복하는 데 성공해도 영국 해군이 항복한다는 가능성은 전연 없었다. 함정 가운데는 훌륭한 영국의 전통에 따라 전투를 계속할 것이며, 나머지 함대는 명예를 존중히 여겨 미국, 호주 그리고 캐나다로 도피할 것이다.

제1차 대전 중 공보위원회의 활동적인 이사였던 조지 크릴은 나에게 때때로 이렇게 말했다. 즉, "총알이나 총검으로 사람들의 확고한 신념을 없앨

수는 없다. 그러나 적절하고 시기에 알맞은 방법으로 표현된 아이디어는 대포를 침묵케 할 수 있을지 모른다." 선전의 목적이란 간단한 메시지로 많은 사람들의 마음에 파고 들어가서 사람들의 사고방식思考方式에 영향을 미친다는 것이다. 크릴은, "이 메시지로 당신네들의 행동을 정당화하고, 당신네들의 산물을 팔고, 당신네들의 생각이 많은 사람들로부터 열광적인 지지를 획득하는 것이다"고 나에게 상세히 설명해 주었다.

대전략의 하나의 수단으로서 사람들은 선전의 중요성을 곧 인식할 수 있다. 만약 선전을 앞에서 얘기한 정치적, 경제적 방책에 더하여, 각 부서에서 조정을 취한 현명한 방법을 병합해서 사용한다면, 제4의 수단인 군사력에 호소하지 않고 국가목적을 달성할 수 있을 것이다. 이렇게 되면 국가 간의 여러 문제는 파괴적인 전쟁을 하는 대신, 건설적이고 평화적인 대화를 통한 협정으로 해결될 것이리라. 이것은 확실히 문명사회의 모든 사람들의 목적지일 것이다.

Ⅶ. 선전과 전쟁목적

앞 장에서 나는 우리의 전쟁목적을 달성하기 위해 사용되는 네 가지의 수단에 대해 고찰했다. 세계의 어느 지역에서 또한 어느 상황에서 국가목적을 달성하기 위해 정치적 수단이 훨씬 중요시되어야 할 경우가 있다. 다른 경우에는 경제적 수단을, 또 다른 경우에는 심리적 수단 혹은 선전 수단을 중요시해야 한다. 그리고 국가목적을 달성하는 최후의 수단으로서 군사력에 호소해야만 한다. 이들 네 가지 수단 가운데 어느 하나를 무시하거나 오용誤用하거나 남용濫用한다면 그 결과는 비참한 것이 될 것이며, 반드시 승리의 획득을 지연시키거나 혹은 그 승리를 가치 없는 것으로 만들지 모른다. 그러니 이 네 가지 수단은 평시나 전시에 있어서 언제나 일관성 있게 사용되어야 한다.

국가목적을 달성하기 위해 사용되는 앞에서 얘기한 네 가지 수단 가운데 선전은 양쪽 칼날의 날카로움처럼 가장 다루기 어려우리라. 예를 들어 설명하자면, 허위에 가득 찬 인간의 최악의 감정을 환기시키고자 하는 선전宣傳이나 심리전은 독가스와 같은 것이다. 독가스는 이것을 적에 대해 사용하고자 하는 사람도, 사용자가 누구이든 사용자 자신도 위험에 빠지는 성질을 가지고 있다.

제2차 대전이 시작되었을 때 미국의 많은 지도자들(군인과 정치가들)은 선전을 무기로 사용하는 것을 찬성하지 않았다. 선전이란 반드시 악의에 가득 찬 거짓말을 하는 것이 아니고 또 이것은 반드시 부당하고 파괴적인 목적에 사용되는 것이 아니라는 것을 그들은 알지 못했다. 바꾸어 말한다면, 어떠한 선전도 선전이라고 해서 동일시해서는 안 된다는 것이다. 많은 사람들은 선전이라는 말에서 의혹과 일반적인 혐오의 감정을 느꼈으나, 그것은 미국이 제1차 대전에 참전하기 이전에 알려진 전연 근거가 없는 독일의 참혹한 얘기를 들은 경험에서 비롯되었다는 것은 의심할 여지가 없다.

선전(propaganda)이란 미국인들이 잘 하는 것으로 생각하는 판매술(salesmanship) 그 이상의 것도 아니다. 그런데 왜 미국인들은 뉴욕 시 메디슨 가의 상인들이 몇 천개의 상품을 판매하기 위해 개발한 판매술과 마찬가지로 연구를 해서 일반이 인정하는 방식으로 미국의 착상이나 이상理想을 팔고자 하지 않았는지?

제2차 대전 중, 공산주의자들은 스스로의 뜻으로 따라오는 공산주의 동조자들을 지극히 교묘하게 이용하여 주도권을 장악한 때가 있었다. 사실 그들은 정보기관을 거의 완전하게 지배했다. 예컨대 중국에 파견된 신문기자 가운데는 마오쩌둥(毛澤東)은 레닌, 스탈린보다 토마스 제퍼슨(Thomas Jefferson)에 가까운 인물이라고 하는 괴상한 견해에 속아서 조직적으로 중국문제에 관해 가장 천박하고 변명의 여지가 전연 없는 잘못된 기사記事를 보도한 자도 있었다. 이런 기자들은 국민당의 부패腐敗상에 대해 때때로 보도했으나, 마오쩌둥이 사상적으로 대량 살인죄를 범했다는 한층 더 중요한 점을 놓쳤다.

이와 마찬가지로, 미국의 '용감한 동맹자' 소련을 혐오하거나, 의심하는 얘기를 하거나 또는 '선량한 할아버지' 스탈린의 전제정치를 비난한다는 것은 분명히 비국민적이며, 적어도 악취미를 가진 자로 보였다. 언론계는 미국 국민 다수의 견해와 미국정부의 공식적인 판단에 영향을 주어 이런 정치적 판단에 바탕을 둔 공식적 정책을 진실인 것처럼 보이려고 했다.

제1차, 2차 대전에 앞서 미국에서 열광적인 호전적인 징후가 발생한 것은 그릇된 선전에서 비롯되었다. 그러나 1917년, 미국 국민 대다수는 왜 참전해야 하는가 하는 문제를 진실로 이해하지 못했다. 미국 국민들은 세계와 민주주의를 안전하게 만들기 위해 싸운다고 말했다. 제2차 대전에서는 네 가지의 자유를 위해 싸운다고 가르침을 받았다. 이러한 고상한 모습을 갖춘 전쟁목적은 하나도 달성되지 않았다.

우리는 전쟁에서 살육과 파괴를 반복했고, 적국에게 구애求愛를 했으며, 전쟁으로 황폐된 지역을 부흥시키는데 노력했다. 그리고 역설적이게도, 이전의 적국을 충성스러운 우리 편으로 하고, 이전의 우리 편을 적으로 하여, 서로 싸울 준비를 하는 어리석은 짓을 반복하는 것이었다.

1941년, 미국의 군인들은 독일군의 미국에 대한 군사적 침략의 위험성은 거의 문제가 되지 않지만, 독일이 유럽에서 승리를 획득하면 미국의 육·해군은 필연적으로 거대한 비용지출을 가져온다는 것을 알고 있었다. 그래서 영국의 선전가들은 다른 수법을 시도했다. 그들은 미국 국민의 도덕적 문제에 대한 감수성, 즉 우리의 '선행실천'운동을 쉽게 일으키는 성격을 이해하고 있었다. 그래서 새로운 도깨비가 주문呪文을 외우며 나타났다. 그것은, 만약 독일이 유럽에서 승리를 획득한다면, 히틀러와 무법자들로 둘러싸인 자들이 생각하는 세계관이 미국 전역에 침투한다는 것이었다. 나는 미국 국민이 이런 일이 일어난다고 믿을 정도로 어리석지 않다고 생각한다.

일본군의 진주만 공격이 있고 2주 후, 처칠 수상은 많은 수행원을 데리고 워싱턴을 방문했다. 처칠은 미리 외무장관 안토니 이든(Anthony Eden)을 소련에 파견했다. 스탈린은 스스로 유럽에 대한 청사진(사실 공산주의자의 청사진에는 전 세계에 대한 그들의 계획이 설계되어 있었다)을 가지고 있었기 때문에 그는 무엇 때문에 싸우고 있는가, 그 목적을 정확히 알고 있었다. 그 당시 이미 스탈린의 마음속에는 독일을 작은 국가로 분할한다는 생각을 가지고 있었다. 그는 발트해 연안국과 베사라비아(Bessarabia) 지방을 병합하고 핀란드를 강요하여 소련 측에 가담시킬 계획이었다. 스탈린은 폴란드와 소련과의 장래의 국경선은 소위 '커즌 라인'(Curzon Line)으로 해야 한다고 주장하여 일찍이 1941년에 이것을 영국이 승인하도록 강력히 요구했다. 이러한 사실은 러시아의 독재자 스탈린의 실제적인 전략사상을 나타내는 몇 가지 실례實例였다.

처칠 혹은 루스벨트 측에는 스탈린의 전략에 비교할만한 전쟁목적을 생각하거나 또는 전쟁목적이 준비되어 있다는 사실은 찾을 수가 없었다. 워싱턴에서 미국과 영국의 대표자 회의가 개최되었을 때 양국의 참모들에 의해 작전상의 협력과 조정의 실시를 쉽게 하기 위해 새로운 하나의 조직이 설치되었다. 이것이 연합참모장 회의, 즉 양국의 육·해·공군의 선임 참모 대표로 구성된 위원회로 알려졌다. 소련은 결코 이 연합참모장 회의에 대표를 파견하지 않았다. 그래서 나는, 소련은 이 회의에 대해 언제나 증대되는 군사 보급물자나 무기류를 입수하는 기관 외는 아무런 관심도 없다는 것을 의심하게 되었다.

이 연합참모장 회의는 전략에 대해 제한된 옥스퍼드 사전의 정의定義 범위 내에서 활동했다. 그러나 명확하게 정의된 목적이나 목표가 그것을 달성하는 의도와 방향이 제시되지 않는 한, 승리를 획득하는 올바른 전략은 결코 탄생하지 않는다. 적군을 격파하거나, 적의 저항 의지를 파괴한다는 것은 군사적 승리로 획득이 가능하다. 그러나 대전략에 있어서 우리는 군사적 승리 이상의 것을 생각해야 한다.[역자 주3)]

1940년 5월 13일, 처칠은 하원에서 "영국이 목적하는 바는 무엇인가?"라

역자 주 3) 클라우제비츠의 『전쟁론』에 의하면 "전쟁에 의해 달성하려는 것이 전쟁목적이고, 전쟁에 있어서 달성하려는 것이 군사목표이다.… 전쟁은 정치라는 지도적인 지혜의 지배하에 있고, 전쟁은 정치적 목적에서 발생한다"고 했다.

는 질문에 대해, "나는 한마디로 대답할 수 있다. 그것은 모든 희생을 지불해서라도 승리를 획득하는 데 있다"고 답변했으나, 이것은 처칠이 전략에 대한 이해가 없다는 것을 폭로한 것이다. 처칠이 어떠한 희생을 지불해서라도 승리를 획득하고자 한다는 것은 다른 사람에게 그가 수단과 목적을 혼동하고 있다는 데 대해 질문을 허용하지 않는다는 내용이리라.

미국인은 전쟁이란 승리를 획득하기 위해 모든 힘을 기울여 싸우는 일종의 경기(game)로 생각했다. 처칠의 법정 변론적 주장은 그의 동조자들에게는 용기를 주었으나, '독일인의 살육'과 '모든 희생을 지불한 완전한 승리'에 지나지 않았으며, 그 이상으로 명확한 전쟁목적이 빠져 있고, 그의 주장은 믿을 수 없을 정도로 천박했으며 또한 비극적이었다.

전쟁은 냉혹하고도 진지한 사업이며, 그 결과에 의해 판단되는 것이다. 전쟁은 다른 수단에 의해 달성될 수 없는 명확하고 구체적인 국가의 정당한 목적이라든가, 또는 중대한 목적을 달성하기 위한 최후의 수단으로서만이 그 전쟁행위가 정당화되는 것이다. 로마인들이 말한 것처럼, 전쟁은 국가 간의 최후의 논의이다. 클라우제비츠가 "전쟁은 군사력을 사용하는 정치적 수단의 연장이다"고 얘기하기 훨씬 전인 기원전 500년경에 손무는 "백번 싸워 백번 승리하는 것이 결코 훌륭한 전략이 아니고, 싸우지 않고 적을 굴복시키는 것이 최상의 전략이다"고 했다.

역사를 회고해 봤을 때, 진리 가운데 어느 것은 극히 자명한 사항이기 때문에 인간이 경험하는 과정에서 이러한 진리는 어느 시대에 있어서도 총명한 사람들에 의해 이해되었다. 오늘날 이러한 진리는 우리의 생존 중에 일어난 두 번의 세계대전의 교훈에 의해, 과거에 비해 당연히 그리고 한층 더 명백해져야 한다. 왜냐하면, 2회에 걸친 세계대전에서 미국은 정책을 실행하기 위해서가 아니라, 정책을 상실한 결과 인명과 재산면에 있어서 커다란 희생을 감수했던 것이다.

전쟁은 목적을 달성하기 위한 최후의 수단이며 또 그렇게 되어야 한다. 따라서 전쟁은 정책의 대용물이 될 수 없다. 그런데 루스벨트나 처칠을 비롯하여 서방측의 승리 계획자들은 전쟁을 정책의 대용물로 생각한 듯하다. 그들은 수단과 목적을 혼동해서, 정책을 대신하여 전면적인 승리를 추구했다. 그리고 그들은 문명사회의 전쟁목적을 명확히 하고 그 전쟁목적을 가장 적은 값으로 달성하려는 대신, 일시적으로 싫어하면서도 연합국 측에 가담하고 있는 소련에 대해 우리는 장래 어떤 국방체제를 갖추어야 하는가라는 비판적인 검토를 잊어버리고 적에 대해 무조건 항복을 요구했다.

명확한 정치적 목적이 없으면 전쟁은 다만 목적 없는 살육, 혹은 뜻이 없는 살인에 지나지 않는다. 얼마간의 군사적 전문지식을 가지고 있다고 자부하는 군인이라면 전쟁의 이 사실을 잘 인식하고 있다. 영국의 육군 참모총장으로부터 처칠은 전략가가 아니라고 지적되었고, 처칠은 자신의 마음 내키는 대로 행하며 그 사항의 내용이나 결과를 바르게 생각하지 않고, 자신의 직관과 충동에 의해 행동했다고 비판받았다. 처칠은 적의 머리 가죽을 많이 벗기려 했던 애리조나 주의 아메리카 인디언의 추장과 똑같은 생각으로 전쟁을 수행했다.

처칠은 위대한 정치가였다고 믿고 있는 미국인에게 있어서 이 처칠을 애리조나 주의 인디언 추장과 동일시한다는 것은 과장된 생각이라든가, 혹은 전연 이해하기 어려울지도 모르겠다. 그러나 처칠 자신의 성명聲明이나, 그의 친구 또는 군사고문들의 증언으로 내가 위에서 얘기한 내용은 틀림없다는 것이 입증되었다. 처칠 수상이 유혈의 투쟁을 갈망하고 있었다는 사례의 증거 하나는, 제2차 대전 중 유고의 티토(Tito) 원수에게 사명을 띠고 파견된 맥클린(MacLean) 준장이 발표한 증거를 여기에 인용한다. 맥클린 준장은 그의 저서 『동방 접근책』(*Eastern Approaches*)에서 그가 소련에서 근무하고 있을 때 공산주의의 위협을 깊게 생각하게 되었다고 회고했다.

티토와 그의 부하들은 모스크바와 긴밀히 연결하여 공산주의 정권의 수립을 의도하고 있었다. 이것을 알게 된 맥클린은 영국의 유고에 대한 정책이 유고에 공산 정권의 출현을 가져올 가능성이 있어 걱정된다고 처칠에게 보고했다. 이에 대해 처칠 수상은 "'장기정책'에 관심을 두지 말고, 누가 독일인을 가장 많이 죽이고 있는가를 찾아내고 어떻게 하면 더 많은 독일인을 죽이는 것을 도울 수 있는가"라고 묻자, 맥클린은 본래의 임무에서 벗어나지 말아야 한다고 대답했다는 것이다.

독일인을 한 사람이라도 더 죽이고자 했을 뿐, 처칠은 정치나 정책을 깊이 고려하지 않았다. 그의 목표인 독일인의 대량 살육을 수행하기 위해 "어떤 포학한 수단도 사양하지 않는다"는 것을 처칠은 기회 있을 때마다 언명했다. 이 점에 있어서 중국 고대의 전략가 손무는 처칠보다 훨씬 현명하고 또한 문화적이다. 즉 "전쟁하는 가장 훌륭한 방책은 적국을 온전한 채로 두고 굴복시키는 것이 최상이며, 적의 국토를 파괴하고 얻는 것은 차선次善이다. 적의 군軍을 온전한 채로 두고 굴복시키는 것이 최상이며, 그것을 격파하고 얻는 것은 차선이다."

적군의 대량 살육이 전쟁의 주요 목적이라고 주장하는 점에서 미국의 지도자들은 형제지간인 영국에 뒤지지 않았다. 그리고 무조건 항복의 요구를 생각해 낸 것은 처칠이 아니라, 루스벨트였다.

적군을 섬멸한다는 한 가지 목적을 위해 수백만 명의 인간을 살상하려고 의도하거나 결정한다는 것은 도덕에 위배되는 비문명적 행위이며, 도덕적으로 나쁜 결과를 초래할 뿐이다. 이러한 방법으로 전쟁을 수행한다는 것은 우리를 야만적인 미개시대로 되돌릴 뿐이다. 그것은 패자敗者에 대해서보다 군사적 승리자에게 더 유해한 것이 되리라. 우리는 독일을 파괴하고 일본을 패배시키는 것 이외에는 명확한 목적을 갖지 않았기 때문에 1941년 영국·소련 동맹을 체결했을 때 처칠이 언명한 것처럼, 우리는 "악마의 도움을 청하는" 준비를 했었다. 우리는 전쟁 후를 생각하지 않고 군사적 승리만을 지향해서 싸웠다. 따라서 우리는 전쟁 전에 비하여 더 좋은 전쟁 후의 여러 환경을 만들어내지 못했다. 만약 전쟁 후에 더 좋은 환경을 만드는데 성공했다면 전쟁에 호소했다는 것이 정당화 되었으리라.[역자 주4)]

우리는 한 마리의 거룡巨龍을 타도했는데, 이전보다 더 거대하고 더 위험스러운 거룡과 대결하고 있다는 것을 1945년에야 알았다. 어떠한 희생을 지불해서라도 승리를 얻고자 했기에, 우리는 나치 독일보다 한층 더 위협적인 침략 국가였고, 우리가 '해방'시킨 이상으로 많은 사람들을 노예화시킨 국가의 등장을 확실하게 했다. 이 사실은 독일을 패전시키고 난 3년 후, 우리가 일찍이 파괴코자 했던 독일을 부활시키고자 했을 때 명확하게 나타났다. 우리는 옛날의 동맹국 소련에 대한 유럽의 방위를 위해, 우리의 적이었던 독일을 이제는 협력자로서 필요하게 되었다.

엘베(Elbe) 강에서 압록강에 이르는 거대하고 무서운 공산국가 소련은 미국이 건국 이래 경험하지 못한 훨씬 강력하고 절박한 위험을 미국에게 안겨주었다. 소비에트 제국의 출현을 주로 미국 스스로가 만들었다는 사실은 기괴한 운명이라 하겠다. 첫째, 미국은 1933년에 소련을 승인하고, 외교관계를 수립함으로써 이 무법적인 국가의 성장을 촉진했다. 소련은 약속, 신사협정, 외교교섭 등 어느 하나도 지금까지 실행하지 않았다.

소련은 1933년 이후, 약속이나 조약을 계속 위반하였다. 후버(J. Edgar Hoover)가 그의 저서 『사기사詐欺師』(*Masters of Deceit*, 1958)에서 얘기한 것처럼, 소련이 범한 가장 나쁜 위반사항은 미국 건국의 조상들이 미국 국민에게 준수할 것을 경고한 모든 사상이나 이상에 위배되는 파괴적인 선전으로 소련

역자 주 4) 클라우제비츠는 『전쟁론』에서 "전쟁의 성격이 확실하게 절대전쟁에 접근함에 따라 또 전쟁의 범위가 다수의 교전국을 포괄하고… 최초의 한걸음을 내어 디딜 때 최후의 결과를 미리 고려할 것을 절실히 요구한다."고 했다.

인에 비해 단순하고 순진한 미국정부 내의 노동조합이나 교육계에 적화세력을 침투시켰다는 사실이다.

다음으로, 만약 루스벨트 대통령이 전쟁의 주요 목적으로서 적의 무조건 항복을 주장하지 않았다면, 미국은 공산주의 러시아에 무조건적인 원조는 제공하지 않았으리라. 우리는 대전 중에 스탈린이 독일과 단독 강화를 체결하지나 않나 하고 두려워했다. 스탈린이 히틀러에게 소련과 단독강화를 제안한다는 것은 결코 있을 수 없다는 것을 지금 우리는 알고 있지만, 이 사실을 제2차 대전 중에도 알고 있어야 했다. 스탈린은 다만 연합국 측에 소련과 독일은 단독강화를 할지도 모른다는 냄새를 풍김으로써 미국과 영국에 대해 소련에 더 많은 원조를 보내도록 협박했던 것이다.

우리 시대에 두 번이나 미국은 유럽의 우호국을 위해 승리할 수 있도록 다른 국가보다 월등한 국력을 가지고 세계대전에 개입했다. 미국은 양차의 대전에서 연합국 측에 승리를 가져오도록 원조했다. 그러나 우리가 획득한 승리가 결실을 가져오지도 않았고, 또 승리한 결과 우리가 파괴하려고 노력했던 해악害惡보다도 더 한층 험악한 사태를 불러왔다는 것을 증명할 뿐이었다. 이런 비극적인 결과를 초래한 것은 신뢰할만한 현실적인 전쟁목적을 우리가 갖지 않았기 때문이었다.

미국은 전쟁의 원인을 제거하거나 감소시킴으로써 미국의 안전을 확보한다든가, 미국 국민들이 동조하는 자유의 사상을 발전시킨다고 하는 대전략을 가지고 있지 않았다. 그 대신 미국은 무법적 동맹국인 소련에 미국의 기본적인 이상理想을 역이용하는 것을 허용했다. 즉 미국이 벗으로 생각한 공산주의자라는 커다란 뱀에게 미국인의 인심에 독을 넣게 만들어 미국은 추축국 측에 대해 동정과 객관성을 잃고 말았다.

루스벨트 대통령이 제2차 대전의 마지막에 가졌던 계획이란 3대국에 대한 징벌적인 전후 처리를 감행하려는 것뿐이어서, 현실적이고 인도적인 평화조약의 조건을 제안하는 대신에 무조건 항복을 주장함으로써 미국 스스로가 유럽과 아시아에 있어서 스탈린의 세력을 증대시켰던 것이다.

미국은 원정군을 해외에 파견하여 이상적인 세계를 실현하려고 시도했지만 그것은 환상에 지나지 않았고, 그 환상에 의해 방대한 물질적 자원의 이용을 방해했을 뿐이었다. 또한 미국 국민의 자유를 위해 바친 힘과 희생은 미국의 이익과 이상理想에 합치되고, 또 실현 가능한 목표를 달성하는 데 방해하는 구실을 했을 뿐이었다.

내가 오늘날 세계정세를 관찰하고 있는 것처럼, 1941년 미국 전략수립집단의 일원으로 일본과 독일을 타도하기 위해 전쟁계획 작성에 관계했던 당시의 상황을 알고 있는 것처럼, 우리는 제2차 대전에 참가하기 전에 대전에 참가하여 무엇을 달성하려고 하는가를 당연히 결정해 두었어야 했다. 우리는 명확하게 전쟁목적을 결정해 두었어야 했고, 나치 독일이나 파쇼의 이태리나 일본 군벌을 타도한 후 어떤 세계정세를 확립할 것인가에 대해 확고한 협정을 연합국 측과 결정해 두었어야 했다.

나는 1919년과 1945년의 두 번의 대전에서 마음속에 새겨진 생생한 전쟁의 모습을 가지고 있기 때문에 만약 미국이 타국과 연합하여 전쟁에 개입할 때는 참전에 대해 확고한 협정을 맺지 않는 한, 앞으로 타국에 가담해서 참전해서는 안 된다고 주장할 것이다. 미국이 양차 대전에 참전한 목적은 미국의 이익, 전통, 원칙 등과 당연히 합치되어 있어야 했다. 그런데 미국의 방대한 경제력, 군사력, 정신력을 동원하여 무엇을 할 수 있는가, 또 무엇을 해야만 하는가에 대해서 미국은, 영국과 소련의 전승戰勝을 확실하게 해주는 것 외에는 아무 것도 생각하지 않았다.

양차 대전에서 사용된, "세계와 민주주의를 위해 안전하게", "진주만의 원수를 갚아라.", "네 가지의 자유" 등의 표어는 애국적 정열을 불러일으키게 하는 격조 높은 문구였다. 그러나 이런 문구는 그 자체로서 전략적 목표를 세운 것도 아니며, 공정한 평화해결에의 도표도 아니었다. 그리고 국제관계에 있어서 세계의 지도적 지위를 획득하기 위해 미국은 어떤 계획이나 준비를 하지 않았다. 이리하여 미국은 제2차 대전에 있어서 세계의 역사상 최강의 전투조직으로 등장하였으나, 우리는 세계평화를 실현하는 데 실패했다.

미국은 세계평화에 대해 미국 스스로의 조건을 가지지 않았다. 미국은 군사적 수단을 사용하여 정책을 실시하는 대신, 군사적 수단을 정책적 목적으로 잘못 생각했다. 독일의 무조건 항복과 독일민족의 소멸은 중앙유럽에 커다란 진공지대를 만들고, 이 진공지대는 미국이 공정한 민주주의적인 사상으로 견고한 방파제를 구축하지 않는다면 공산세력이나 공산사상이 유입된다는 것을 인식하는 데 우리는 실패했다.

책략가인 스탈린은 종전 훨씬 전부터 이 진공지대에 진출할 준비를 하고 있었다. 전쟁으로 피폐한 동유럽과 중국의 전 지역에 걸쳐 영토를 확장하고, 소련의 세계 적화정책을 진행시키기 위해 스탈린은 신속하게 소련군이 무력저항을 받지 않고 이들 지역에 침입하는데 성공했다. 우리는 이러한 사태가 일어나는 것을 허용해서는 안 되었다. 전쟁목적과 전후 처리의 목표에 관하여 확고하고 구체적인 협정을 체결하고, 미국이 소련에 몇 십억 달러 정도만의 군사 및 경제 원조를 제공했다면 이런 사태는 일어나지 않았으리라. 만약 미국이 파쇼에서 해방된 사람들에 대해서, 서방측과의 약속을 지키기 위해 대전 말기 미국이 강대한 군사력 사용을 자제하지 않았다면 이런 낭패한 일은 당하지 않았으리라. 그런데 미국은 서방측과의 약속을 지키기 위해 강대한 군사력을 사용하려 하지도 않았고, 스탈린이 미국·영국과 체결한 여러 조약을 파기하기 시작한 연후에도 미군 부대를 베를린, 프라하, 비엔나에 파견하는 것을 삼가 했다. 그로 인해 미국으로서는 소련 육군이 그러한 지방을 점령하여 크렘린의 지배하에 두고, 거기에 공포정치체제를 확립하는 것을 허용하는 결과가 되었다.

요약컨대, 오늘의 시점에서 본다면 미국은 전략계획을 명확히 하여, 소련에 대해 신속하고 효과적으로 그 영토와 세력을 확장하는 기회를 주지 않도록 했어야 하는 것은 너무나 명백한 사실이다.

대전 중에 군사작전과 병행하여 정치적, 경제적, 심리적 여러 수단을 미국이 효과적으로 사용하지 않았다는 것이, 이 전쟁을 연장시켰고 또 미군의 희생을 필요 없이 증대시키는 결과가 되었다. 미국의 실책은 스탈린의 힘을 크게 증대시켜 스탈린만이 이 대전에서 이익을 획득하는 결과가 되었고, 스탈린은 평화회의 석상에서 모든 궤계詭計를 구사했다. 우리가 요구했던 무조건 항복은 적의 항전의지抗戰意志를 증대시켰을 뿐만 아니라, 히틀러에 있어서 최악의 적인 히틀러를 반대하던 독일 군인들마저도 그들의 조국을 구하기 위해 전쟁을 부득이 강행하는 외에는 취할 방도가 없었다. 사지死地에 몰린 독일군은 오히려 결사의 용기를 발휘하여 최후까지 영웅적으로 싸웠다. 현명한 손무는 "병사들이 극심한 위기에 빠지게 되면 오히려 그것을 두려워하지 않을 것이며, 빠져나갈 길이 없으면 병사들은 더욱 단결할 것이다. 적국에 깊숙이 들어가면 얽매인 것처럼 도망하지 않으며 어쩔 수 없이 싸우기 마련이다."(『孫子』 九地 第十一)고 했다. 그리고 그는 "막다른 지경에 빠진 적군은 성급하게 공격하지 말아야 한다."(九變 第八)고 적었다.

전략을 수행함에 있어서 정치적·심리적 수단을 사용하지 않고 군사적 수단만으로 독일을 타도하려고 했던 결과, 서방측 연합국은 당연히 우리의 주도권을 소련에 넘겨주고 말았다. 대전이 발발했을 때, 영국의 체임벌린(Chamberlain)은 "영국은 독일 국민 여러분과 싸우는 것이 아니라, 포악하고 허위를 남용하는 나치정권과 싸우고 있다"고 주장했음에도 불구하고, 앞에서 얘기한 사태가 발생하고 말았다. 히틀러가 국내에 있어서 육·해군과 정부기관의 고위층 인물 가운데 몇 명의 반대자에 봉착하고 있다는 사실을 영·미 정보기관은 알고 있었음에도 연합국 측은 전쟁 종결을 위해 적당한 조건을 히틀러의 적대자에게 요청하여 독일 국민을 히틀러로부터 분리시키기 위해 조금도 노력하지 않았다. 히틀러의 반대파를 지원해주기보다, 우리는 많은 독일 국민들이 증오하고 있는 나치정권하의 독일 국민과 최후까지 싸우는 결과가 되었다. 독일인들은 최후까지 싸우는 것 외에는 다른 수단이 없었다.

영국의 군사 사학가인 풀러(J. F. C. Fuller) 소장少將은 "영국과 미국은 민족말살을 강조한 무조건 항복을 주장함으로써 건전한 전쟁목적의 명분을 잃었다"고 시인했다. 이리하여 연합국 측은 자승자박에 빠져 스탈린에게 정치적 주도권을 주었다. 이와 동시에 우리는 히틀러의 유럽 점령체제를 강화시켰고, 또한 최후까지 싸울 수밖에 없는 독일국민에 대해 히틀러의 지배체제를 공고히 해주었다.

유럽대륙의 여러 국가는 공산주의 러시아를 극도로 두려워했다. 그래서 동방에서는 소련의 대군에 대해 유럽요새의 방위선 설정을 주장함으로써, 나치 독일은 새롭게 그 세력 하에 두었던 많은 국민들로부터 지원을 획득했다. 1943년 1월, 미국과 영국의 연합작전에 의해 획득된 제공권, 독일 잠수함의 제압, 그리고 소련의 스탈린그라드 공방전의 반격에 의해 연합국의 전략이 가장 빛나는 성과를 획득하고 있을 때, 미국과 영국은 카사블랑카 회담에서 추축 측에 대해 무조건 항복을 요구했기 때문에 전략상 참다운 승리를 얻을 수 있는 기회를 무효로 만들었다.

처칠이 전후의 세력균형에 대해 생각했을 때는 이미 시기를 놓쳤다. 그리고 대전 말기가 되어서야 겨우 처칠은 소련군이 베를린에 도착하기 전에 영·미의 연합군을 베를린에 도달케 하는 것이 정치적으로 바람직하다고 강조하기 시작했다. 그러나 이때 미국의 육·해군의 참모총장들은 활발한 전투장면에 정신이 팔려 다른 것은 생각하지 않았다. 그들의 지도자인 루스벨트와 트루먼은 그들에게 독일군을 분리하고, 스탈린과 체결한 협정(스탈린은 이미 이 협정을 폴란드에서 파기했는데)을 엄수하도록 명령을 내렸다. 좋은 기회는 왔으나 사라졌다. 이미 시간이 너무 늦었다.

Ⅷ. 홉킨스와 마셜을 수행하여 런던에 가다

1942년 4월 만우절 당일, 중대한 비밀 사명을 띤 마셜 육군 참모총장을 수행하여 약 2주간 워싱턴을 떠나야 한다는 것을 나에게 알려왔다. 당시 나는 합동참모전략계획부의 참모의 한 사람이고, 이 참모의 주요한 임무는 합동참모장 회의에서 검토하는 전략계획을 작성하는 것이었다. 나는 이 비밀임무란 '볼레로'(BOLERO)와 '라운드업'(ROUNDUP)으로 불리는 두 가지 작전에 관계되는 것으로 추정했다. 이 두 가지의 작전계획은 이미 합동참모본부 계획부에서 합동참모장 회의에 제출되어 그 승인을 받아 대통령의 최종적 승인도 이루어진 것이었다.

'볼레로 작전'이란, 백만 명 이상의 병력을 영국 본토에 집결시키는 것을 계획했는데, 이 계획은 적의 방위군과 그 진지를 무력화無力化 내지 파괴하기 위하여 하늘과 바다에서 적에 대해 맹렬한 공격을 가하는 것이었다. 이 작전(볼레로 작전)의 준비단계는 1943년 여름 중간쯤에 유럽 침공계획(암호명은 라운드업이며, 후에 OVERLORD로 변경됨)의 작전 개시가 이루어질 때까지 준비 완료한다는 것이었다.

나는 마셜 참모총장의 부관이 되어 그가 영국해협 횡단작전을 영국 측에 제안, 설명하는 것을 돕는 것이었다. 지금까지 2, 3개월 걸려 워싱턴의 육군 참모본부에서 작성한 이 작전에 관한 기초자료를 준비하는 것이 나의 주요한 임무라는 것이었다. 이 말을 듣자, 나는 이번 임무는 역시 내가 예상한 대로임을 알았다. 마셜 장군과 나는 4월 4일 영국을 향해 출발할 예정이었다. 장군은 나에게 가족과 벗들에게 이번 여행의 목적이나 행선지를 알리지 말고 다만 평소의 임무로 워싱턴을 잠시 동안 비운다는 것으로 전하라고 지시했다.

사절단 일행은 4월 8일 오후 1시, 런던에 가까운 헨던(Hendon) 비행장에 착륙했다. 비행장에는 영국 정부의 고관들이 마중 나왔다. 그 가운데는 처칠 수상과 영국 3군의 참모총장도 섞여 있었다. 우리는 간단하지만 따뜻한 환영사를 듣고 런던의 중심가에 있는 클라리지(Claridge) 호텔로 갔다.

우리는 첫 번째 회의에 참석하기 위해 영국의 전쟁내각 사무실로 갔는데, 거기서 영국 측 대표의 영접을 받았다. 육군 참모총장 앨런 브룩(Sir Alan Brooke) 경의 따뜻한 환영사에 이어 마셜 장군은 미국 측이 예상하고 있는 전략 정세에 대해 몇 가지를 소개하며 유럽방면에서 실시되는 연합작전에 대해 미국 측의 제안을 간략하게 설명했다. 브룩 참모총장은 이에 답하여 몇 가지 견해를 말했고 다른 장군들의 견해가 첨부되었다.

나는 영국해협을 횡단하는 상륙작전의 최종안에 대해 영국 측과 토론한 이 회의의 모습을 확실하게 기억하고 있다. 그것은 이 회의가 그 후 미국 측이 집중의 원칙에 입각하여, 독일의 심장지대에 결정적 타격을 가하는 것을 언제나 의도하여 영국 측과 개최하게 된 여러 회의 중에서 첫 회의였기 때문이다. 한편 영국 측은 독일군의 지배하에 있는 유럽대륙을 아무런 저항도 받지 않고 점령하거나, 혹은 그 점령작전의 실시가 확실하게 성공한다는 전망이 있을 때까지 영국 측은 독일군을 약체화 하는 분산 공격 혹은 주변 작전을 속행할 생각이었다.

브룩은 낮고 신중하게 마셜이 설명한 미국 측의 견해에 대해 조심스러운 견해를 말했다. 영국인들은 교섭의 탁월한 도사였다. 특히 그들은 여러 가지 뜻과 의미를 가진 단어를 교묘히 구사했다. 이런 방식은 목적을 위해 수단을 가리지 않는 전형적인 마키아벨리식 책략[역자 주5)]으로 가득 차 있었다. 나는 사람을 속이려 하는 영국 측의 생각이, 이 회의에 참석한 영국인의 개인적 성격에서 유래한다고는 생각하지 않는다. 그러나 국가적인 사항과 관련되면 영국측은 우리에게 태연하게도 권모술수를 사용했다.

영국 신사들에게 있어서 국왕과 국가를 위해 사실을 감추거나 거짓으로 꾸민다는 것은 조금도 양심에 거슬리는 것이 아니었다. 나는 영국인에 대해 편견을 가진 것이 아니라는 것을 알리기 위해 아서 브라이언트(Sir Arthur Bryant) 경의 저서 『대전의 전기』(*The Turn of the Tide*, p. 282)에서 다음 내용을 인용하고자 한다.

> 처칠 수상은, 미국 해군이 당한 커다란 재난(일본군의 진주만 기습공격) 마저도, 미국이 이제 영국 측에 서서 참전한다는 사실에 비한다면 사소한 사건으로 보였으리라.… 일본군의 진주만 공격의 다음 날(1941년 12월 8일) 참모장 회의에서 아직 미국의 참전이 의문시되고 있을 때, 누군가 현명하고도 사려 깊은 대미교섭을 앞으로도 계속해야 한다고 주장했다. 이것을 듣고 있던 처칠은 심술궂은 눈짓을 하면서, "아! 그것은 여성에게 구애를 얻으려고 노력하는 방식이야. 지금 그녀는 우리의 하렘(harem,규방)에 들어왔으니 지금과는 전연 다른 방식으로 교섭하자고." 하고 답했다.

첫 번째의 미국과 영국 회담에서 마셜 장군이 설명한 구상에 대해 영국측은 아무런 반대 의견이 없었다. 그들은 다만 이 작전을 실시하는데 어려

역자 주 5) 마키아벨리(1460~1527)는 이태리 문예 부흥기의 정치 사상가이다. 소위 마키아벨리즘(Machiavellism)이란, 목적을 위해서는 수단을 가리지 않는 권모술수權謀術數로 알려져 있으나, 더 정확한 뜻은 조국의 존망存亡이 걸려 있는 경우, 어떠한 수단도 그 목적 달성에 있어서 유효하다면 정당화 된다는 정치사상이며, 서구 정치가들은 대체로 이 견해를 따르고 있고, 심지어 확대 해석 혹은 자신의 정치권력 장악을 위해 사용하는 경향도 있다. 웨드마이어는 이 점을 경계하는 입장을 취하고 있다.

움이 있을지 모른다고 정중하게 말을 했을 뿐이었다. 내가 이 회의에서 목격한 것은 영국 전성기 때의 영국 외교의 교묘한 방식이었다. 그것은 영국이 과거 몇 세기에 걸쳐 세계의 여러 국가에 대해 국제적 음모, 감언甘言, 무언의 강제를 가하는 데 성공을 거두어 익숙해진 외교적 재능이었다. 나는 영국이 이런 외교적 수완을 구사하여 이 회의에서 최후의 힘을 기울여 승부를 시도했다는 것을 회상한다. 영국제국에는 결코 태양이 지는 날이 없다는 것은 진실이라고 나는 생각했다. 그러나 평화의 비둘기는 이 제국의 머리 위에는 멈추지 않으리라고 나는 느꼈다. 더욱이 영국이 전 세계에 걸쳐 그 영향력과 영토를 확장함에 따라 정의正義는 언제나 그 힘을 잃고 있었다.

영국의 이익을 보호하고 확대하기 위해 위대한 전통을 가졌고, 눈에 보이지 않는 협박을 가하고, 음흉한 상거래商去來를 잘하는 영국인을 상대로 교섭을 한 이것이 나의 최초의 경험이었다. 영국의 역사를 살펴보면, 그들 영국인의 관심은 일반적으로 무역의 확대와 증진에 지향되었다. 미국은 일본·독일·이태리를 타도하기 위해 영국과 손을 잡았지만, 영국이 이 전쟁에서 어떤 의도나 국가목적을 달성하고자 했던 점을 놓쳐서는 안 된다고 나는 생각했다. 미국인은 국제사회에서 아직 역사가 짧은 국민이며, 미국 자신의 국가 이익에 대해 명확한 생각을 가지고 있지 않았다. 다만 미국인은 적을 군사력으로 격파하고 민주주의가 위협을 받지 않는 세계를 만들고 그리고 네 가지의 자유(Four Freedom)[역자 주6)]를 수호하고자 했다. 나는 전쟁 중에 영국군 참모총장들의 활동을 보면서 미국이 명확한 국가목적을 가지지 않았다는 점을 곰곰이 생각하게 되었다.

미국인들은 전쟁을 마치 축구시합을 하는 것처럼 생각했다. 모든 힘을 기울여 시합을 해서 승리를 얻으면 그것을 축하하기 위해 오직 집으로 가자

역자 주 6) 루스벨트 대통령은 1941년 1월 6일 연두교서에서 네 가지 자유를 밝혔다. 즉 ① 언론과 표현의 자유, ② 신앙의 자유, ③ 결핍으로부터의 자유, ④ 공포로부터의 자유.

고 제안하는 순진한 태도였다. 유럽에서 독일과 이태리, 극동에서는 일본과의 전쟁에서, 미국이 그 전쟁을 통하여 현실적이고 항구적인 세계평화의 실현에 노력해야 한다는 것을 이해하지 못한 것 같다.

나는 미·영 회담 석상에서 오고간 날카로운 언어의 교환에 귀를 기울이면서 위에서 얘기한 많은 생각들이 내 머릿속을 지나갔다. 마침 회의는 정오경에 끝났으며, 미국 측은 브룩 참모총장의 손님으로 영국 측 참석자와 함께 점심식사에 초대되었다.

Ⅸ. 카사블랑카 회담

1943년 1월 모로코(Morocco)에서 개최된 미국과 영국 거두巨頭의 카사블랑카 회담은 제2차 대전의 '분수령'을 이루는 중요한 회담이었다. 제2차 대전이 전적으로 돌이킬 수 없는 방식인 정치적으로 다루어진 것은 카사블랑카 회담이었다. 즉 토치작전(TORCH, 북아프리카 상륙작전)의 대성공이라는 정세하에 전선 후방에서 정치적 방식으로 다루어진 것이었다.

첫째로 올바른 전략적인 정당화를 이탈하면서까지 토치작전을 촉진하기로 결정되었다. 이 전략적 정당성은 지중해로부터 적의 세력을 몰아내고 희망봉을 돌고 있는 연합국 측의 선박을 수에즈 운하 경유의 항로를 취함으로써 선박 수의 여유를 만들고, 그것을 대서양 방면의 수송으로 충당한다는 것이었다. 둘째는, 이 회담에서 가장 얻을 것이 없었던 전쟁목적인 무조건 항복을 영국과 미국이 공식으로 채택했다.

이 회담에서 채택된 지중해를 거쳐 이태리 반도를 따라 진격 북상하는 작전방침의 결정과 무조건 항복 요구의 선언 때문에 제2차 대전의 종결을 거의 1년간 지연시킨 결과를 초래케 했다는 것은 거의 틀림없으리라.

연합국 측이 무조건 항복을 요구했기 때문에, 독일 국민 가운데 전쟁을 달가워하지 않았던 많은 히틀러 반대파의 사람들은 최후까지 철저하게 항전抗戰을 계속하는 이외의 방법이 없게 되었다. 시실리(Sicily) 섬의 침공작전

결정으로 참다운 적에게 결정적 타격을 가하려던 노르망디(Normandy) 상륙작전이 1944년까지 연기되었다. 이번 시실리 섬의 침공 결정은 당시는 알지 못했지만 연합군 부대들은 꼬불꼬불한 이태리의 산악지대에서 계속 작전에 종사해야만 했다.

카사블랑카 회담의 결정은 스탈린의 이익을 고려하지 않고 실시되었다. 그러나 소련은 이 회담에 참여하지 못했지만 영국과 미국의 수뇌들이 채택한 전략은 곧바로 소련의 이익을 도모하게 되었다. 노르망디 상륙작전인 '라운드업'작전의 연기로 인해 영국과 미국의 연합군이 소련군을 중앙유럽에 봉쇄하여 서유럽으로 진출 못하도록 하는 것이 거의 불가능하게 되었다. 그리고 영국과 미국이 독일에 대해 무조건 항복을 요구했기 때문에, 소련군이 비스툴라 강(Vistula River, 폴란드 중앙을 흐르는 강)에 도달하기 훨씬 전에 독일군이 서부전선에서 항복의 기회를 얻기 위해 히틀러 암살계획의 기회를 놓치지 않고 실시하는 가능성을 잃어버리는 결과가 되었다.

흥미로운 사실은 소비에트 연방의 수상인 스탈린은 정세를 자기에게 유리하도록 전개시키기 위해 손가락 하나도 움직일 필요가 없었다. 그는 제2차 대전이 시작되는 시기부터 열리게 된 연합국 수뇌들의 전략회의에는 한 번도 참석하지 않았다. 미국이 참전하기 훨씬 이전에 루스벨트와 처칠은 뉴펀들랜드(Newfoundland) 섬 해안의 전함 상에서 의견교환을 했고 또 약속을 했다. 그 후 4개월 만에 일본의 진주만 공격에 의해 이들 양 수뇌들은 워싱턴에서 다시 만나게 되었다. 이 사이에 계획 중의 합동작전을 조정할 목적으로 영국과 미국 사이에는 회의가 여러 번 개최되었다.

미국의 참전 후 6개월이 지나 처칠과 그의 수행원들이 다시 워싱턴을 방문했다. 그들은 얼핏 보아 그렇지 않았지만, 영국과 미국의 연합작전의 주도권을 장악했다. 그 후 처칠은 비록 오케스트라의 악기 전부와 악단원의 태반은 미국이 제공하였지만 교묘한 교향악단 지휘자처럼 영국과 미국의 전략이라는 오케스트라단을 능숙하게 지휘하였다.

영국의 정치 및 군사의 양 지도자들은 언제나 기탄없이 접촉하고 있었기 때문에 정치목적과 군사목표가 일치되어 있었고, 영국의 대표들이 회의에 참석했을 때는 정치가와 군인들이 공동전선을 폈다. 그들은 이 회의에서 무엇을 획득할 것인가를 사전에 알고 있었다. 그들은 목적을 가지고 있었는데, 즉 그것은 주로 영국제국에 관계되는 것으로 전후의 세계무역에 있어서 영국이 점유하는 지위에 관한 것이라 해도 좋으리라. 영국인은 어떤 직업을 가져도 또 어디에 살고 있다 해도 누구나 영국 본국과 영국 연방의 이익에 관해 충분히 이해하고 있으며 또한 그것을 충실히 지지했다. 우리 미국인들은 이러한 조직과 지도성을 가지고 있었을까? 또한 미국 국민은 미국의 국가목적을 확실하게 이해하고 있었을까?

루스벨트 대통령은 미군의 최고 지휘관으로서 군사고문들, 주로 육군과 해군의 참모총장들과 의논했다. 그러나 루스벨트 대통령은 해리 홉킨스(Harry Hopkins), 저지 로젠만(Judge Rosenman), 파 왓슨(Pa Watson), 해리만(Harriman) 같은 엉터리 전략가들에게 둘러싸여 있었다. 루스벨트는 제1차 대전 때, 해군차관보로 해군성에 근무했기에 스스로 전략가로 생각했지만, 이러한 경험은 오히려 신중하게 작성되고 전문적으로 검토된 작전계획이나 군사작전의 실시를 결정하는 데 어렵게 만들었다.

미국의 느슨한 조직보다도 한층 위험한 것은 미국 측이 의견의 일치를 가지고 있지 않다는 점이었다. 미국 국민들은 무엇 때문에 싸우고 있는가 하는 전쟁목적에 대해 국가로서 통일된 견해를 가지고 있지 않았다. 물론 미국의 전쟁목적으로서 '네 가지의 자유'가 거론되었다. 그러나 '네 가지의 자유'를 달성한다는 것만으로, 여기에 바탕을 둔 전략을 수립한다는 것은 너무나 막연했다. 마지막으로 우리 미국인들은 여러 외국과의 교섭과 접촉에 있어서 긴밀하게 상호 연락을 취하지 않았다. 외국인이 보는 앞에서 미국인들 상호간의 견해가 다르다는 것을 조금도 이상하게 생각하지 않았다. 이것은 평시나 전시에 있어서 영국인들 사이에서는 볼 수 없는 현상이었다. 영국인들은 외국인과의 교섭에서 공동전선을 폈고, 그들 사이의 의견의 차이는 외국인에게 보여주지 않았다.

X. 무조건 항복

1943년 1월 7일, 백악관에서 대통령이 참석한, 네 명의 참모총장 회의가 개최되었다. 즉 레이히(Leahy) 의장(해군 대장), 마셜 육군 참모총장, 아놀드 육군 항공부대 지휘관 및 킹(King) 해군 작전부장(해군 참모총장의 별칭) 그리고 딘 사무국장도 참석했다. 회의 후 마셜이 나에게 얘기하기를, 이 회담에서 루스벨트는 볼레로(BOLERO) 작전을 지지하고 있지만, '라운드업' 작전과 현재 실시 중인 지중해 작전과의 이해득실은 아직 비교 검토 중이라고 말했다는 것이다. 이 회의에서 비로소 '무조건 항복'이라는 얘기가 나와, 카사블랑카 회담에서 토의의 대상이 될지 모른다는 내용까지 마셜은 나에게 알려 주었다.

1월 7일, 백악관의 회의에서 최초로 대단히 무모한 종전방식의 얘기가 나왔을 때, 거기에 참석했던 미국 군사지도자들 사이에서는 아무런 토론도 없었다. 전쟁목적으로서 이런 정치적 과제가 논의되었을 때 거기에 참석했던 군사지도자들은 무관심했으나, 나의 견해는 그들과는 크게 다르다. 나의 판단으로는 군인은 언제나 정치지도자의 전쟁목적과 정책을 알고 있어야 한다는 것이다. 그렇지 않다면 어떻게 정치지도자가 생각하고 있는 전쟁목적을 달성하는 데 필요한 군사작전을 군인들이 건의할 수 있겠는가?

카사블랑카 회담 기간 중의 어느 날 아침, 딘 사무국장이 내 방에 들어와서 '무조건 항복'에 대해 나의 견해를 물었다. 무조건 항복은 독일 국민을 최후의 한 병사까지 싸우게 만들 것이라고 대답했다. 이 문제는 나로 하여금 걱정스럽게 했는데, 그 이유는 독일에는 히틀러를 타도하고자 하는 사람들이 많다는 것을 확신하고 있었기 때문이었다. 따라서 우리의 무조건 항복의 요구는 역으로 독일 국민들을 결속시키리라. 딘은 추축국(독일·이태리·일본)측에 대한 무조건 항복의 요구는 전쟁의 종결을 늦추고, 소련의 세력을 증대시키며, 장기간에 걸친 비참한 결과를 초래하는 것을 무시하는 처사로 걱정하고 있었다.

내가 무조건 항복에 대해 명확한 견해를 가지고 있다는 것을 알고(아마도 딘 사무국장으로부터 듣고서), 마셜 참모총장은 어느 날 아침 참모회의에서 이 점에 대해 나의 견해를 간단하게 설명하라고 명했다. 나는 이 과제를 중요하게 생각하여 나의 견해를 참석자들에게 열심히 설명했다. 나는 일찍이 독일에 유학했으며, 독일의 사정에 대해서는 회의 참석자들보다 아마도 더 알기 때문에 나의 견해가 그들 사이에서 존중되기를 희망했다.

나는 마셜 장군에게 한층 더 친밀감을 가지게 된 아침 참모회의, 즉 내가 무조건 항복에 대한 소신을 밝힌 회의 후, 한 가지 사건이 일어났다. 우리는 루스벨트 대통령이 숙박하고 있는 별장에 초대되어 거기서 대통령과 함께 사진을 찍게 되었다. 나는 별장으로 걸어가면서 마셜 장군에게 무조건 항복에 대해 너무 솔직한 의견을 말했는데, 장군님과 다른 참모들이 나를 무례한 놈이라고 생각하지 않기를 희망한다고 말했다. 마셜은 내 말을 듣자 멈추고서는, "웨드마이어 군, 자네의 솔직한 의견을 거침없이 나에게 얘기해 주게. 만약 자네가 솔직한 의견을 나에게 말하지 않는다면, 자네는 나에게 이롭지 못한 행동을 하는 것이 되네." 하고 말했다.

나는 이 말을 듣고 대단히 기뻤다. 그 후 나는 더욱 마셜 장군을 존경하고 따르게 되었던 것이다.

무조건 항복의 문제가 미군 최고 수뇌들과 루스벨트 대통령 사이에서 어떻게 처리되었는지 나는 알지 못할 뿐만 아니라, 당시의 기록에도 찾을 수 없었다. 이 문제에 대해 내가 가지고 있는 유일한 자료는 내가 적어서 보관하고 있는 메모뿐이다. 카사블랑카에서의 마지막 기자회견에서 미국 대통령과 영국 수상은 전쟁 종결의 조건으로 독일과 이태리, 일본 측에 무조건 항복을 요구하기로 결정했다고 발표했다.

XI. 트라이던트에서 퀘벡으로

트라이던트 회담부터 퀘벡 회담 동안에 태평양 방면에 대한 작전계획의 실시 시기와 작전범위가 진행되고 있었다. 이러한 상황이 된 것은 독일에 대한 결정적 행동에 대해 미군의 참모총장들이 여러 부서로부터 열광적이고 충실한 지지를 얻지 못했기 때문이라고 나는 굳게 믿었다. 태평양의 남부 및 남서부 방면에 대해 미군 병력의 증강이 착실하게 실시되었다. 이러한 병력 증강은 원래 노르망디 작전용으로 영국 본토에 집결시켜야 할 성질의 귀중한 병력과 군수물자를 전용轉用해서 실시되었다.

미국 육군은 태평양 방면의 작전에 있어서 미국 해군과 끊임없이 다투었다. 맥아더와 니미츠는 세계 각지에서 실시되는 작전 가운데 태평양 방면 작전의 우선순위를 높이려고 노력하면서, 이 둘은 참모본부에 대해 공동전선을 폈다. 그러나 둘 사이에는 일본에 대해 각각 태평양의 남서와 중앙방면에서 침공하는 전략을 주장하여 서로 양보하지 않았다. 맥아더로부터 보내온 한 통의 문서는 그의 성격을 잘 나타내고 있으며, 아래와 같다.

> 넓은 전략적 견지에서 봤을 때, 태평양 방면에서의 일본에 대한 최선의 공세행동은 오스트레일리아(Australia)로부터 뉴기니(New Guinea)를 거쳐 민다나오(Mindanao)에 이르는 기동이다. 이 기동작전은 육상 항공기지 병력의 지원 하에서 실시할 수 있다. 육상 항공기지 병력은 대단히 중요할 뿐만 아니라, 이

항공 병력에 의해 일본이 현재 점령 중인 남부 여러 지역의 병참선을 차단할 수 있다. 이에 반하여 일본군이 장악하고 있는 태평양의 섬들을 따라 실시하는 공격작전은, 일본군의 육상기지 항공 병력의 지원 하에 일본 육·해군 부대에 의해 수비되고 있는 요지에 대해 미국 항공모함 병력의 지원 하에 실시되는 일련의 상륙작전이 된다. 미드웨이(Midway) 해전은 이런 종류의 작전이 얼마나 위험한가를 보여주고 있다. 거기에다 이 계획에 따르면, 수륙의 정면 공격에 의해 민다나오 섬에 도달할 때까지 중요한 전략목표는 하나도 달성되지 않는다. 미국의 옛날 오렌지 계획(ORANGE Plan)에 의한 일본 침공의 기초 요인은 일본이 말레이 반도와 자바 섬을 점령하고, 오스트레일리아가 미군의 기지로 이용 가능함에 따라 크게 변하고 말았다.

이 문서는 태평양 방면에 있어서 두 작전지역(맥아더와 니미츠) 사이의 경쟁적 의식을 반영하고 있을 뿐만 아니라, 항공모함 항공력과 육상기지 항공력에 관한 책임분야에 있어서 해군 항공부대와 육군 항공부대와의 영원한 논쟁점을 지적하고 있었다. 그리고 이 문서는 대단히 중요한 내용을 포함하고 있다는 데 주목해야 한다. 그것은 일본군의 심리적, 경제적 그리고 군사적인 어느 이유에서도 포기할 수 없는 일본의 중요한 점령지역에 직접적으로 침공하고자 하는 맥아더의 전략방침이 반영되어 있었다. 바꾸어 말을 한다면, 맥아더는 적의 가장 중요한 목표에 대해 결전 병력을 집중한다는 전략의 기본원칙을 굳게 지키고 있었다.

나는 맥아더로부터 참모본부 전쟁계획처에 보고서가 올 때마다, 그 작전계획의 배후에 있는 건전한 전략개념에 감명을 받았다. 나는 맥아더 장군이 전쟁계획처 참모나 합동참모장 회의를 보좌하기 위해 미국정부의 중요한 지위에 있어 주었으면 하는 생각을 여러 번 했었다. 그는 반드시 영국에 대해 승리에는 별로 도움이 안 되는 그들의 작전을 중지하도록 강요했으리라. 소련 육군에 의존하여 독일군을 격파하고자 함으로써, 미국은 스스로 전후의 평화회의 석상에서 어려운 문제의 씨앗을 뿌리고 있었다. 그대로

버려둔다면, 종전을 맞이하여 소련은 동맹국에 대해 정치적, 경제적 그리고 심리적인 분야에서 강력한 타격을 가할 수 있는 유리한 자리를 점유할 수 있으리라.

내가 시실리(이태리) 전선에서 귀국하는 도중 런던에 며칠간 체재했을 때 바커(Barker) 장군에게, 나의 판단으로 독일 지도자 가운데는 스탈린그라드 전투가 제2차 세계대전의 승패의 분기점이 된다는 것을 이해하는 사람이 있을 것이라고 말했다. 독일 국민들은 적국 가운데는 적대감을 가지고 있는 공산주의의 소련보다는 영·미국의 연합군에 의해 독일이 점령되기를 바란다고 나는 확신하고 있었다. 바커 장군은 다음 사항을 애석하게 생각했다. 즉 미군이 정규의 상륙용 주정上陸用舟艇에 추가하여 작은 주정舟艇을 '됭케르크 함대'(Dunkirk fleet : 1940년 5월 말, 30만의 영국군이 맹공격을 받아 철수할 때 사용한 어선, 요트 및 여러 잡선 등의 선단)처럼 사용해서 유럽대륙 침공에 곧 착수할 수 있도록 최대의 노력을 기울이지 않았는데, 만약 이런 노력을 했다면 스탈린그라드에서 독일군이 소련군에 패배하는 기회를 활용할 수 있었을 터인데 하고.

퀘벡 회담은 루스벨트와 처칠 그리고 영국과 미국 양측의 참모총장들이 모두 참석했으며, 회의석상에서 처칠은 오버로드 작전(노르망디 상륙작전) 실시에 대한 소신을 밝혔다. 그는 오버로드 작전을 1943년에 실시하는 데는 반대했으나, 이제는 그 반대 이유가 이미 근거를 잃어버렸다고 말했다.

당시 런던에서 연합작전 그룹을 지휘하고 있었던 마운트배튼(Louis Mountbatten) 제독이 새로 설치된 연합군 동남아시아 부대의 최고 지휘관으로 임명되었다.

마운트배튼 제독은 나를 뉴델리(인도)에 있는 그의 사령부에 부임하도록 마셜 장군에게 요청했다는 얘기를 했고, 마셜 장군은 나의 아시아 방면의 진출을 결재했다.

나는 부하 참모들과의 슬픔과 아쉬움을 남기고 떠났다. 전장에 있어서 군인은 확고한 태도를 취해야 하고, 상대편에 불쾌감을 주어도 명령에는 복종해야 한다는 확고한 태도를 취해야 할 경우가 있다. 지휘관의 명령에는 많은 사람의 생명이 관련되어 있기 때문에 그대로 실시되어야 한다. 전투에 임하여 명령의 실행을 주저하거나 동요하게 된다면 많은 사람의 생명을 잃게 되는 결과가 되리라.

그러나 전략계획의 작성과정에 있어서 상관의 의향대로 질문도 하지 않고 전원일치로 맹종盲從해도 좋다는 것은 아니다. 작전계획 작성의 과정에서는 비판을 가하고, 여러 가지 질문을 한다는 것은 반드시 필요하다. 작전계획의 수립에 임해서는 결단을 내리는 능력, 임기응변의 재능 그리고 언제나 대안代案을 수용하는 넓은 도량을 가진다는 이 세 가지의 교묘한 균형이 요구된다. 나는 언제나 부하 참모들에게 계급에 상관없이 자기의 의견을 자유롭게 발표하여 참모 전원에게 그 지식과 경험을 가르치도록 권장해 왔다. 미군의 작전계획이나 제안提案의 결점을 우리들 스스로 폭로하는 것이 적에 의해 지적되기보다 훨씬 좋다는 것을 나는 강력히 주장해 왔다. 나는 지금까지 전쟁계획의 작업을 유쾌하게 수행했고, 약 3년간 친밀하게 함께 근무한 우수한 부하들과 이별한다는 것은 진실로 섭섭했다.

XII. 아시아로 좌천되다

나는 1943년 10월, 인도의 마운트배튼 사령부에 부임하기 위해 미국에서 브라질로 비행하여 여러 곳을 경유해서 마지막에 뉴델리(New Delhi)에 도착했다. 넓은 바다, 정글(Jungle) 그리고 사막을 넘어 비행여행을 하는 동안 내 자신의 새로운 임무에 대해 충분히 생각할 수 있었다. 마운트배튼과 나는 2층으로 쫓겨난 것이 아닐까? 일본군이 버마(Burma)에 침공해 왔고, 중국이 외부로부터 격리됐다면, 연합군 동남아시아 사령부가 중요한 임무를 가지게 되었다는 것은 명백하다. 그러나 연합군이 유럽에서 독일에 대한 포위를 실시하고, 또한 태평양에서는 맥아더와 니미츠가 연합군 측에 유리한 지위를 구축함에 따라 인도는 전략적으로 보아 활기 없는 지역이 되는 운명이었다. 나는 지금까지 미국의 이익을 추구하여 끊임없이 노력하는 참모본부의 전략계획처 직원들과 함께 두뇌적인 일을 해왔지만, 나로서는 몸으로 봉사할 수 있는 기회가 오기를 고대하고 있었다.

나는 마운트배튼이 종종 영국 참모본부장들의 업무에 잔소리를 한다는 얘기를 듣고, 그와 나는 자기의 본심을 곧장 털어놓는 성질 때문에 둘은 동남아시아로 추방된 것이 아닌가 하는 생각이 들었다. 나는 아첨꾼을 대단히 싫어한다. 나는 마운트배튼도 나와 마찬가지의 성질을 가진 인물임을 곧 알았다. 영국군 수뇌들은 마운트배튼을 해군 대장으로 승진시켜, 좌천左遷에 의한 그의 아픔을 완화시키려고 노력했다. 내가 워싱턴의 근무를 떠나 동남아시아 사령부로 전임한다는 것은 표면적으로는 진급한 것으로 보이나, 실제로는 진급하는 분위기가 아니었다.

1943년 12월, 마운트배튼과 나는 연합국 측의 거두회담에 참석하기 위해 카이로로 날아갔다. 이 회담에서는 동남아시아 사령부에 관해서 새로운 문제는 일어나지 않았으나, 장제스(蔣介石) 총통에게 일시적으로 용기를 불어넣어 주었다. 영국과 미국의 지도자들이 이 회담에서 버마에 상륙작전을 실시하기 위해 동남아시아 사령부에 병력과 선박을 추가로 할당한다는 결정을 했을 때, 장제스는 예쁜 부인과 측근인 중국 장군들도 참석했다.

카이로 회담에 참석했던 영국과 미국의 지도자들은 테헤란으로 향했다. 테헤란 회담에서는 루스벨트와 처칠 그리고 스탈린도 참가했다. 스탈린의 주장으로 1944년 여름 노르망디 상륙작전(오버로드 작전)의 실시를 확실하게 하기 위해 연합국 지도자들은 병력과 군수물자에 관한 명확한 계획을 작성하여 그 할당을 실시하였다. 앞의 카이로 회담에서 버마 방면으로 할당된 병력과 군수물자는 버마 대신 영국으로 수송하게 되었다.

1944년 10월 27일, 나는 실론(Ceylon) 섬의 숙소에 누워있었는데, 침실 문을 노크하는 소리가 들리기에 "들어오라"고 하자, 영국군 전령병은 수면을 방해해서 죄송하다면서 "각하, 전보를 가져왔습니다"고 했다. 그 전보는 마셜 참모총장이 보낸 것이었는데 내용은, 즉 귀관은 다음에 오는 전보를 수령 후, 24시간 이내에 출발할 수 있도록 준비 완료하라는 것과 그 전문에는 내가 중국전선의 미군사령관으로 임명되었다는 것을 설명하고 있다는 것이었다.

이날 밤, 나는 한 통의 전보를 받았다. 그것은 지금까지 중국, 버마 그리고 인도가 하나의 전구戰區로 다루어져 왔으나, 두 개의 전구로 분할되었고, 나는 전보 수령과 동시에 중국 방면의 미군 총사령관이며, 장제스 총통의 참모장이 되었다.

중국 전구에는 중국 본토, 만주, 인도차이나[역자 주7)](Indochina) 및 이 지역에 근접한 타이완(臺灣)을 제외한 섬이 포함되어 있었다. 나에게는 아래와 같은 임무가 부여되었다.

- 중국군에 대한 나의 주요 임무는, 일본군에 대한 군사작전을 수행함에 있어서 장제스 총통에게 조언助言하고 지원하는 것.
- 나의 지휘 하에 있는 미군 전투부대에 대한 나의 주요 임무는, 중국에서 항공작전을 실시하는 것. 추가해서, 중국의 공군과 육군에 대해 작전, 훈련 및 군수지원을 계속할 것.
- 미국인의 생명과 재산을 보호하는 데 필요한 경우를 제외하고, 나는 미국의 군대와 물자를 중국의 내란에 사용하지 말 것.
- 나는 장제스 총통의 참모장(Chief of Staff)의 지위가 인정되어 있다는 것.

나는 마셜 참모총장에게 나의 사령부의 주요 구성원은 내 자신이 선발할 수 있는 자유를 조금 부여해 주기를 바란다는 전보를 쳤다. 이런 부하 참모들의 교체는 그들의 성격과 능력에 의해 교체하는 것이 아니었다. 나는 사령부의 주요 구성원은 적어도 나의 계획이나 수행방식에 동조하는 인물로 반드시 배치하는 것을 희망하는 것뿐이었는데, 이것은 그 후 승인되었다.

나는 어떻게 된 운명의 여신女神이, 독일군 전략을 연구한 나에게 독일군 대신에 일본군과 대결하게 만들었는가를 깊이 생각해 봤다. 나는 워싱턴의 육군 참모본부 전쟁계획처에 근무하고 있을 때, 언젠가 유럽전선에 전출되는 날을 여러 번 희망했던 것이다. 나는 독일 육군의 전략을 연구했는데, 휘발유의 보급도 제대로 되지 않는 극동지역에서 전투하는 처지에 놓이리라

역자 주 7) 현재의 베트남, 라오스, 캄보디아를 포함한 지역.

고는 생각지도 못했다. 극동지역에서는 내가 배운 근대적 전술을 충분히 응용할 여지가 없었다.

나는 동남아시아 사령부를 떠나기에 앞서 스트레이트마이어(George Stratemeyer) 소장의 진급을 요청했다. 그는 마운트배튼 휘하에서 동남아시아 방면 연합군의 모든 항공작전을 지휘하고 있었다.

실론을 떠나는 것은 나에게 있어서 슬프기도 했고 또 기쁘기도 했다. 슬펐다는 것은 나의 동료인 영국군 장교나 미군 장교들이 나와의 우정을 아쉬워했기 때문이었다. 그들은 나에게 훌륭한 담배상자를 선물로 주었는데, 거기에는 증정贈呈의 말도 적혀 있었다. 사령부의 고급 참모들 전원은 나를 송별하는 아침 회식에 참석해 주었다. 그리고 사령부에서 공항에 이르는 도로에 나를 전송하기 위해 의장대가 정렬했다. 나는 차량으로 그 앞을 지나며 인사하고 공항으로 향했다.

XIII. 중국에서의 첫 한 달

1944년 10월 25일 오후, 나는 뉴델리에 도착하여 곧 술탄(Sultan) 장군의 사령부를 방문했다. 쿤밍(昆明)에서 하룻밤을 보내고, 다음 날 800마일 떨어진 충칭(重慶)으로 비행했다. 충칭은 중일전쟁 2년째인 1938년 한커우(漢口)가 함락된 이후 중국의 수도首都가 되었다. 쑹쯔원(宋子文), 헐리(Patrick J. Hurley) 주駐중국 미국대사, 장제스 총통의 참모총장 등이 비행장에서 나를 영접했다.

다음 날, 헐리 대사와 나는 장 총통을 공식 방문했다. 이날 나는 중국방면 미군 사령관으로 공식방문을 하였는데, 그는 견장에 다섯 개의 별을 단 갈색 군복을 입고 있었다. 다섯 개 별의 견장은 그가 중국군 총사령관이며 또한 중국의 대통령임을 뜻하는 것이었다. 우리가 방에 들어가니 장 총통은 일어나서 악수를 하고서 "프리즈(Please)" 하면서 앉기를 권했다. 그는 몹시 긴장한 듯 했고, 내가 그를 평가하듯 그도 나를 평가하는 것은 당연하리라.

나는 "총통과 직접 협력하여 일본과 전쟁한다는 것은 나에게 영광이요, 또한 즐겁습니다." 하고 인사했더니, 총통은 "장군은 청년장교 시절에 중국에서 근무한 경험이 있으니, 중국에 대해 생소한 사람이 아니라는 것을 알고 있소." 하고 대답했다. 총통은 나와 카이로에서 만난 것이 즐거웠다며, 이전에 중국 방문 후 내가 그에게 보낸 보고서에 대해 대단히 감사했다는 말을 덧붙였다.

내가 충칭에 온지 이틀째 되는 날, 일본군의 공습이 있었다. 일본군의 공습을 경험한 덕분에 나는 중국이 군사원조 물자를 충분히 공급받지 못하고 있다는 사실을 알게 되었다. 충칭에는 고사포高射砲도 없을 뿐만 아니라, 근대적인 공습경보 장치도 설비되어 있지 않았다. 이 때문에 일본의 항공기는 피해를 입지 않고 포격할 수 있었다.

나는 일본군의 공습에 괴로워하고 있는 중국의 임시수도 충칭에서 미국 국방부의 참모들이나 유럽전선에서 싸우고 있는 장교들이 꿈에도 생각하지 못하는 어려움에 직면하고 있었다. 지금 나는 보급 근거지에서 대단히 멀리 떨어진 지역에서 그리고 여러 전선戰線 가운데서 가장 보급지원이 뒤로 처진 상황 하에서 군사작전을 실시해야 하는 책임이 부여된 내 자신을 생각했다. 영국과 소련은 막대한 미국의 군수생산업계로부터 바라는 만큼의 보급품을 수령하고 있었다. 1937년 이후, 거의 혼자의 힘으로 일본군과 싸우고 있는 중국은 약간의 원조물자를 미국으로부터 수령할 뿐이었다. 그러나 중국은 영국과 미국으로부터 무관심과 경시輕視를 당하고 있음에도 불구하고 국가로서의 체면을 겨우 유지하고 있었다.

중일전쟁 초기, 장제스(蔣介石)는 '넓은 중국에서 도망치면서 시간을 번다면' 머지않아 미국이 일본과의 전쟁에 휘말리면 중국은 구출될 것으로 확신했다. 그러나 진주만 사건 후, 미국 국민들의 "일본을 공격하라!"는 외침의 압력을 받았음에도 불구하고, 루스벨트는 독일의 타도를 미국의 최고 목적으로 생각하고 처칠과 손을 잡고 말았다.

1937년 여름, 국민정부군은 상하이(上海)에서 일본군과 격렬한 전투를 3개월간 수행했는데, 이 사실을 아는 미국인은 거의 없다. 일본은 중국의 격렬한 저항에 놀랐다. 일본은 국민정부에 의한 중국 통일을 저지하기 위해 전쟁을 시작했는데 이처럼 중국의 용감한 반격에 직면하리라고는 상상도 하지 못했다. 장제스는 상하이에 이어 난징(南京)의 방위에서도 중국군의 정예

부대를 희생하였기 때문에 군사적 과오를 범했다는 평가도 받았다. 중국이 프랑스의 전례를 따라 저항하지 않고 일본군에 항복하고 나서, 얼마 후 미국에 의해 구조되는 날을 기다리고 있었다면, 아마도 제2차 대전 후의 중국의 운명은 본토를 빼앗기고 타이완으로 쫓겨 가는 비극적 결말은 되지 않았으리라.

장제스는 전적으로 혼자의 힘으로 네 개의 전선戰線에서 싸우고 있었다. 그 전선은 일본군, 중국 공산주의자들과 그들을 지지하는 소련, 그리고 중국의 군벌軍閥 혹은 중앙정부로부터 반독립半獨立의 성주석省主席과 장군들로 대표되는 지방세력, 그리고 '서구 제국주의자들' 등, 네 개의 집단이었다. 서구 제국주의자란 특히 영국을 뜻했는데, 영국이 자국의 권익을 추구하는 전략과 중국에 대한 태도로 인하여 장제스는 영국을 신뢰할만한 이유를 발견할 수 없었다. 장제스의 위대한 점이며 또한 결점은, 그는 국민당의 최초의 목표인 중국의 통일과 독립을 결코 잊지 않았다는 점이다. 역설적으로 말하자면, 장제스에 의해 중국의 정치적 통일이 유지되고 있었기 때문에 후일 이익을 획득한 것은 중국 공산주의자들이었다. 미국으로서는 독일과 소련이 지쳐서 쓰러질 때까지 싸우게 하는 것이 가장 훌륭한 전략이라 말할 수 있는 것처럼, 중국으로서도 서구 여러 나라와 일본이 서로 싸우도록 만드는 것이 가장 좋은 방책이라고 장제스는 생각하고 있었는지 모른다.

1937년에서 38년에 걸쳐 중국 공산군부대는 비밀목적을 위해 일본군과 치열한 전투를 벌였다. 이 공산군의 비밀목적이란 1937년 10월, 마오쩌둥(毛澤東)이 부하에게 내린 명령인데 아래와 같다.

> 중일전쟁은 우리 중국 공산당에 있어서 당세黨勢 확장을 위해 가장 좋은 기회를 제공하고 있다. 우리 당의 일관된 정책은 그 정력의 70%를 당세 확장에, 20%를 국민당과의 교섭에, 나머지 10%는 일본군에 대한 저항에 할당한다. 이 정책을 실행하는 데는 세 가지 단계가 있다.

중국 공산당이 이러한 정책을 수행한 결과, 중공군 부대가 유격전을 실시했을 때 언제나 고통을 받는 것은 일본군이 아니고, 중국 국민들이었다. 일본군은 중공군의 약탈에 대해 죄 없는 중국 국민들이 사는 촌락村落을 불사르며 보복했다. 중공군도 그들에게 협조하지 않는 중국인에 대해 '일본군의 협력자'라는 낙인을 찍어 살해했다. 중공군은 중국의 민중을 일본군의 공격으로부터 지킬 수도 없었고, 아니, 지킬 생각도 하지 않았다. 일본군과 중공군의 양편에서 공격을 받는 중국의 일반 대중들은 양군의 총알 앞에 몸을 노출시키지 않을 수 없었다.

나는 중국 부임 후, 곧 중국의 현황을 이해하고 있었다고 말하는 것은 아니다. 나의 상관인 마셜 참모총장과 마찬가지로 나는 전임자인 스틸웰(Joseph W. Stilwell) 장군의 보고서에 의해 중국에 대해 편견偏見을 가지고 있었으나, 그들과는 달리 공산주의자의 위협에 대해 주의해야 한다는 것을 과거의 경험을 통해 알고 있었다. 나는 중국방면 미군 사령관으로 취임한 초기의 수개월 동안 여러 방면으로부터 압력을 받았다. 그러나 나는 최후에 미국이 참다운 항구적 평화를 확보하는 전략을 찾아내고, 실시할 기회를 가지고 있다는 것을 자각했다. 내가 중국에서 품고 있었던 커다란 의문은, 도대체 미국은 중국을 어떤 상태로 인도引導하거나 원조하고자 하는가였다.

나는 워싱턴의 참모본부 전쟁계획처에 근무하면서, 카사블랑카, 카이로 및 퀘벡의 여러 회담에 참가하여 소련이 유럽에서 나치를 대신하는 기회를 잡지 못하게 하는 전략을 진행시키는 데 노력했다. 장제스와 국민정부도 나와 마찬가지로 아니, 나 이상으로 공산당 위협의 실체에 대해 인식하고 있어서, 중국에서 나는 정치, 경제, 사회 및 심리의 각 분야의 건설적인 권고를 하는 데 애매한 언어를 사용할 필요가 없었다. 미국은 멀리 떨어진 그리고 중요한 극동지역에서 공산주의와 싸우는 일선에 직면하고 있었다. 자유주의에 있어서 나치보다 더 위험한 공산주의가 중국에서 승리하지 못하도록 한다는 것은 대단히 중요한 문제였다.

나는 중국 북부에 있는 공산주의자의 활동을 모두 알게 되었다. 일찍이 모스크바 주재 무관을 역임한 이튼(Yeaton) 대령을 옌안(延安)의 미국 감시단장으로 임명했는데, 그는 중국 공산당 지배지역의 주민에 대한 공산주의자들의 음모와 파괴활동에 대해 직접 훌륭한 정보를 보내주었다. 중국 공산주의자들의 주요 관심은 일본군의 공격에 의해 국민정부군이 철수한 지역을 점령하는 데 있었고, 마오쩌둥이나 저우언라이(周恩來) 등의 중국 공산당 지도자들은 일본군과의 전쟁에 관심이 없다는 것도 알고 있었다.

나는 충칭(重慶)의 숙소에서 마오쩌둥과 저우언라이와 공산주의에 대해 논의한 적이 있다. 그때, 왜 그들과 그의 부하들은 외국의 이데올로기(ideology)는 채용하면서 쑨원(孫文)이 제창한 삼민주의三民主義는 실현할 수 없는가 하고 나는 질문했다. 이에 대해 저우언라이는, "중국을 해방하고자 하는 자는 사회주의 국가로부터 분리되어 독립행동을 취할 수 없을 뿐만 아니라, 국제 프롤레타리아 계급으로부터의 원조 없이 행동할 수도 없다"고 대답했다. 그래서 나는 "그렇다면, 당신들은 소련으로부터 원조를 받아야 한다는 뜻인가?" 하고 질문하니, 저우언라이는 "중국 공산주의자는 소련뿐만 아니라, 미국, 영국 그리고 다른 여러 나라의 프롤레타리아 계급으로부터도 원조를 받아야 한다. 그렇지 않고는 우리들은 부르주아(중산계급) 독재체제에 승리할 수 없다"고 상투적인 말로 대답했다.

마오쩌둥은 동반했던 여성 통역으로부터 나와 저우언라이의 대담을 주의 깊게 듣고 있다가, 갑자기 말문을 열고 우리들의 대화를 차단하고 다음과 같이 발언했다.

> 중국혁명은 제국주의, 봉건주의 및 자본주의에 대한 세계혁명의 일환이다. 우리들은 중국에서 단호하게 정치적 및 경제적 혁명을 실시하기 위해 투

쟁하고 있으니, 중국 인민은 정치, 경제 및 문화에 대한 새로운 제도를 가질 것이다. 우리들은 정치적 압박과 경제적 착취를 제거해야 할 뿐만 아니라, 대단히 무지無知하고, 문명에 낙오된 중국 인민을 교육하고, 문명에 눈 뜨게 하고, 발전시키고자 지원하고 있다. 바꾸어 말하자면, 모든 중국 인민에 대해 새로운 문화를 부여하고자 희망하고 있다.

나는 이때, 장제스와 국민정부가 1927~37년에 걸쳐 이와 같은 목적을 달성하고자 했던 것을 회상했다. 저우언라이나 마오쩌둥은 장제스의 이와 같은 노력을 도우려고 하지 않았다. 실제 그들은 중국 인민이 놓여있는 빈곤, 비굴, 비참 그리고 악정惡政 등은 국민당 때문이라고 강조했다. 그래서 나는 "책을 읽거나, 열성 있는 공산주의자가 주장하는 마르크스주의의 많은 목표달성을 듣고 있자면, 그러한 것은 인도적人道的이며 건설적인 것으로 생각되지만, 공산주의가 한 번 정권을 잡으면 반드시 이전에 주장했던 목표달성은 환상이고, 정권을 탈취하기 위한 함정이라는 것이 증명되었다"고 말했다. 프롤레타리아 계급(무산계급)은 언론의 자유도, 국민이 공산정권 수립에 협력한 보상조건인 정부 선택의 기회와 신앙의 자유도 거부되었다. 저우언라이는 나의 설명을 차단하려고 노력했으나 구애받지 않고 아래와 같이 말했다.

거짓말, 협박, 살인 및 노예화라는 공산주의자들이 정권을 탈취하기 위해 사용하는 수단은, 언제나 예외 없이 공산주의자가 정권을 탈취하고 유지하기 위한 상투적 방법이다.

저우언라이는 분명히 내 말을 듣고 흥분했다. 그는 지금까지 영어를 사용했는데, 내 말을 듣고서는 중국어로 말했기 때문이다. 그는 중국어로 조금 얘기하다가 내가 중국어를 모른다는 것을 느끼고 다시 영어로 말했다. 저우언라이는 레닌의 다음 구절을 인용했다. 즉, "프롤레타리아 계급은 자본주의를 파괴할 때까지 자본주의에 대한 투쟁을 계속해야만 한다."

이 논의는 대부분 통역을 거쳐서 이루어졌기 때문에 논의의 진행이 지연되었고, 나는 이 면담에서 두 사람의 공산주의 지도자의 의도를 확실하게 알기 위해 노력했다. 나는 지금까지 때때로 중국의 공산주의자들은 참다운 마르크스주의자가 아니고, 중국 인민의 복지를 바라는 단순한 토지제도의 개혁자에 지나지 않는다고 들어 왔다. 그러나 비공식적인 형식이지만, 이 역사적 회담은 그들이 토지제도의 개혁자에 지나지 않는다는 풍설은 진실이 아니라는 것이 증명되었다. 중국 공산주의자는 국민의 복지를 바라는 단순한 토지제도 개혁자에 지나지 않는다는 풍설은 당시 미국에 광범위하게 선전宣傳되고 있었다. 마오쩌둥과 저우언라이가 돌아가자, 나는 곧 중요한 논의 내용을 기록으로 남겼다.

나는 충칭에 부임한 후, 중국방면 미군 사령부의 일반참모 및 특별참모들을 소집하였으며 이 회의에서, 곧 사령부 내부 인사를 하는 것이 아니라는 것을 밝히고, 전임자에 대한 것과 마찬가지로 충실히 그리고 능률적으로 나를 지원해 주기를 희망한다고 했다. 나는 그들에게 여러 곳을 시찰하는 것을 말하고, 이것은 결점을 발견하기 위한 것이 아니고 중국방면의 미군 사령부가 그 임무를 수행하기 위해, 그리고 어떻게 하면 빨리 일본을 타도할 수 있는가를 확인하기 위한 것임을 밝혔다.

미국인이 중국민족의 옛 문명, 철학, 그리고 교훈으로부터 무엇을 배울 수 있는가는 별문제로 하고, 나는 장제스가 참다운 애국자이며, 국가와 국민의 이익에 깊은 관심을 가지고 있다는 것을 굳게 믿을 수 있게 되었다. 그는 게릴라 전술의 훈련만 받았기 때문에 현대 군사전략에 대해서는 거의 알지 못했다. 그러나 그는 중국의 국민을 현재 실시 중에 있는 과업, 즉 일본과의 전쟁에서 다루어야 하는 정치적 방법에 대해서는 잘 알고 있었다. 그는 어떤 사람으로 하여금 다른 사람에게 대항시키는 방식에 능통했다. 중국 군사사 연구가인 유 씨(劉氏)가 얘기한 것처럼, 장제스는 나에 대해 식초 대신 꿀을 제공해서 나에게 주역을 맡기고, 그는 주로 방관자의 지위에 멈추어 있는 것에 즐겁게 동의하고 있다는 것을 나는 느꼈다.

XIV. 스틸웰, 헐리 그리고 공산주의자

1944년 가을, 내가 중국에 부임하기 전에 헐리 소장(Major General Patrick J. Hurley)은 루스벨트 대통령의 특사로 이미 수 개월간 충칭(重慶)에서 근무하고 있었다. 그는 중국으로 부임할 때까지 오랫동안 루스벨트를 위해 유능한 보좌관역을 수행했다. 그는 동아시아 문제에 대해 스탈린 수상과 회담하기 위해 모스크바에 파견되었고 또한 제2차 대전에 있어서 가장 중요한 전투인 스탈린그라드의 전장을 방문하는 행운을 차지한 몇 안 되는 미국장교의 한 사람이었다. 마침 헐리가 가우스(Clarence Gauss) 주駐중국 미국대사의 후임으로 와있었는데, 나는 부임한 후 나의 사령부는 전적으로 그와 대사관 업무에 협력한다고 전했다.

내가 스틸웰 장군과 교대했을 때, 국무부 관리인 네 사람의 정치 조언자가 있었다. 그들은 중국을 여행할 수 있었고, 중국 내의 상황에 관해 그들의 관찰과 분석의 결과를 스틸웰 사령관에게 보고하는 임무가 부여되어 있었다. 이 네 사람의 보고서는 어느 것이나 국민정부를 강하게 비난하고, 중국 공산당에 대해서는 어느 것이나 호의적인 견해를 말했다. 그들의 비평은 때때로 군사적 사항에까지 미쳤다. 나는 중국방면의 미군 총사령관에 취임했을 때, 내가 앞으로 접촉하게 되리라 생각되는 중국 측의 주요 인물에 대해 간단한 보고서를 제출하라고 했다. 이것은 앞으로 내가 교섭을 해야 하는 인물에 대해, 그의 경력, 능력 및 성격에 대해 참고하기 위해서였다.

나의 전임자인 스틸웰 장군이 내가 도착할 때까지 이 방면의 미국과 중국의 요인들에 대해 인계하기 위해 임지에 있었으리라 생각하는 사람이 있을 것이다. 스틸웰이 당시 계획 중인 작전계획에 대해 나에게 설명하기 위해 하루 더 기다렸다면 나에게 큰 도움이 되었으리라. 스틸웰이 미국 육군성으로부터 어떤 명령을 받았는지 나는 확실히 알지 못한다. 스틸웰이 계획 중인 작전계획에 대해 간단히 하루에 걸쳐 개략적인 설명이나, 기타 중요한 정보를 인계하기 위해 임지에 하루정도 대기하는 것을 마셜 참모총장이 허가하지 않았다고는 생각할 수 없다. 쿤밍(昆明)에 도착했을 때, 나는 스틸웰이 "어디에 인계할 서류를 두었으니 도착하면 찾기를 바란다"고 하는 쪽지라도 있으리라 굳게 믿었으나, 아무것도 없었다. 나중에 나는 스틸웰이 인도의 뉴델리에서 기자회견을 몇 시간 할 만큼 시간적 여유가 있었다는 것을 알았다.

나는 헐리 대사와 엄정한 협정을 맺었는데, 그에게 의견을 말하거나 제안을 할 기회를 주지 않고 정치, 경제 혹은 외교상의 문제에 관해 워싱턴에 아무것도 보고하지 않는다는 것이다. 그 대신 그도 나와의 사전 협의를 하지 않고, 어떠한 군사정세도 대통령(그는 루스벨트 대통령과 직접 연락하고 있었다)에게 보내지 않기로 동의했다.

1944년 12월 초, 나는 살윈(Salween)지역의 전선을 방문했다. 이곳은 후방기지에서 멀리 떨어진 최전방이라 통신에 있어서 비밀유지가 충분하지 못했다. 그래서 나는 최전방에서 "긴급 극비의 전보가 쿤밍(昆明)에 와있다"는 뜻의 전보를 수령했을 때, 부대시찰을 중단하고 수백 마일 떨어진 쿤밍으로 돌아왔다. 극비전문은 마셜 참모총장으로부터 왔다. 그 전문에 의하면, 헐리 대사가 국민정부와 함께 대일전쟁對日戰爭에 투입할 병사를 확보하고자 중국 공산주의자들과 민감한 교섭을 했는데, 그것을 나의 참모가 비밀리에 파괴했다고 헐리 대사가 대통령에게 보고했다는 것이다. 나는 곧 이에 대한 조사를 해서 보고하라는 명령을 받았다.

나는 곧 충칭으로 돌아와 헐리와 연락해서 만나, 그에게 대통령에게 보고하기 전에 나에게 보여주지 않은 것에 실망했다고 말했다. 이것은 두 사람이 약속한 협정의 위반이었다. 헐리는 대단히 긴급하고 중요한 사건이기 때문에 내가 돌아올 때까지 기다릴 수 없었다고 주장했다. 나는 만약 그가 말한 것이 틀림없다면, 명백한 조치에 동의하고 곧 조사한다는 것을 그에게 확약했다.

철저한 조사의 결과, 나는 헐리 대사가 사실과 상이相異한 보고를 받았다는 결론에 도달했다. 그러나 헐리를 잘 알고 보면, 왜 그가 나와의 협정을 파기하면서까지 급히 대통령에게 보고했는가, 그 이유를 알 것만 같았다.

헐리는 1944년 9월 첫 주에 중국에 부임했다. 당시 그는 모스크바에서 몰로토프(Molotov)와의 회견 인상이 생생했는데, 몰로토프는 그에게 "소련정부는 중국 공산주의자와 관계도 없을 뿐만 아니라, 책임도 지는 입장이 아니다"고 얘기한 내용을 믿고 있었던 것이 확실하다. 몰로토프와의 회담 모습을 헐리가 얘기했는데, 몰로토프는 다음과 같이 그에게 말했다.

> 중국에서 공산주의자로 스스로 부르고 있는 자의 일부는 공산주의와는 전연 관계가 없고, 그들의 경제적 상태에 불만을 품고 소리 지를 뿐이고, 그 경제상태가 개선되면, 그들의 정치적 경향은 잊어버리게 될 것이다.

이처럼 헐리는 그의 후임으로 1945~46년 중국에서 근무한 마셜과 마찬가지로, 1944년에서 45년에 걸쳐 중국 통일의 문제를 잘못된 가정에서 진행시켰다. 그 가정이란 중국 공산주의자들은 모스크바의 명령에 따르는 참다운 공산주의자가 아니고, 외교적 교섭에 의해 국민정부와 협정을 체결케 할 수 있는 중국의 한 무리로 생각했던 것이다. 그러나 헐리는 마셜과는 달리 결코 장제스에게 중국 공산주의자들과의 연립정부를 수립할 것을 희망하거나 또 강요하지는 않았다.

중국군의 지휘를 스틸웰 자신이 강제적으로 이양받기 위해 고의로 구이린(桂林) 방위전투 때, 장제스의 지원을 거절했다고 셔놀트(Claire Lee Chennault)가 장제스에게 말했다. 그리고 헐리가 중국 도착 후, 9월 16일 스틸웰은 외교부장 쑹쯔원(宋子文)에게 각서를 보냈는데 아래와 같다.

> 만약 장 총통이 나를 중국군 부대의 최고 지휘관으로 임명하는 요구에 응하지 않는다면, 나는 미국정부에 미국은 중국에서 철수하여 소련 영내에 미군의 아시아방면 기지를 설치하도록 권고할 생각이다.(이것은 『패트릭 J. 헐리전傳』의 290쪽에 적혀 있다.)

중국군의 병력 및 자원의 전부 뿐만 아니라, 중국 정부까지 스틸웰 자신의 지휘 하에 두어야 한다는 요구를 했고 또한 장제스가 만약 이 요구를 거절하는 경우 미국은 중국으로부터 철수하고 중국에의 원조도 단절한다고 협박당한 장제스는 정중하고도 단호하게 답했다. 그 요지는 아래와 같다.

> 나는 중국의 대총통으로서의 책임을 포기할 수 없다고 루스벨트 대통령에게 전해주시오. 만약 그가 미군과 대여 중인 무기를 회수한다면, 중국은 스스로의 힘으로 최선을 다할 것이오. 중국은 외부의 원조가 단절되어도 싸움은 계속할 결심이오. 나는 스틸웰 장군이 중국에서의 모든 의무와 지위에서 해임되기를 희망한다고 루스벨트 대통령에게 전해주시오.

헐리는 자기가 이 통지를 워싱턴에 보냈다고 나에게 말했다. 이 중대한 위기에 임하여 헐리는 장제스를 지지했고, 그 후 스틸웰에 대해 아래와 같이 자기 자신의 결론을 요약했다는 것은 크게 강조되어야 하리라.(위의 책, 『헐리전』 305쪽)

> 스틸웰 장군이 중국 국민정부를 타도하고, 그 후에 공산주의 정권을 수립

하고자 하는 음모에 가담했다는 것을 중국은 기록으로 역사에 남겼고, 그것은 취소할 수 없을 만큼 확실한 사실이다. 이러한 음모의 모든 것은 당시 미국 정부 속에 잠입해 있었던 공산당의 세포조직 혹은 비밀기관에 의한 활동의 일부이며, 이것과 끊어서 생각할 수 없다.

그럼에도 불구하고 헐리는 아직 중공군 부대를 대일전對日戰에 투입하고자 중국 공산당과 타협협정을 체결하는 것을 그의 의무로 생각했다. 그는 11월 7일, 이 문제에 대해 중국 공산당의 지도자들과 의논하기 위해 옌안(延安)으로 날아갔다. 그날 밤, 그는 러시아 공산혁명을 축하하는 기념축연記念祝宴 주빈이 되었고, 자기를 초대해 준 중국 공산당의 지도자들과 일이 잘 되리라 생각했다. 그러나 그가 제시한 '다섯 가지 항목의 제안'은 그들에 의해 수정되었고, 그의 제안은 공산주의자들이 오랫동안 장제스에 대해 주장해 왔던 비타협적 입장을 재천명하는 데 지나지 않았다. 즉 중국 공산당 지도자들은 국민정부의 권위를 부정했다.

그 당시 나는 마셜 참모총장에게 보낸 전보에서, 헐리가 국민정부와 공산당과의 국공연립國共聯立의 실현에 노력한 사실을 지적하고, 정치적 단계에서는 국공연립이 성공하지 못했으나, 헐리는 국민정부군과 공산군을 합병함으로써 국공연립을 해결하는 실마리를 찾고 있다고 보고했다. 중국 공산당의 지도자들이 공산당 부대를 국민정부군의 지휘 하에 두는 것은 반대했으나, 나의 지휘 하에 들어오고 싶다고 요청한 사실도 헐리는 잘 알고 있었다.

헐리는 마셜 참모총장에게 보내는 나의 전문을 보고 심히 화를 내었다. 당시 그는 나와 같은 숙사宿舍에 함께 살고 있었는데, 나의 전보를 보고는 수일간 말도 건네지 않았다. 며칠이 지난 어느 날 저녁, 그는 내 방에 들어와서 침대에 앉아 나의 오른손을 양손으로 잡고서 지금까지 나에 대해 취한 태도를 사과했다. 어느 날 밤, 그와의 대화에서 미국이 중국에서 달성하고자 하는 사항에 대해, 어느 특정인이 어떤 태도를 취하고 있는가를 논의했을 때 헐리는 다음과 같이 말했다.

"웨드마이어 군, 자네가 내 연배가 되면 알겠지만, 사람이라는 것은 그 사람이 자네의 신뢰를 얻을만한 것을 증명할 때까지 신뢰해서는 안 됩니다."

나는 헐리가 얘기한 뜻을 조금 생각하고서는 다음과 같이 대답했다.

"그러나 헐리 씨, 나는 지금까지 당신이 취한 것과는 정반대의 생각으로 실천해 왔습니다. 나는 그 사람이 나의 신뢰를 얻지 못하는 것을 증명할 때까지 그 사람을 신용하기로 해왔습니다. 이렇게 함으로써 사람들은 그의 최선의 능력을 발휘하고자 노력해 왔습니다."

헐리와 나는 충칭의 상황을 왜곡하거나 과장해서 전하고 있는 피어슨(Pearson)의 특별기고 기사와 또 다른 보도내용을 고려하여 1945년 6월 19일의 신문에 아래와 같은 성명서를 발표했다.

> 이 성명은 패트릭 J. 헐리 주駐중국 미국대사와 중국방면 미군 사령관 A. C. 웨드마이어 중장에 의해 공동으로 발표된 것이다.
>
> 우리들 두 사람 사이에, 또 두 사람의 참모들 사이에 비공식 또는 공식적으로 의견의 충돌이 있다는 보도는 잘못 전해진 것이다. 지금까지 견해의 차이는 있었다. 그러나 그 차이는 곧 우호적으로 해결되고 있다. 중국에 파견되어 있는 미국의 외교 및 군사의 대표자들은 함께 사이좋게 앞으로도 잘 해 나갈 것이다.

중국에 파견된 국무부의 관리나 신문기자 가운데는 장제스 국민당 정부의 부패, 악정惡政 그리고 비능률을 비난하고, 중국 공산당 정부와 군대를 찬양하는 보고서나 기사를 발표하기도 했다. 특히 친공적親共的인 신문기자 가운데는 공산주의를 승인하지는 않았지만, 물가 폭등으로 괴로워하는 국민당의 중국을, 마치 국민 대중의 복지에 관심을 기울이고 정직한 인간인 것처럼 보였던 중국 공산주의자가 약속한 농지개혁과 비교하는 과오를 범했다. 이런 태도는 어느 나라나 공산주의자가 취하는 상투적 수단이며, 바르지 못한 수단에 의해 공산당이 정권을 장악한 후, 그들의 정체를 드러낸다. 그때 공산당 지도자들은 그들 스스로 인민의 복지에는 조금도 관심이 없는 무자비하고 야만적인 인물임을 나타내는 것이다.

XV. 승리를 향하여

나는 1945년의 정월을 맞이하여 중국에서의 근무도 약 3개월이 되었고, 당면한 어려운 문제와 요동치는 중국 대륙의 전장에서 미군 사령관으로서의 커다란 임무에 점점 익숙해졌다. 나의 사령부는 이 광대한 전장에서 전개하고 있는 모든 부대의 작전 조정에 관한 많은 임무를 효과적으로 수행하기 위해, 이전에 사령부가 있었던 장소보다 더 적합한 장소로 이전했다.

중국의 전장은 면적으로는 미국보다 넓었다. 일본군은 중국 대륙의 동부 3분의 1을 점령하고 모든 항구와 주요한 철도 및 도로를 지배하고 있었다. 우리들의 일본군에 대한 전쟁 노력은 빈약한 항공 수송로에 의해 유지되었다. 이런 항공수송에 의해 점점 많은 항공 휘발유나 군수물자가 운반되었다.

나는 중국에 처음 취임해서 보니 달성하고자 생각되는 목표가 많다는 것을 알았다. 그래서 신중히 이해득실利害得失을 검토한 후, 장 총통에게 매일 열리는 회의 때 이 목표를 달성하기 위한 방법을 그에게 제시했다. 그는 나의 제안에 대해 전면적으로 확실하게 찬성하고 또 승인했지만, 그것을 실행하는 조치는 반드시 강구하지는 않았다.

그 당시 나는 장 총통의 전쟁목적에 대한 성실함을 확실하게 알게 되어 그를 마음속으로 존경하게 되었다. 그러나 나는 제안된 사업이 어떻게 조치되고 있는가를 확인하기 위해 구두로 여러 가지 권고하는 것을 중지키로 했다. 그 대신 과제에 대해 취해야 할 조치사항을 구두권고 대신 신중히 작성하여 두 통의 각서로 만들었는데, 하나는 영문이고 또 하나는 중국어였다.

나는 단계적으로 참모교체를 실시했고, 이는 미군과 중국군 사이의 신뢰와 존중의 분위기를 만드는 데 도움이 되었다. 미군 장교들은 때때로 스틸웰의 말투로 중국군의 위신을 손상시키기도 했는데, 이러한 것을 일체 금지시켰다. 장 총통이 나를, 일본을 타도하기 위해 진지하게 중국을 원조하는 벗이라 생각하자, 사회제도의 개혁에 대해서도 제안하기 시작했다. 장 총통은 나의 제안을 받아들였고, 화를 내지 않고 실행조치를 강구했다. 예컨대, 중국의 요인들로부터 20개의 접시가 나오는 호화스러운 식사에 초대를 받았으나, 중국의 사정으로 보아 이런 호화스러운 식사는 금지해야 한다고 장제스 총통에게 제안하여 실시되기도 했다.

내가 접촉한 가운데 가장 우수한 중국군의 장군은 아마도 쑨리런(孫立人) 장군이리라. 쑨리런 장군은 처음 미국의 버지니아 군사학교에서 군사교육을 받았다. 그는 통솔력이 탁월했고, 현대 전술과 군사기술에 대해서도 어느 정도의 지식이 있었으며, 버마의 밀림지대뿐만 아니라, 중국에서 널리 실시되었던 게릴라전에도 대응하는 융통성을 가지고 있었다. 그 외에도 훌륭한 전략가와 군사지도자라는 평판을 가진 중국의 장군들이 있었다. 지금 회고해봤을 때, 내가 처음에 이들 장군들에게 내린 평가는 미숙했다는 것을 시인한다. 중국군은 용감성, 극기심克己心 및 기력氣力을 가졌음에도 불구하고, 그들 독자의 전투방식으로 일본군처럼 현대적 훈련을 거친 군대와 대결했을 때, 그들은 쉽게 패주하거나 패배했다. 중국 전선에서 나와 대결했던 일본군의 총사령관 오카무라 야스지(岡村寧次) 장군은, 일본군의 1개 사단은 중국군의 4, 5개 사단을 격파하는 것이 보통이었다고 전후에 만났을 때 말했다.

나중에 한국전쟁에서 중국군은 광신자狂信者처럼 싸웠다. 한국전선에서 싸운 중공군 부대 가운데 몇 개 사단은 이전에 미국식 훈련과 장비를 갖추었거나, 혹은 국민정부군의 핵심 부대였었다. 중공군 부대가 한반도에서 미군에 대해 효과적으로 싸웠는데, 일본군과 싸웠을 때는 공격정신과 실전 능력이 결여된 것으로 보인 이유는 무엇인가 하고 나에게 여러 번 질문하는 사람이 있었다. 그 이유는 세 가지가 있다고 생각한다.

첫째, 중국 공산당이 중국의 정권을 탈취했을 때, 국민정부군 부대는 장비와 전투준비 면에서 최고 수준에 도달하고 있었다. 이들 부대는 일본군이 점령하고 있었던 광둥(廣東), 홍콩을 탈취하기 위한 카보나도(CARBONADO) 작전에 사용할 예정이었다.

둘째, 국민정부는 국부군 부대의 병사들에게 싸워야 하는 이유를 충분히 설명하는 데 실패했다.

셋째, 공산당의 지휘하에서 중공 병사들은 스스로의 자각에 의해 싸우지 않는 경우, 협박에 의해 싸우도록 강요당했다.

만약 병사가 적 앞에서 명령에 복종하지 않거나 후퇴했을 경우, 그 병사는 그 자리에서 총살되었다. 병사들은 그가 싸움을 거부했을 경우, 자신의 가족들이 처벌을 받는다는 것도 알고 있었다. 우리 미군 장교들은 부하를 이끌어 가는데 노력하고, 부하를 억지로 몰아치는 것을 가르치지 않았다. 우리는 병사들의 존경과 이해를 통해서 그들에게 규정을 지키도록 했고, 그렇게 함으로써 병사들로부터 자발적인 복종심과 높은 사기士氣를 확보하려고 했다.

1944년 10월, 스탈린이 독일의 항복 3개월 후, 소련군 60개 사단을 대일전對日戰에 돌린다고 약속했기 때문에 미국의 육·해군 참모총장들은 중국에 대한 전쟁 노력에 관심을 두지 않게 되었다. 이에 대해 다음과 같이 기록되어 있다.

> 미국의 육·해군 참모총장들은 중국에 어떤 사태가 발생하여도 소련군 60개 사단이 대일전에 투입된다는 약속을 받은 이상, 이 소련군이 만리장성萬里

長城을 넘어 남방 및 동방의 일본군을 소탕할 것이라고 알고 있었다. 따라서 중국의 기지基地는 이미 대일전에서 절대 불가결한 것이 아니라는 생각이었다. 남은 문제는 다만 장제스가 일본과 단독강화를 체결하는 경우, 어떤 문제가 발생할 것인가 하는 정도였다.

소련을 극동지역의 전투에 끌어들임으로써, 중국과 미국에 중대한 결과를 초래한다는 문제는 전연 고려되지 않았다. 우리들은 붉은 군대(소련군)의 중국진출을 저지하지 않고, 그들의 중국 진입을 환영함으로써 미국의 전통적인 벗인 중국을 사실상 버렸던 것이다.

나는 연합국 여러 지도자들이 독일의 운명을 결정하기 위해 포츠담(Potsdam)에서 회의를 개최했을 때, 마침 지구의 반대편에 있었다. 그리고 이들 지도자들이 중국의 장래에 대해 전략적 및 정치적으로 잘 검토하지 않는다면 중국의 정세는 급속히 약화되어 감당하기 어려우리라고 나는 확신했다. 한편 국부군과 공산군 사이의 격렬한 충돌의 발생을 방지하기 위해, 나는 장제스와 마오쩌둥에게 서로 근접해서 주둔하고 있는 양군에 무선전화를 가진 미군 장교를 배치하는 것을 허가해 달라고 요청했다.

1945년 2월, 헐리 대사와 나는 루스벨트 대통령과 미국 정부의 고관들과 상의하기 위해 워싱턴으로 오라는 명령을 받았다. 3월, 내가 워싱턴에 도착해 보니, 이미 대통령, 육·해군의 참모총장 및 여러 고관들과의 회견이 계획되어 있었다. 나는 루스벨트 대통령의 방에서 두 사람만의 점심식사를 할 때, 중국전선에 관해서 많은 얘기를 했다. 나는 수 개월간 대통령과 만나지 않았는데, 그의 얼굴색이 회색으로 변한 것을 보고 놀랐다. 후에 스팀슨 국무장관이 루스벨트 대통령과의 회담 모습에 대해 질문했다. 나는 얘기 도중에 멍한 생각을 하거나 혹은 얘기 내용이 벗어나는 경우가 있어 놀랐다고 말했다. 스팀슨 장관은 조용히 그리고 단호하게 대통령의 건강에 대해 아무에게도 말하지 말라고 나에게 주의를 시켰다.

XVI. 중국의 전후처리

나의 참모들은 종전終戰의 징후가 짙어짐에 따라 새로 생길지 모르는 많은 문제의 계획으로 바쁘게 움직였다. 우리의 중국전선 사령부는 공산주의자들과 어려운 상황에 직면하리라는 것을 알고 있었다. 블라디보스토크(Vladivostok), 옌안(延安), 그리고 모스크바에서 행해지는 선전宣傳의 계획은 촉진되었다. 이런 공산당측의 주요 거점에서 선전의 일반적 주제는, 미국은 극동을 착취하고 정복하고자 한다. 즉 미국은 제국주의자라는 것이다. 국민정부는 제국주의자이며 인민 착취자의 협력자로 선전되었다. 그리하여 장제스는 인민의 적이었다.

과장된 장제스 정권의 부정不正과 악정惡政에 관하여 허술한 보도가 끊임없이 극동지역에 전해졌고 미국의 신문에도 반복해서 보도되었다. 그래서 우리로서는 소련이 후원하는 중국 공산당의 책략의 결과로 생길지 모르는 정세에 대해 미리 충분한 경계를 취했다. 중국 공산당은 서방측이 말하는 뜻의 정당이 아니고 사적私的인 군대를 가지고 크렘린(Kremlin)의 후원 하에 중국 전역을 완전히 지배할 목적으로 행동하고 있는 음모자들이었다.

중국 공산주의자의 기선을 제압하기 위해 국민정부군이 일본군의 항복을 받는 입장에 서도록 한다는 것이 꼭 필요했다. 미국의 극동정책은 명확하지 않았지만 중국, 한국, 만주, 베트남 및 대만에 있는 390만 명의 일본군의 항복과 본국 송환의 준비에 대해 나는 중국의 국민정부를 지원하도록 지시를 받았다. 대일對日 전승기념일 직후의 결정적인 정세의 수 주간, 나는 국민정부군을 북방과 동방에 급파하기 위해 미군의 항공기와 선박을 사용했다. 이것은 중국 공산주의자들을 격노케 했으며, 그들은 자기네의 신문과 라디오로 나에게 통렬한 개인적 공격을 가하기 시작했다.

나로서는 미국정부가 장제스가 만주를 접수하는 데 필요한 보급품과 무기를 원조하지 않고 또 이런 원조를 받지 못한 국민정부가 만주를 점령하려 해도 중국 북부에 대한 권위를 재확립할 힘을 가지고 있지 않다는 것을 알고 있기 때문에 중국정부는 미국, 영국, 프랑스, 중국 및 소련의 5개국에 의한 만주의 잠정적인 보호를 제안하도록 장 총통에게 건의했다. 이와 동시에 만리장성 남쪽의 중국 북부에 대한 장 총통의 지배력을 확실히 하기 위해 더 유능한 행정관과 군사지도자를 파견하는 것이 현명하다고 건의했다.

내가 5개국에 의한 만주의 보호 관리를 제안한 기본적인 목적은 만주에서의 소련의 일방적인 행동을 방해하고자 하는 데 있었다. 나는 공산주의자들이 한 번 세력을 확립하고 나면 어떠한 장소에서도 자발적으로 철수하지 않는다는 것을 알고 있었다. 그런데 불행하게도 미국의 집요한 요청에 의해 소련은 일본의 패배가 기정사실이 되고 난 연후에 대일전쟁에 참전했다. 만주는 농업과 공업면에서 중국 본토의 경제와 통합된 풍요로운 지역이며, 안정된 중국 경제의 건설을 육성하는 데 대단히 중요했다.

중국의 만주에 대한 주권은 카이로 회담 때 엄숙히 승인되고, 그 후의 회담에서도 재확인되었다. 그런데 얄타회담에서 루스벨트와 처칠은 일본이 철수하면 소련이 눌러앉아 만주를 지배할 수 있도록 하는 양보를 스탈린에게 비밀히 약속했다. 장제스(蔣介石)는 이 사실을 수 개월간 알지 못했다. 나는 헐리 미국 대사가 나의 면전에서 중국의 국가 이익에 관한 얄타회담의 배신행위를 통고하는 대단히 불유쾌한 임무를 수행했을 때, 장제스가 나타낸 반응을 결코 잊을 수가 없다.

소련정부가 1945년 8월의 중·소 조약을 존중할 의도가 없다는 것을 알게 되었다. 크렘린은 중국 국민정부군 부대의 만주 진출을 반대했을 뿐만 아니라, 중국 공산당에게 항복한 일본군의 무기와 장비를 주었고 미국을 비롯한 세계의 여러 유력한 선전기관을 이용하여 중국 공산당을 지원했다. 나는 중국 국민정부가 스스로의 힘으로 이런 정세에 대응할 수 없으리라 생각하여 소련에 대한 중국 북부와 만주에 방위선을 설치하기 위해 미국 육군의 7개 사단을 중국에 파견하도록 육군성에 신청했다.

이에 대해 합동참모장 회의로부터 그러한 병력을 파견할 수 없다는 회답을 받았다. 그러나 럭키 중장이 지휘하는 해병대 2개 사단이 파견되어 톈진(天津)에 사령부를 두었다. 나는 불충분하지만 대단히 귀중한 이 증원부대를 베이징(北京)에서 해안에 이르는 산둥(山東)반도를 포함하는 지역에 배치했다.

미국은 2차 대전을 축구 경기처럼 싸웠다. 즉 경기가 끝나자 승자는 승리를 축하하기 위해 운동장을 떠나는 것처럼 전쟁이 끝나자, 미국은 우리와 '동맹국'의 목적이 확실히 다르다는 것을 알면서도 우리의 전쟁목적이 확실히 달성되지도 않은 상태에서 미군부대의 동원을 해제하면 비참한 결과를 초래한다는 것을 미처 몰랐다. 그래서 대일對日전쟁이 끝나자 다른 모든 전선의 미국군 지휘관과 마찬가지로 나도 지휘 하에 있는 부대의 동원해제에 관한 명령을 받았다. 나의 사령부의 제1과(G-1, 인사담당)는 수송선의 편의에 따라 본인이 중요한 배치에 있고 다른 사람과 교체하기 어려운 경우에도 그에 구애받지 않고 모든 병사들은 점수제도에 의해 본국으로 귀환하라는 명령을 실행하기 위한 계획을 작성했다.

미국 국민들은 독일과 일본의 무조건 항복에 의해 유럽과 아시아에 진공상태가 생겼다는 것을 알지 못했다. 그들이 알고 있는 것은 적이 항복했으니 미국의 모든 도시나 시골마을에서 실시한 전승 축하의 행사뿐이었다.

미국 국민으로서 전쟁에 승리했으니 자기네 자식들이 곧 집으로 귀환한다고 생각한 것은 당연하리라. 거기에다 우리 지도자들은 평화를 획득하기 위해 강대한 미국의 군대를 유지할 필요가 있다는 것을 솔직하게 국민들에게 알리는 기백氣魄과 순수성을 가지고 있지 않았다.

많은 국회의원들은 자기네들의 선거민을 기쁘게 하고 다음 선거에서의 당선을 확실하게 하기 위해 병사로 외국에 파견된 자제들을 귀환시킬 것을 주장했다. 그들 대부분은 공산주의자들의 국제적 음모는 우리들이 완전히 타도한 나치나 일본인보다 더 커다란 위험성을 내포하고 있다는 것을 알지 못했다. 바로 강력한 이성적 지도체제가 바람직한 시기였다. 그런데 미국의 의회는 "우리의 아들들을 귀환시켜라." 하는 요구에 거의 예외 없이 굴복하여 미국의 해외에 있는 병력을 감소시켜 무력화 하는데, 군부에 압력을 가했다. 이러한 일은 모두 공산주의자들이 교묘하고 또한 대대적으로 야기시킨 전후의 히스테리 증상이었다.

1945년 9월, 헐리 대사와 나는 재차 귀국 명령을 받았다. 나는 마닐라에 멈추어 일본군 때문에 3년 반 동안 포로가 되었던 나의 사관학교 동기생 잭 반스(Jack Vance) 육군 대령과 동행했기 때문에 헐리 대사는 먼저 떠났다. 잭 반스 대령은 마닐라에서 귀국할 비행기를 기다리고 있었기에 대령을 우리 일행에 끼워서 워싱턴으로 함께 가기로 했다. 나는 사관학교 시절부터 반스와 친했고, 그 후 우리는 여러 배치처에서 사이좋게 업무를 수행했다. 그는 내가 사관학교 동기생 가운데 가장 존경하는 인물의 한 사람이었고, 일본군의 포로가 안 되었다면 그는 더 높은 지위에 오르는 기회가 있었으리라 생각한다.

항공기가 워싱턴 공항에 도착했을 때 우리는 창밖을 뚫어지게 쳐다보았다. 거기에는 많은 사람들 외에 의장대와 군악대가 대기하고 있는 것이 보였다. 잭 반스는 3년 반 동안 부인을 만나지 못했다. 나는 기내의 전원에게 반스가 비행기에서 내려 부인과 인사할 때까지 내리지 말도록 지시했다. 곧 항공기는 멈추었고 문이 열렸으며 반스는 뛰어내렸다. 군악대는 연주를 시작했고, 마침내 '장군 행진곡'을 연주했다. 그러나 반스는 의장대장儀仗隊長이 그를 '웨드마이어 장군'이라고 잘못 생각하고 있다는 것도 전연 알지 못했으리라. 사관학교의 많은 동기생들이 마중 나온 앞에서 반스는 행복하게 부인과 포옹하는 감격의 모습이 전개되었다.

수개월 전과 마찬가지로 헐리 대사와 나는 대통령을 방문하는 일정이 잡혀 있었다. 헐리는 트루먼 대통령에게 건강상 대사로서 중국으로 돌아가지 못 할 것 같다고 말하고 그의 후임으로 나를 추천했기에 나중에 대통령과 단독회견을 했을 때, 대통령은 중국대사로 임명되는 것을 희망하느냐고 물었다. 나는 마셜 장군과 의논해서 확실한 회답을 하기로 했다. 마셜 장군은 솔직하게 "자네가 이런 일에 관심이 있다면 모르지만, 그렇지 않다면 국무부의 일에는 관계하지 말게. 나는 자네가 육군에 남아 있기를 바라네." 하고 말했다.

나는 워싱턴에서 트루먼 대통령, 국무장관 및 합동참모 회의 등에서 중국에 귀임하여 장제스에게 제출한 1945년 11월 10일의 나의 보고서를 밝혔다. 즉 "트루먼 대통령은 장제스 총통과 중국 국민정부에 대해 계속 원조할 것을 약속했다." 하고 보고할 수 있었다는 것은 나로서는 다행한 일이었다. 그러나 이 보장은 대통령의 정책에 전면적으로 동의하고, '중국에 대한 군사원조'를 인정하면서도 다음과 같은 합동참모 회의의 지시에 의해 거의 무의미한 것에 가까운 것이 되어버렸다.

> …미군은 내란에 휩쓸리지 말아야 한다. 즉 미군은 중국정부와 영국, 프랑스, 소련 및 다른 외국과의 관계에서 초당파적인 입장에 멈추어야 한다다고 미군의 참모총장들은 강조했다.
>
> 참모총장들은 중국군 부대의 전개展開를 지원하는 미국의 원조는, 만약 이

> 군대가 미국이 받아들일 수 없는 중국정권을 지원하여 내란 혹은 침략의 위협을 주기 위해 사용하는 등, 미국정부의 의향에 위배되는 경우 이러한 원조를 중지하는 것을 조건으로 명시했다. 중국이 국민의 의지意志를 충분히 대표하는 통일정부 하에서 어느 정도 정치적 안정이 달성되느냐 하는 것은 미국이 경제, 군사 및 다른 분야의 중국 원조를 결정할 때, 언제나 기본적 고려사항으로 간주된다. 중국에 원조를 계속할 것인가의 가부可否에 대해서는 이 기본적 고려사항에 입각하여 미국정부가 정기적으로 검토하게 될 것이다.

미국의 중국에 대한 원조는 중국의 국내 정세의 안정에 의해 좌우된다고 생각하면서 그 안정은 미국의 원조와 지원에 의해 보장되는 것인데, 이 지시는 문제를 전도顚倒하여 정치적·군사적 고려보다 경제적 고려를 중시했을 뿐만 아니라, 미국의 중국에 대한 원조는 실제로 국민정부가 공산당측과 타협하는가의 여부에 달려있다는 것을 시사하는 것이었다. 그리고 중국 공산주의자들은 모스크바의 지령을 받고 있었으니, 가령 무의식적이라 할지라도 미국은 사실상 미국의 원조를 희생해서라도 모스크바를 향한 복종을 중국정부에 요구했던 것이다.

1945년 9월 미국과 중국의 연합군 사령부의 참모들이 중국 국민정부군 부대의 재배치계획을 공동으로 작성했을 때, 장 총통에게 다음과 같이 보고했다.

> 나는 미국 사령관으로서, 내가 지휘하는 부대는 중국 국민정부군과 중국 공산주의자, 소련 공산주의자, 기타 중국 및 만주에서 견해를 달리하는 분자들과의 분쟁에 휩싸이거나 또는 개입할 수는 없다. 내가 워싱턴으로부터 주어진 명령에는 중국 국민정부와 공산주의자 사이의 문제해결은 은밀히 중국 국민정부의 책임으로 명시되어 있다. 그러나 총통의 참모장으로서의 나는 기쁜 마음으로 복잡한 중국의 국내사정을 잘 연구하여 제기된 여러 문제에 대해 검토를 해서 그 해결책을 발굴하여 조언할 생각이다.

1945년 12월 마셜 장군으로부터 나에게 연락이 왔는데, 대통령으로부터 중국의 특사特使로 근무하라는 요청이 있어 곧 부임한다는 것이었다. 마셜 장군이 미국 대통령의 대리로, 대사의 자격으로 중국으로 부임한다는 발표는 중국 측뿐만 아니라 미국 대사관에서도 큰 관심사였다. 장제스 총통은 큰 관심을 가지고 마셜 장군의 중국 부임의 참다운 목적에 대해 여러 가지 질문을 했다. 장제스는 스틸 대사를 중국 근무에서 해임시킨 사건으로 마셜 장군에 대해 찜찜한 감정을 가진 듯 보였다. 나는 중국과 미국에 있어서 마셜 장군처럼 관록官祿이 있는 인물이 중국에 부임한다는 것은 정치와 경제부흥의 실현을 원조해 주는데 행운이라고 말했다.

장 총통은 마셜 장군과 그 일행의 접대와 숙소에 대해 신중한 계획을 세웠다. 장군의 비행기가 상하이 공항에 도착했을 때, 미국과 중국의 의장대가 정렬해 있었고 행사는 정중하게 진행되었다. 그 후 마셜 장군으로부터 숙소로 오라는 전화가 왔다. 우리는 마셜 장군의 최초의 장 총통 방문에 관해 의논했는데, 장군은 가방 속에서 대통령으로부터 주어진 훈령訓令의 복사본을 꺼냈다. 이 훈령에는 중국의 국민당과 공산주의자에 의한 연립정권의 수립이 요구되었다. 나는 마셜 장군에게 공산주의자와 국민당 간의 타협을 도모한다는 것은 불가능하다고 얘기하고 그 이유는 아직 커다란 세력을 가지고 있는 국민당이 그 세력의 한 조각도 내놓지 않을 결의를 하고 있고 한편, 공산당측은 소련의 원조 하에 모든 세력을 탈취하려는 확고한 결의를 하고 있다는 것을 설명했다.

마셜 장군은 화난 듯한 표정으로 "나는 국민당과 공산주의자와의 연립정권을 수립한다는 임무를 수행하고자 하니, 자네는 나를 지원하기만 하면 되네." 하고 말했다. 마셜 장군은 기분이 상쾌하지 못했고 저녁 식사 때도 불쾌한 표정을 나타냈다. 그날 밤, 나는 난처한 처지에 놓여 있었다. 장군은 내가 개인적으로 그에게 헌신적으로 일했고 대단히 존경하고 있다는 것도 확실히 알 것이다. 카사블랑카 회담 때 "자네가 언제나 생각한 대로 의견을 나에게 전하지 않는다면 나에게 봉사하지 않는 것이네." 하고 말한 장군의 얘기를 새삼스럽게 상기했다. 나로서는 나의 생각을 솔직하게 얘기했는데 거기에 대해 장군은 나에게 거의 적의敵意에 가까운 냉담한 태도를 취하니 도대체 무엇이 이렇게 만들었을까 하고 생각에 잠겼다. 마침내 다음과 같은 결론에 도달했다. 즉 전쟁 중의 격무에 의한 과로가 심신心身을 상하게 했고 또 미국으로부터의 먼 거리의 비행기 여행으로 피로했기 때문이지 하고.

1946년 4월, 나는 다시 미국을 향해 출발했다. 중국전선의 동원해제도 끝났고, 길렘 육군 중장이 중국에 잔류하는 미군부대의 지휘관으로 임명되었다. 마셜 장군은 나를 중국 주재 미국대사로 임명하는 것을 추천했으나, 미국의 중국에 대한 정책은 그의 견해와 나와는 전연 다르다는 것을 확실히 느꼈다. 내가 대사 취임에 대해 마셜 장군의 희망에 동의한 것은 장군이 중국에서의 공산주의자의 위협이 미국에 대해 위험하다는 것을 인식하는 데 내가 도움을 줄 수 있으리라 하는 희망이 아직 나에게 남아있었기 때문이었다.

XVII. 가지각색의 중국정책

1946년 6월 1일 국무부에서 오라는 연락이 왔다. 애치슨(Acheson) 국무장관은 마셜 장군이 대통령에게 보내는 전보를 보여줬는데, 그 속에는 내가 중국주재 대사로 취임한다는 소식이 새어나가 마셜 장군의 중국 공산주의자와의 미묘한 교섭에 커다란 장애가 생겼다는 내용이 적혀 있었다. 내가 전쟁 중에 장 총통과 밀접한 관계를 가졌고, 종전이 되자 내가 기회를 놓치지 않고 국민정부군을 중국 북부의 요충지에 진주進駐시키는 조치를 취한 것으로, 나는 공산주의자와 국민당의 양편에 대해 공평公平할 수 없다는 이유로 나의 대사 취임에 항의했다는 것이다.

애치슨은 자기로서는 애석하게 생각하지만 나의 대사 임명은 취소해야 한다고 말했다. 그래서 나는 처음에 대사가 되기를 바라지 않았지만 마셜 장군의 권유로 취임에 동의했을 뿐이라고 대답했다. 그러나 나로서는 중국의 공산주의자가 미국정부 내의 중요한 인사人事의 결정을 좌우한다는 것은 달가운 일이 아니라고 했다. 참모총장 아이젠하워 장군은 나를 제2군 사령관에 임명했다.

나는 부대의 지휘에 전념하고 정책은 정치가에게 맡기는 것이 바람직하다고 생각했지만 조국에 대한 나의 관심과 미국의 중국정책에 대한 걱정은 더 심해졌고, 최초로 대통령 특사로 중국에 파견되었고 후에 국무장관이 된 마셜 장군이 실시하고 있는 중국정책의 위험성에 나는 부득이 지적하지 없을 수 없었다.

메릴랜드 주의 포트 미드(Fort Meade) 제2군 사령관에 취임하기 위해 워싱턴을 출발할 때 나는 포레스탈(Forrestal) 국방장관의 요청에 의해 각서를 제출했다. 이 각서에 의해 나와 내가 존경하는 마셜 장군과의 틈바구니는 더 벌어졌다. 장군은 그의 중국정책에 반대하는 나를 용서하지 않았다고 생각했다. 이 각서에서 나는 마셜 장군이 중국문제를 서둘러 해결하려 하고 있는데, 미국 및 모든 자유세계의 이익과 조화하는데 더 좋은 해결을 위해 중국은 금후 장기간에 걸쳐 어려움에 직면하고 소련 공산주의는 "국민정부의 타도에 의해 생기는 진공에 스며드는 세력"이 되기 때문에 미국으로서는 "장제스와 그의 정부를 지원하는 길밖에 없다"는 것을 인식할 필요가 있다고 설명했다.

마셜 장군의 중국 정세에 관한 분석에 언급하여 나는 1946년 11월 18일 국방대학원 강의에서 다음과 같이 말했다.

> 나는 "중국 공산주의자는 참다운 칼 마르크스주의의 신봉자인가?" 하는 질문을 여러 번 들었다. 마르크스의 기본적 교리는 레닌이나 스탈린에 있어서도 그 해석과 적용면에서도 여러 가지 변화를 보였다. 우리들은 소련의 국외에서 확실히 크렘린의 이데올로기에 충성을 맹세한 개인, 집단 및 정당에서 사용하는 공산주의의 전술적인 실행면에는 많은 차이점이 있다는 것을 알고 있다. 우리는 공산주의의 기본적인 교리에 주의할 필요가 있다. 공산주의가 어느 지역에서 또 일시적으로 어떻게 적용되고 있는가에 따라 어리둥절해서는 안 된다. 중공의 지도자 자신들도 그들의 생명은 현대의 공산주의에 관련시킬 때만이 의의意義가 있다고 확실히 밝히고 있다. 나는 중국 공산주의자의 행동은 사정이 허락하는 한, 언제나 모스크바의 방침에 따르고 있다고 확신한다. 우리들은 중국 공산주의자의 기본적인 원리나 목적이 전 세계의 공산주의자와 조금도 다름이 없다는 것을 확인하기 위해 중국 공산당의 여러 규칙을 읽어 볼 필요가 있다. 공산주의는 적용의 면에서는 많은 변화가 있지

만, 그 최종 목적은 분명하며 다르지 않다. 나는 중국 공산당의 지도자인 마오쩌둥(毛澤東)과 저우언라이(周恩來), 특히 영어를 할 줄 아는 저우언라이와는 때때로 대화한 일이 있지만 그들은 첫째, 스탈린과 그의 계획의 실행에 충성을 바치며, 다음에 중국 국민의 복지를 생각하고 있다.

나는 같은 강의에서 중국 국민정부는 독재주의 혹은 전체주의로 때때로 조롱거리로 불리어지고 있으나, 국민당의 최종 목적은 입헌 공화국의 수립에 있는데 반하여, 공산주의자는 소련 방식에 의한 전체주의의 독재체제를 건설하려고 희망하고 있기 때문에 국민정부와 그 적인 중국 공산주의자의 목적 사이에는 근본적인 차이가 있다는 것을 말했다.

나는 마셜 장군이 중국에 대한 그의 기본적인 과오, 즉 국민정부와 공산주의자는 세력 다툼을 하는 두 개의 당파에 지나지 않는다는 생각과 장제스에게 공산주의자와의 타협을 강요하기 위해 1946년부터 47년에 걸쳐 중국에 대한 무기, 탄약의 보급을 전면적으로 중단시킨 두 가지의 과오를 시인한다면, 나는 지금이라도 장군을 이 시대의 위대한 인물의 한 사람으로 존경한다. 그러나 장군은 국민정부에 대해 공산주의자에게 양보를 강요하는 잘못된 중국정책을 결코 개정할 생각이 없었다.

마셜 장군은 일반적으로 보아, 특히 중국 공산주의자의 본질과 목적을 이해하지 못한 것으로 생각한다. 미국은 장제스에게 민주적 개혁을 실천함과 동시에 중국 공산주의자와 협력하라고 주장했다. 또한 미국은 강력하고 독립된 중국을 희망한다고 언명하고 있었으나, 국민정부가 중국 공산주의를 분쇄하기 위해 불가결한 물질적·정치적 원조와 지원을 국민정부에 공급하는 것을 거부했다.

나는 마셜 장군이 국무장관으로 취임하기 위해 1947년 1월 중국을 떠날 때, 미국과 영국측에 가담하고 있는 국민당과 소련의 지지를 받고 있는 중국 공산주의자와의 다툼에서 그것은 마치 미국의 관심사가 아닌 것처럼 방관하는 데 놀라지 않을 수 없었다.

나는 군대생활로 돌아가서 정치문제에 관여하지 않기를 희망했다. 그러나 트루먼 대통령은 1948년 4월, 공산주의의 맹공격에 반대하는 확고한 지지성명을 발표해 달라는 장제스 총통의 간곡한 요청을 거부하고 공산주의자와의 중국 연립정권 수립을 반복해서 요구했다. 나는 중국 국민에 대해 마음에서 우러나는 동정과 실망을 표명하지 않을 수 없었다.

XVIII. 중국에 대한 나의 마지막 임무

1947년 7월의 첫 주에 나는 국무부에 가서 유럽시찰에 관해 마셜 장군에게 간결하게 보고했다. 장군은 나에게 대사로서 중국에 갈 의향을 묻고 스튜어트(Stuart) 중국주재 미국대사는 건강이 좋지 않아 대사로서의 임무수행에 무리가 있다고 말했다.

나는 이것을 듣고 조금도 주저하지 않고 육군에 그대로 있고 싶다고 말했다. 그랬더니 마셜(국무장관)은 대통령과 다른 각료들이 극동정세에 대해 토의한 결과, 장래 정책의 기초로서 중국과 한국의 상황에 대해 객관적인 연구가 필요하다는 것이 결정되었으니 내가 그 임무를 맡을 것을 희망하며 이것은 일시적인 업무이기 때문에 2, 3개월 이상은 걸리지 않는다고 말했다.

나는 지금까지의 국무부 및 육군성의 보고에 적혀 있거나, 중국주재 미국대사관에서 획득하지 못한 것을 나의 파견으로 밝히려고 하느냐 하고 따졌다. 그랬더니 마셜은 미국정부가 추구하고 있는 소극적인 중국정책을 비난하는 의회(월터 저드(Walter Judd) 하원의원 및 스타일스 브리지스(Styles Bridges) 상원의원 등)나 다른 곳의 압력 때문에 중국정책의 재검토를 하지 않을 수 없다는 것을 시인했다.

나를 중국에 보내고자 제안한 그의 목적을 이해하려고 노력했다. 그의 고결한 인격, 신념과 벗에 대한 성실함에 관한 나의 신뢰는 그가 진주만의 패전에 대해 조사한 육군의 심사위원회에서 행한 증언과 중국에서 국민당과 공산주의자와의 연립정권은 가능하지도 않을 뿐만 아니라, 바람직하지도 않다는 나의 견해에 대해 그가 1945년 12월 상하이(上海)에서 보였던 격분으로 인해 약간 신뢰감이 흔들렸지만, 신뢰를 잃어버린 것은 아니었다. 나는 이전의 상관인 마셜 장군에 대한 나의 존경과 호감은 아직 대단히 컸기 때문에 그가 마침내 미국의 극동정책에 관한 미국정부의 전제前提가 적당하지 않다는 것을 느껴, 지금 그 정책을 시정하고자 한다고 나는 조금도 의심하지 않았다. 나는 그에 의해 거부된 나의 권고의 노선에 따라 중국정책의 근본적인 변경을 생각하지 않는데, 그는 어떤 이유에서 나로 하여금 이 임무의 수행자로 선정했는가 하는 것을 스스로 자문해 봤다. 아마도 미국은 지금 중국 공산주의자에 대해 현실적으로 단호한 행동을 취하려는 것으로 생각되었다.

트루먼 대통령은 1947년 7월 9일 「훈령문서」에 "승인"이라고 사인을 했기 때문에 정식으로 중국과 한국에서의 현재 및 장래의 정치, 경제, 심리 및 군사 등 여러 정세의 평가·검토의 임무가 나에게 지시되었다. '웨드마이어 사절단'이 7월에 난징(南京)에 도착했을 때, 미국대사 및 중국 요인들이 공항에 마중 나왔다. 나는 대사관에서 나의 중국방문에 대한 중국과 소련의 양국 공산주의자들의 반응에 대해 질문했다. 나의 현지조사에 대한 중국 공산주의자의 반응은 그들의 방송에서 확실히 나타났다.

> 산시성(山西省) 북부에서 1947년 7월 16일.
>
> 미국 제국주의자들은 평판이 나쁜 웨드마이어 장군을 다시 중국에 파견하여 자유롭게 중국에 대한 침략을 실행하고, 장제스의 죽어가는 국민정부를 지지하려 하고 있다.
>
> 모든 중국 인민들은 프로이센 군국주의의 교육을 받은 미국 제국주의자 웨드마이어에 대해 잘 알고 있다.
>
> 그는 일본이 항복한 후, 인민해방군(중국 공산군)에 의해 포위된 칭다오(靑島),

텐진(天津), 베이징(北京) 및 친황다오(秦皇島) 등에 있는 일본군과 괴뢰정부군에 대해서는 이들의 도시를 유지하고 인민군에 항복하지 않도록 명령하고, 이들의 여러 도시를 점령하기 위해 급히 미군부대를 파견했다. 그와 동시에 그는 최대의 항공수송부대를 편성하여 장제스의 6개 군을 상하이, 난징, 베이징, 텐진, 칭다오 및 지난(濟南)에 공수했다. 그 후 그는 만주에서의 내전을 수행하기 위해 미군이 점령하고 있는 친황다오에 장제스의 5개 군을 해상수송했는데, 이 만주야말로 만주의 인민의용군이 14년간이라는 장기간 적극적으로 활동했고 훨씬 이전에 장제스가 버린 지역이었다.

이런 극악한 행동(독재자 장제스를 원조하고, 중국인민에 반대하는)을 한 후, 웨드마이어는 헐리(Patrick Hurley)의 이름과 마찬가지로 미운 것이 되었다. 그래서 마셜이라는 '공평한 조정자'가 등장하여 웨드마이어를 미국으로 귀환시키지 않을 수가 없었다.

지금 미국 제국주의자인 트루먼과 마셜은, 장제스의 붕괴는 막바지에 와 있고 중국에서의 미국 제국주의자의 입장은 위태로움에 처해 있다는 것을 알았다. 그들은 훨씬 이전에 '공평한 가면(假面)'을 휴지통에 버리고 지금은 장제스의 죽어가는 정권을 회생(回生)시키기 위해 이 악명 높은 웨드마이어를 또다시 파견하여 자유행동을 취하고 있다. 이런 모든 것은 미국 제국주의자들이 지금 황급히 당황하고 있으며 그리스에서와 마찬가지로 중국에 대해서도 잔인하고 공연한 직접 간섭을 행할 필요가 있다는 것을 나타내고 있다.

중국 인민은 그리스 인민과 마찬가지로 용감하고 단호한 결의를 가지고 있으며, 그 힘은 그리스 인민보다 훨씬 강대하다. 중국 인민은 일본 제국주의를 축출했다. 이와 마찬가지로 미국 제국주의를 반드시 축출하리라.

나의 시찰, 회견 및 토의는 난징뿐만 아니라 중국의 북부, 동부 및 남부의 넓은 지역을 망라했다. 나는 각지에서 중국의 정세에 대해 토의했고 많은 중국인과 미국인을 포함한 외국인의 견해도 확인했다. 정부 직원이나 군사 지도자를 포함하여 정치적인 각 층의 중국인과도 대화했다. 나는 수 주간에 걸친 현지시찰을 끝내고 귀국준비와 보고서의 작성에 착수하기 위해 난징으로 돌아왔다.

다음에 나는 한국 시찰로 옮겼고, 얄타협정이 가져온 중국 이외의 또 하나의 비극으로 38도선에서 분할된 불행한 나라에 관한 나의 권고를 얘기하고자 한다. 나는 한국에 대해 유엔의 보호 하에 영국, 소련, 프랑스, 중국 및 미국에 의한 신탁통치를 권고했다. 내가 이런 권고를 한 목적은 한국에서의 소련의 파괴활동을 방지하는 데 있었다.

한편 위대한 애국자인 이승만(李承晩)의 지도하에 한국인들은 한국 전역을 완전히 통치할 수 있는 필요조건을 확립했다.

중국·한국에 관한 보고서※

1. 총론

중국의 역사는 중국 영토에 대한 외국 세력의 침략과 횡포, 특권, 착취 및 강탈의 많은 예로 가득 차 있다. 만주와 대만을 포함한 중국에 대한 외국의 계속적인 침투와 침입, 혹은 중국을 자기 나라의 세력권으로 만들려는 노력은 중국의 주권에 대한 직접적인 침해와 모독, 국제연합 헌장의 여러 원칙을 부인함으로써만이 해석된다. 미국 및 국제연합 헌장의 원칙에 동의한 다른 여러 나라는 인간의 존엄성과 그 시민으로서의 권리를 인정하고, 더 나아가서 그들의 정치체제와 정치 지도자를 자유롭게 선택할 기회가 확실히 주어지는 목표를 향해 모든 국민이 전진하는 것을 방해하지 않고, 그 노력을 집결시켜야 하는 것이 의무이다.

이러한 목표와 자유를 사랑하는 국민들의 높은 목적은 제2차 대전에 이르는 10년 동안 유럽과 아시아에서 이루어진 사악한 세력 때문에 오늘날 위험에 직면하고 있다. 이 사악한 세력의 상투적 수법은 잘 알려진 것으로, 즉 파괴분자를 운용하고, 침투전술, 정상적인 경제상태의 파괴, 정부와 지도자에 대한 국민의 신뢰를 약화시키기 위한 혼란과 무질서 상태의 선동, 그리고 국민의 의사를 무시하고 정치권력을 탈취한다. 이러한 모든 책략은 전체주의 이데올로기로 하여금 유리한 조건을 만들기 위해 교묘히 계획되어 잔인하게

※역자 주 : 육군 중장 A. C. 웨드마이어는 1947년 9월 19일자로 대통령의 훈령에 의해 국무부, 재무부 그리고 육군·해군성의 조언자들과 함께 2개월에 걸친 극동지역의 현지조사를 수행했고, 중국과 한국의 현재와 장래의 정세에 대한 견적과 미국의 극동에서의 여러 목적을 달성하기 위해 취해야 할 적절한 행동방침과 주어진 임무에 대한 보고서를 제출했다. 여기서는 보고서 내용의 일부와 한국에 관한 것만 소개한다.

실행되고 있다. 이러한 수법은 오늘날 극동, 특히 시베리아와 인접하고 있는 지역에서 나타나고 있다.

– 중략 –

중국과 한국에서의 정치·경제 및 심리상의 여러 문제는 뒤엉켜져 불가분의 관계에 놓여 있다. 이러한 문제는 모두 복잡하고 해결을 더욱 더 어렵게 만들고 있다. 대통령의 훈령에 따라 본인은 이러한 문제를 충분히 조사했다. 이러한 문제의 각 항목은 지금부터 이 보고서에서 검토된다. 그러나 어떠한 특정 지역에 대해 미국에서 지원하는 원조가 알맞지 않고 또는 시기를 잃는 것이 되지 않도록 하기 위해 계속적인 세계적 견지에서의 평가가 반드시 요구된다는 것을 본인은 인정한다.

본인이 이번 중국·한국 시찰에 있어서 그 실정 조사, 분석 및 보고의 배경으로 한 것은 미국의 대외정책 책정상의 다음 세 가지 가정에 기반을 두었다.

1) 미국은 소련과 기타의 국가가 국제연합에 적극적으로 참여하지 않는 사태를 시인하기는 하지만, 국제연합의 높은 목적을 달성하기 위해 국제연합을 계속 지원한다.
2) 미국은 미국과 상반되지 않는 정치적·경제적 기구를 확립하고 또 그렇게 할 희망을 사실에 의하여 확실히 제시하는 국가와 국민을 정신적으로 지원한다.
3) 미국은 전후戰後의 부흥을 촉진하고 경제적인 안정을 발전시키기 위해 전항前項과 같은 국가 및 국민을 물질적으로 원조한다. 단,
   - 이러한 원조는 그 지원 목적에 사용되어야 한다.
   - 이러한 정부와 국민은 스스로 돕는 효과적인 조치를 취하고 있는가, 또는 그렇게 할 것을 확약하는 명백한 증거를 계속 보여야 한다.
   - 이러한 원조는 미국의 경제를 위태롭게 하지 않고 또 미국의 정치, 경제 및 심리상의 여러 목적을 달성하고자 하는 미국의 다른 국제적 협약과 기여를 포함한 통합적 계획에 일치되어야 한다.

2. 중 국(생략)

3. 한 국

가. 정 치

한국의 중요한 정치적 문제는 잠정적인 한국정부를 구성하고, 한국을 4개

국의 신탁통치로 한다는 1945년 12월 모스크바 협정의 실행에 관한 것이다. 이 협정에 따라 미·소 공동위원회가 설치되어 이 위원회는 한국의 민주적 정당과 사회단체 전부로 구성된 연합체와 협의하는 것으로 되어 있었으나, 소련이 이것을 반대하였기 때문에 모스크바 협정의 실시는 1946년 사실상 막다른 골목에 닿았다. 소련의 의도는 미군의 점령지역에 있는 과격한 보수단체를 정부수립협의회로부터 다음의 새로운 한국정부에서 축출하고, 한국에 공산주의자가 지배하는 정권을 수립하려는 것이었다. 소련은 과격한 보수단체가 신탁통치에 공연히 반대하고 있다는 이유에서 이 단체의 한국정부수립협의회에의 참여에 반대했지만, 미국은 이 단체의 참여 자격을 박탈한다는 것은 한국인 대부분으로부터 그들의 정부에 관한 견해를 표명할 기회를 없애는 결과가 된다는 태도를 취했다.

마셜 국무장관과 몰로토프 외상 사이의 각서가 교환된 후, 미·소 공동위원회는 1947년 5월에 재개되었다. 이 각서에 의하면 문제가 되었던 보수단체의 한국정부수립협의회에 참여하는 것을 시인하기로 했는데, 이전과 마찬가지로 보수단체가 신탁통치에 반대하고 있다는 문제에서 다시 막다른 골목에 닿았다. 8월 12일 마셜 국무장관은 미·소 공동위원회에 각서를 보내어 양국 위원회의 공동보고나 혹은 미·소 위원으로부터 각각의 보고서 제출을 요청했으나, 소련 측이 회답하지 않아서 미국 측의 위원회는 8월 20일 단독 보고서를 워싱턴에 제출했다. 그리고 미국은 중국, 영국 및 소련에 대하여 한국문제에 관한 토의를 위해 4개국 회의를 개최하자고 제안했는데, 중국과 영국은 동의했으나 소련은 이를 거부했다.

한국문제는 국내적으로 소련이 북한에 공산정권을 수립하고 또 미국에 대해 확실하게 적의를 가지고 있는 공산주의자들의 단체가 남한에서 음모를 꾸미고 있기 때문에 복잡하게 되었다. 신탁통치를 강력하게 반대하는 과격한 우익의 테러행위는 워싱턴의 지시에 의해 가능한 빨리 정부 각 부의 전면적인 행정책임을 한국인에게 이양하려고 노력하는 미국 당국자의 계획 실천을 언제나 방해하고 있다. 미국 당국자들은 이 계획에 따라 한국인에 의한 잠정적 입법회를 설치하고, 남한에서의 정치의 '한국인화' 정책의 실행에 노력하고 있다.

나. 경 제(생략)

다. 사회·문화(생략)

라. 군 사

정치와 경제에서 유래하고, 38도선의 인위적인 경계선에 의해 악화된 한국의 군사정세는 미국의 전략적 이익에 있어서 잠재적 위험이 되고 있다. 남한에서 공산주의자가 선동하는 폭동과 혁명적 행동은 끊임없는 위협이 되고 있다. 그러나 한국인의 준군대準軍隊로 보충된 미군은 이러한 소란과 혼란에는 대처할 수 있다. 그리고 소련이 통제해서 행하는 공공연한 침략에는 대처할 수 없으나, 이런 침략은 현재로는 일어날 가능성이 없다. 남·북한에는 점령 목적을 위해 진주進駐한 미군과 소련의 병력은 거의 동수同數인 5만 명 이하이지만, 소련군 방식으로 장비되고 훈련된 북한 인민군은 약 12만 5천명이며, 미국이 조직한 1만 6천명의 남한 경비대(일본군의 소화기小火器로 무장) 보다 훨씬 우세하다. 소련이 그의 점령군을 북한에서 철수시키고 남한으로부터의 미군 철수를 강요할 가능성이 짙으므로, 북한 인민군은 남한에 대하여 잠재적 군사상의 위협이 되고 있다. 이러한 소련군의 철수사태는 소련이 만든 북한의 괴뢰정권과 군대가 소련군이 주둔하지 않더라도 소련의 목적을 실행하는데 신뢰할 만큼 교육·훈련되었다고 생각될 경우, 가능한 한 빨리 실행될 것이다.

미국은 이전에 필리핀 의용단과 같은 남한 의용군을 편성·무장시키고 또 훈련시키는 것이 바람직하다. 이 부대는 미군 사령관의 통제 하에 두고 장교 전원은 처음에는 미국인을 배속해 두었다가 후에 한국인으로 교체해야 한다. 이 부대는 미·소 양군이 한국에서 철수할 경우 북한 인민군의 위협을 크게 약화시킬 것이며, 아마 남한에서의 공산정권의 강제적 수립을 저지하고 남한의 자유와 독립에 기여할 것으로 생각된다.

4. 결 론(생략)

5. 건 의

다음과 같이 건의를 한다.

미국정부는 선언된 국제연합의 원칙에 따라 세계평화의 조속한 확립에 기여함과 동시에 오늘날 위협을 가하고 있는 호전적인 세력으로부터 미국의 전략적 이익을 보호하기 위해 가능한 한 빨리 중국과 남한에 대하여 정신적, 물질적 원조 및 조언을 제공할 것.

이 보고서에서 제안되고 있는 미국의 정책과 행동은 미행정부의 관계기관에 의하여 다른 국제적 조약과 함께 충분히 총합적 견지에 서서 검토되어야 한다. 공급하는 대외원조가 미국의 경제를 위태롭게 하는 것을 피해야 한다는 것은 당연하다.

가. 중 국

미국은 양국 정부의 대표가 의논한 합의에 따라 다음 조건에 의해 중국 영토의 통일성을 보호하고, 중국의 회복을 촉진하기 위해 우호적인 중국 원조를 계속할 것을 조치할 의향임을 중국에 통보할 것.

- 중국은 미국에 대하여 물질적·정신적 원조를 증대해 줄 것을 요청하는 내용을 곧 국제연합에 통보한다.
- 중국은 만주에서의 전투행위를 중지하고, 만주를 5개국의 보호관리 하에 두든지 혹은 그것이 불가능하면 국제연합 헌장에 따라 신탁통치하에 둘 것을 긴급 조치로 취해 줄 것을 국제연합에 요구한다.
- 중국은 자신의 자원을 경제 재건을 위해 효과적으로 사용하고, 국가 예산의 적자를 감소하기 위해 적절한 재정정책에 착수한다.
- 중국은 긴급히 실시할 필요가 있는 정치 및 군사상의 개혁을 실시하고 있다는 증거를 언제나 제시할 것.
- 중국은 기대하는 바의 방법으로 미국의 원조물자가 이용될 수 있도록 중국을 원조하기 위해 특정한 군사적·경제적 부문에, 미국 정부의 책임있는 대표를 조언자로 받아들인다.

나. 한 국

미국은 모스크바 협정에 따라 잠정적 한국정부의 조속한 수립을 위해 계속 노력함과 동시에 남한의 정치·경제 및 군사정세의 개선에 대하여 필요한 지원을 제공할 것.

따라서 다음과 같이 건의한다.

미국의 한국에서의 철수는 소련도 이와 비례해서 철수를 실시한다는 협정에 기반을 두고 시행하는 동시에, 한국의 자유와 독립을 보장하기 위해 가능한 한 많은 안전보장 조치를 강구할 것. 이와 같은 안전보장 조치를 지원하는데 충분한 군사원조를 공급하고 또 이 군사원조의 공급에 관해서는 다음 사항을 고려해야 한다.

- 한국 국립경찰과 한국 해안 경비대에 대해 무기와 장비를 계속 미국에서 공급한다.
- 북한으로부터의 위협에 대처하기 위해 현재의 경비대 대신, 미국인을 장교

로 한 충분한 병력을 가진 한국 의용군을 창설할 것.

- 한국에는 당분간 미군부대가 계속 주둔할 것.
- 기술전문가와 전술부대의 훈련에 대해 조언을 할 것.

나는 대통령에게 보고서를 제출한 후, 나의 결론과 건의의 기초가 되는 전제조건이나 배경을 더 상세하게 언제든지 설명할 준비를 갖추고 잠시 동안 국무부에서 근무했다. 유엔 회의에 참석하고 있었던 마셜 장군으로부터 뉴욕에 오라는 연락이 왔다. 뉴욕에서 장군을 만나니 입으로는 나의 보고를 칭찬했으나, 아직 충분히 연구할 시간이 없었는데 워싱턴에 가서 보고서에 대해 토의하자고 했다.

나는 뉴욕에 체재 중, 『타임』(*Time*), 『라이프』(*Life*) 및 『포천」』(*Fortune*)지誌 발행자인 헨리 루스(Henry Luce)와 점심식사를 함께 했다. 우리는 루스의 방에서 유쾌하게 잡담을 했으나, 마셜 장군으로부터 나의 보고서의 내용에 대해서는 누구에게도 말하지 말라는 주의가 있었기에 루스의 교묘한 질문을 비껴가면서 나는 중국 및 한국에 관한 보고와 건의에 대해 상세히 말 할 수 없는 이유를 설명했다.

마셜 국무장관은 대통령에게 제출한 나의 보고서가 비밀이 되고 있는 이유에 대해 의회의 위원회나 신문사의 기자로부터의 질문을 받았을 때, 보고서에는 비밀사항이 포함되어 있으며 그것을 발표하게 되면 관계된 나라와의 사이가 악화되는 결과가 될지 모른다고 답했다. 나의 보고서의 내용이 어떤 영향을 미칠 것인가를 결정하는 것은 나의 권한이 아니라는 것은 당연하다.

중국과 한국에 관한 나의 보고서가 공표금지公表禁止가 되고 또 본래의 군복무로 돌아왔을 때, 나는 어쩌면 중대한 과오를 범했고 국가에 대한 의무義務를 태만했다는 생각이 들었다. 그 당시 내가 현역에서 물러나고 미국 국민에게 진실을 전했으면, **피비린내나는 무익한 한국전쟁**[※]과 필연적인 결과를 가져온 공산주의자의 지배로부터 중국을 구출했을지 모른다. 그러나 나는 군인으로서 훈련을 받았고 정치에는 신중하라는 가르침을 받아왔기 때문에, 가령 내가 개인적으로 미국정부의 중국정책에 동의하지 않더라도 군무軍務의 수행이 나의 주요한 의무로 생각했다. 더욱이 마셜 장군에 대한 존경심에서도, 정책면에서 장군에게 도전하기 위해 군인을 그만두는 것이 퍽 어려웠다. 나는 오늘날 당시의 일을 회상해 봤을 때, 나 스스로가 중국 국민정부가 직면하고 있는, 거의 극복할 수 없는 여러 문제에 대해 당시 충분히 이해하지 못했다는 것을 솔직히 인정한다.

※ 역자가 고딕으로 표기한 것이며, 그 이유는 6·25전쟁의 깊숙한 원인을 밝히는 계기를 마련해 주었기 때문이다.

XIX. 제2차 대전에는 승자가 없다(1)

우리는 언제나 과거를 뒤돌아보고 과거의 경험을 바탕으로 하여 장래를 미리 내다보고자 하는 유혹에 빠진다. 과거를 뒤돌아보고 미래를 내다본다는 것은 특히 군인에게 가치가 있다. 그것은 정책과 결정을 평가하고 취해야할 행동의 방향에 대해 여러 가지 대안代案을 추측해서 만들고, 또한 전략과 전술에 관한 귀중한 교훈을 미래에 적용하기 위해 초점을 맞추는 기회를 보여주기 때문이다.

제2차 대전은 과거를 뒤돌아보고 미래를 내다보는 데 가장 풍부한 자료를 제공해 준다. 찰스 린드버그(Charles Lindbergh) 대령이 1939년에 경고한 것처럼 독일과 연합국 양쪽의 입장에서 봤을 때, 제2차 대전 그 자체가 최대의 과오였다. 이 전쟁에서 누구도 승리를 얻을 수 없었을 뿐만 아니라 또한 얻지도 못했다.

이 세계대전에서 독일과 영국 양쪽의 과오는 고대 희랍의 펠로폰네소스 전쟁(Peloponnesian War)의 슬픈 역사를 반복하는 결과가 되었다. 에디스 해밀턴(Edith Hamilton)이 그의 저서 『희랍의 풍습』의 투키디데스(Thucydides) 장章에서 설명하는 것처럼, 고대의 민주적인 해양국가였던 아테네(Athens)와 전체주의적인 대륙국가 스파르타(Sparta)는 탐욕과 세력 확장을 위해 서로 싸웠다. 한편 아시아의 강국이었던 마케도니아는 이 두 희랍의 강대한 도시국가가 서로 전쟁으로 피로에 지치는 것을 기다리며 바라보고 있었다. 제2차 대전도 분명히 이와 유사하다. 독일(스파르타)과 영국(아테네)이 서로 할퀴고 물어뜯고 있을 때, 소련(마케도니아)은 서방측의 자살적인 서로 타도되는 싸움으로 이익을 혼자 누리게 되었다.

나는 많은 과오, 즉 판단의 과오와 잘못된 결정 등을 스스로 범했다는 것을 잘 알고 있기 때문에, 제2차 대전의 여러 결정사항에 대해 논평한다는 것은 염치없는 짓인지 모른다. 제2차 대전 중, 나는 이런 과오를 발견하고 시정했으나, 어느 것은 전쟁이 끝날 때까지 알지 못한 것도 있었다. 내가 그때 실시한 분석적 검토와 대응조치는 그 당시 주어진 불충분한 첩보(information)에 바탕을 두고 이루어졌다.

베드포드 포레스트(Bedford Forrest : 미국 남북전쟁 때 남군의 장군)가 "적보다 우수한 장비를 갖춘 대병력으로 적보다 먼저 전장에 도착할 것"이라고 말하기 훨씬 이전부터 전쟁의 주요 목표는 적의 주력군을 격파한다는 것이 전쟁의 원칙이었다. 현대전에 있어서 '목표의 원칙'은 적 본토의 중심지역을 점령하는 것, 즉 적의 전쟁수행을 위한 공업력을 파괴 혹은 점령하여 적 국민의 싸우려는 의지를 굴복시키는 것이었다.

히틀러는 서부전선의 방위태세가 완성되기 이전에 폴란드 공격을 택하는 엄청난 과오를 범하여 1939년에 전쟁을 개시했다. 지그프리트 라인(Siegfried line : 독일의 서쪽 방벽)은 취약했기 때문에 현대 항공세력과 기갑부대를 사용하는 적을 방위함에 있어서 지그프리트 라인의 유연성을 증가하기 위해 실시해야 할 일이 많이 남아 있었다. 따라서 나치는 방벽태세가 완성된 경우보다 더 많은 유력한 전투부대를 서부방벽에 연하여 배치해야만 했다. 거기에다 독일 서부지방의 대단히 중요한 병참선과 공업 중심지의 방공체제의 준비도 상식적으로 생각하기 어려울 정도로 허술했다.

영국과 프랑스는 히틀러가 폴란드를 침공해서 움직일 수 없을 때, 독일에 대한 전면적인 공세작전을 실시하지 않았기 때문에 히틀러는 그의 어리석은 행동을 구하는 결과가 되었다. 연합국측이 전쟁 초기에 서부전선에서 주도권을 장악했다면, 그들이 지금까지 범한 정치상의 과오를 보상했을지도 모른다. 이 경우 영국과 프랑스가 공세를 취했다면, 연합군은 쉽게 라인강 선에 진출하여 아마도 루르(Ruhr) 공업단지까지 진출했으리라고 나는 확신한다. 불행하게도 연합국은 전쟁 초기에 이런 기회를 이용하지 않았고, 나치의 전격작전이 폴란드에서 성공을 거두고 있을 때, 영국과 프랑스에서는 '속임수의 전쟁'(phony war) 혹은 '교착전쟁'(sitzkrieg)이라는 생각이 널리 퍼지고 있었다.

이번 전쟁에서 최대의 실패를 연출한 것은 히틀러일 것이다. 단호한 각오를 하고 과감하게 일을 시작하는 영국인의 싸움 좋아하는 호전성과 굳은 결의에 대해서는 사실史實이 분명하게 증명하고 있음에도 불구하고 히틀러는 이런 것을 조금도 고려하지 않았다. 히틀러가 영국의 역사를 조금이라도 알고 있었다면, 바르게 행동할 수 있었으리라. 히틀러의 군사 조언자, 즉 카이텔(Keitel), 요들(Jodl), 할더(Halder)는 영국에 등을 돌리지 않도록 경고했다.

마침내 히틀러는 영국인에 대해 아첨하거나, 치켜 올리거나 또는 영국해협을 건너 상륙한다고 협박해도 효력이 없다는 것을 깨달았을 때, 서쪽 방벽을 강화하는 수단에 착수했다. 히틀러는 가슴 속의 비통함과 도전적인 기질로 "나는 영국을 굴복시킨다."라고 하는 오만한 태도를 취했다. 그리고 괴링(Goering)은 독일 공군이 영국을 꺾을 수 있다고 보장하지는 않았는지? 히틀러는 서유럽에 대한 독일의 힘을 강화하고 영국에 대한 군사적 입장을 개선하기 위해, 그 예비적 수단으로 노르웨이를 전격적으로 침공하여 거기서 영국에 타격을 가하고자 했다. 마침내 1940년 5월, 독일군은 네덜란드, 벨기에 및 프랑스에 대해 신속한 진격을 개시했으며, 그 당시 독일군의 진격을 저지할 방법은 없는 것으로 생각되었다. 화력과 기동력이 뛰어난 독일군 기갑부대의 진격을 저지할 적의 저항은 거의 보이지 않았다. 독일군은 폴란드 작전에서 시험이 끝난 새로운 전쟁술, 즉 기갑부대와 합동한 항공기의 직접 지원에 의해 대성공을 거두었다.

나치는 기적적인 성공에 의해 전쟁의 주도권을 장악하고서도 가장 굴복시키기 어려운 영국을 약화시킬 수 있는 좋은 기회를 놓치고 말았다. 독일군은 서쪽으로 신속히 진격하여 30만 명의 영국군 원정부대를 쉽게 포로로 잡을 수 있었으나, 됭케르크(Dunkirk) 방면의 기갑부대를 지휘하던 하인츠 구데리안(Heinz Guderian) 장군에게 그 진격을 중지하도록 명령했다. 그 명령에는 됭케르크의 영국군 부대는 독일 공군에게 맡겼다고 적혀 있었다. 이에 대해 구데리안은 다음과 같이 보고했다.

> 우리는 철저하게 입을 다물었는데, 이 명령이 내려진 이유가 명시되지 않았기 때문에 거기에 반대할 수가 없었다. 그 후 재차 됭케르크에 공격을 다시 시작하여 적을 해안으로 압박하여 포위를 압축하려고 하는 데, 그것을 중지하라는 명령이 또다시 내려왔다. 우리는 됭케르크를 눈앞에 두고 멈추라는 명령을 받았다! 우리는 독일 공군의 공격을 지켜봤고 또 크고 작은 함정들이 영국군 부대를 철수시키는 것을 바라보고 있었다.

히틀러는 왜 구데리안의 기갑부대에 대해 됭케르크에의 진격 중지를 명령했을까? 히틀러는 함정으로 됭케르크에서 철수하는 영국군 부대를 방치해 두고, 프랑스의 수도 파리를 점령하라는 명령을 내렸다. 파리는 정치적으로 심리적으로 중요한 목표이기는 했으나, 돛단배로 안전하게 다른 곳으로 이동할 수는 없었다. 당시 히틀러의 가슴 속에 숨겨둔 생각은, 관대한 태도로 나온다면 서쪽에서 영국과 협정을 체결하여 독일이 동방진출의 정책을 수행하기 위해 힘을 집중할 수 있도록 영국을 설득할 수 있지 않을까 하는 것이 아니었을까.

히틀러는 구데리안의 됭케르크 진격을 중지시킴으로써 영국이 화해를 요청하게끔 만들고자 했다고 처칠 자신이 넌지시 말했지만, 구데리안은 "영국의 원정군 부대를 포로로 잡아야 만이 히틀러와 화해하도록 영국에 압력을 가할 수 있었고, 혹은 독일군의 영국 본토 침공을 위한 필요한 여러 조건을 만들 수 있었으리라"고 했다.

아무튼 히틀러의 첫 번째 관심은, 두려워하고 있는 동쪽의 볼셰비키(Bolsheviki)를 타도하고, 거기에 곁들여 코카서스(Caucasian)의 석유자원을 획득하고, 우크라이나의 풍족한 밀 곡창지대와 독일인을 이주시키기 위한 생활권 공간(Lebensrum)을 획득하는 데 있었다.

앞에서 얘기한 것처럼 1940년 연합국의 전쟁수행의 중심은 영국 본토였다. 만약 허황된 숫자로 운명을 점치는 법(numerology : 생년월일 따위의 숫자로 운명을 해석함)이라든가, 충동적인 예감 대신에 건전한 전략을 히틀러가 채용했더라면, 독일은 모든 힘을 기울여 영국 본토의 정복을 수행했을 것이다. '바다사자(Sea Lion) 작전'(영국해협 횡단 작전)의 성공에 직접 혹은 간접으로 기여하는 데만 모든 힘을 집중하고, 그 외의 것은 생각하지 말아야 했다.

그러나 연합국에 있어서 행운이었던 것은, 허영심이 강한 독일 공군의 지도자 괴링은 독일 공군이 독일의 평화조건에 따르든가, 아니면 철저한 섬멸의 길을 택할 것인지를 영국에 강요할 수 있다는 것을 히틀러에게 믿게끔 만들었다. 괴링은 오만하게도 영국의 저항을 물리치고 나치의 영국 본토 침공부대는 단지 군악대의 뒤를 따라 전승 행진을 하는 모습으로 진격할 것으로 예상했다.

이리하여 역사상 가장 치열했던 항공전인 '영국전투'(Battle of Britain)가 시작되었다. 영국 공군은 영국인들이 일찍이 볼 수 없었던 지혜롭고 결의에 찬 용기로 모든 힘을 다하여 조국 방위를 위해 용감히 싸웠다. 독일군은 독일 공군의 베르너 크라이페(Werner Kreipe) 장군이 얘기한 것처럼 "영국의 전투기 사령부는 이미 전멸되었다."라고 했지만, 연일 날아오르는 전투기 허리케인(Hurricanes)과 스피트파이어(Spitfires)를 보고 놀랐다. 독일군은 상륙작전 성공의 전제조건인 영국 본토의 제공권 획득에 실패했다. 나중에서야 알았지만, 독일의 항공기 생산력은 기종機種이나 기수機數에 있어서 충분한 항공세력을 건설할 수 있도록 집중 생산체제가 취해지지 않고 있었다. 거기에다 괴링은 '영국전투'의 승패를 결정하는 중대한 시기에 여러 가지 간섭을 해서 손실이 많은 주간 폭격을 명령했기 때문에, 독일 공군의 항공기는 커다란 손실을 입는 결과가 되었다. 크라이페 장군이 말한 것처럼 '너무 많은 목표'로 인해 확실한 군사목표가 결여되어 있었다. 괴링은 두헤(Douhet) 장군의 제자였지만, 병력을 소모하는 실책을 때때로 범했다.

히틀러의 최초 명령은 영국 본토의 상륙작전 준비를 위해 영국 공군의 격멸을 요구했다. 그런데 이 올바른 목표는 곧 변경되어 영국의 공업지대와 조선시설에 대한 폭격을 더 중시重視하게 되었다. 이러한 전쟁술은 영국 공군의 격멸이나 독일 침공부대의 영국 해안상륙을 위한 필요조건과는 아무런 상관이 없었다.

독일 공군의 전문가들은 독일의 폭격기에는 장갑裝甲이 허술하고 또 적의 전투기에 대항하는 방어무기를 장착하고 있지 않다는 것을 알고 있었기에 '영국전투'에는 반대했다. 그러나 히틀러는 괴링을 신용하여 공군장교 출신 전문가들의 의견에는 귀를 기울이지 않고, 어디까지나 영국 본토 공습을 실행할 것을 주장했다.

독일군이 '영국전투'에서 커다란 손실을 입은 것은 독일 폭격기의 장갑이나 무장의 결함 때문만이 아니었다. 영국의 조종사, 항공기의 정비원, 방공포 대원, 경보조직의 요원이나 소방대원들이 일치 협력했고 위대한 국민의 전통 있는 명예를 위해 불패의 팀을 형성했기 때문이었다.

독일 공군의 영국 본토의 공습이 어처구니없는 손실을 내면서도 성공할 가능성이 있었더라면, 히틀러는 이런 손실에 구애받지 않고 영국 본토의 공습을 속행하라는 조언을 받았으리라. 그리고 가령 독일 공군의 항공우세가 달성되었다 하여도 도버해협을 횡단하는데 성공하기 위한 상륙용 주정의 문제가 아직 남아 있었다. 영국과 독일 양쪽의 항공세력이 모두 소모되었을 경우, 불충분한 상륙주정과 호위함정에 의한 독일군의 해협 횡단작전에 대해 영국 해군이 중요한 장애요소가 되고 있었다.

실제로 독일은 대규모의 상륙작전 수행을 위한 필요한 조건을 구비하지 못하고 있었다. 독일 공군은 영국 본토 상공의 제공권을 획득하는 데 실패했고, 상륙용 주정과 호위함정은 정비되지 않았으며, 상륙 성공에 필요한 독일 3군 간의 의견 차이 때문에 '바다사자 작전'은 완전히 실패했다. 이 완전한 실패(히틀러의 전지전능한 신통력이 무디어졌다)로 인해 격노한 히틀러는 더 현명하고 더 신중한 사람이 되어야 했다.

'영국전투'에서 획득된 지식과 경험이 전략과 전술의 양쪽에서 적절하게 분석·검토되었다면, 히틀러로 하여금 독일의 생산력을 상륙용 주정, 호위함정, 적당한 무기와 무장을 구비한 폭격기 등 균형이 잡힌 생산 할당을 실시하고, 해협 횡단작전을 성공시키기 위한 준비를 새로이 시행했을지 모른다. 그러나 히틀러는 동방에 대해 새로운 야망을 가지고 있었다. 그것은 그의 무자비한 심정을 참지 못하게 할 만큼 새로운 힘과 새로운 충동이었다. 제2차 대전에서 양편의 가장 기본적인 전략상의 대실패는 상처입고 화가 난 영국이라는 사자(lion)를 서쪽에 남겨두고, 히틀러가 주목표를 동쪽으로 옮긴 데서 일어났다.

히틀러는 배후에 있는 러시아를 두려워했다. 그러나 러시아의 역사를 조사해보면, 러시아는 언제나 수세태세를 시종 취하고 있었다. 만약 독일이 영국에 대해 병력을 집중하는 경우 스탈린이 독일을 배후에서 공격했을까의 여부에 대해 나는 의문을 가진다. 러시아의 군사사軍事史는, 러시아 병사들은 러시아의 영토 내에서는 일반적으로 잘 싸우지만 국외로 파견되었을 때는 결함이 있다는 것을 증명하고 있다.

스탈린의 입장으로서는 영국과 독일 양편의 전력戰力이 약화되고 혹은 거의 무력화되는 것을 기대하고, 양국이 최후까지 싸우기를 희망했으리라고 나는 확신한다. 스탈린은 처칠과 히틀러가 전쟁에 승리하기 위해 끈기 있게 버틸 것이고 또 커다란 능력을 가지고 있다는 것도 알고 있었으며, 영국과 독일이 피로에 지칠 때까지 서로 살육하고 파괴하면, 그 후는 공산주의가 인수하게 되리라고 생각했으리라.

그러나 히틀러는 여전히 자신自信이 있었다. 그는 바다를 향하는 것보다는 육지에 대해 관심이 많았고, 황제(Kaiser) 시대의 전통을 회상하여 독일 육군에 커다란 자신을 품고 있었다. 그 당시 히틀러는 아직 항공세력이 대단히 중요하다는 생각을 가지고 있지 않았다. 히틀러는 원래 지상 전략가(land strategist)로 불리었다. 독일 육군을 신뢰하고 있었던 히틀러는 장군들의 반대를 밀어제치고 소련 공격을 결의했다.

이리하여 히틀러는 그 배후에 분노에 찬 영국을 남겨두고, 두 개의 정면 전쟁(two-front war, 비스마르크가 무서워 한 악몽)을 하게 되었는데, 이것은 '1000년에 걸친 독일국가'의 불명예스러운 결과를 가져왔다. 영국이라는 늙은 불도그(bulldog)의 이빨은 미국의 공업력에 의해 재생再生되고 있었다. 거기에다 미국인은 영국인의 불굴의 태도에 의해 점차 커다란 감명을 받아 "영국은 미국을 대신하여 싸우고 있다"는 얘기를 자주 하게 되었다. 마지막으로 소련은 1939년 8월의 스탈린·히틀러의 불가침조약 체결에서 1941년 6월 22일의 나치 공격 때까지 약 2년간에 걸친 전쟁 사태에도 대처할 수 있는 전투태세를 갖출 수 있었다.

히틀러의 군대가 소련의 영토 내에 깊숙이 침입함에 따라 병참선의 연장에 의해 보급량의 감소와 취약성이 더욱 커졌다. 독일군에게 물자를 보급하는 것이 불가능해지자, 마침내 히틀러의 얼굴이 창백해졌다. 히틀러의 전략상의 입장은 타개가 불가능하지는 않았지만 대단히 위험한 상태에 빠졌다.

나는 히틀러가 나폴레옹의 러시아 전역戰役에 대해 어느 정도 연구했는지는 모르지만, 러시아의 광대한 지역과 기후조건 외에도 쿠투조프(Kutuzov) 장군의 후퇴전략이 나폴레옹의 작전을 실패하게 만든 중요한 요인이라는 것은 분명하다. 지금 이와 마찬가지의 요인들이 기동력이 우수한 독일 군대에 천벌로서 가해졌던 것이다. 어떤 사람이 말한 것처럼 소련에는 휘발유 주유소가 없었던 것이다.

히틀러의 커다란 실패의 발단은 이미 『나의 투쟁』(*Mein Kampf*) 속에서 얘기한 태도에서도 나타났다. 히틀러는 자신은 과오를 범하지 않으며 자기의 직관直觀은 절대로 옳다고 생각했다. 그러나 그 직관은 먼저 '영국전투'에서 잘못된 길로 빠졌다. 히틀러는 영국을 존경했고 또 두려워했다. 히틀러는 영국을 완전히 파괴하려는 생각은 하지 않았고 독일이 동유럽에서 중동에 이르는 지역에 세력권을 건설하는 데 대해, 서유럽에서의 영국의 지배적인 세력은 그대로 둔다는 어떤 협정을 영국과 체결할 희망을 가지고 있었다고 나는 생각한다. 나치가 코카서스 지방을 손에 넣는다면, 중동의 석유는 히틀러로서는 반드시 바라는 것은 아니었으리라. 역설적으로 말하자면, 히틀러는 표면적으로 영국제국의 존속을 바라고 있었는데 반하여, 루스벨트 대통령은 이번 전쟁 목적의 하나는 영국제국의 자발적인 해체를 가져오는 정세를 조성하는데 있었다고 생각한다.

『나의 투쟁』의 중심 사상인 볼셰비키에 대한 감정적인 증오 때문에 히틀러는 군사적 현실을 기초로 하는 정세판단을 할 수 없었다. 히틀러는 언제나 '대기획'(Grand Design)으로 되돌아가서 생각했다. 동방으로의 진격은 모든 계층의 독일인에게 주입되었다. 나는 베를린에 유학하고 있을 때, 이러한 선전宣傳을 전달하는 신문과 라디오를 날마다 견문見聞했다. 히틀러는 물론이요, 독일 국민은 제1차 대전 후 그들의 해외 식민지를 박탈당한 부당한 조치를 받았다고 확신하고 있었는데, 독일의 해외 생활권을 정력적인 독일 국민은 더 이상 이용할 수 없었다. 그렇다면 왜 동쪽 방향에 주목하지 않는가? 알프레드 로젠베르크(Alfred Rosenberg)의 영향력과 괴벨스(Goebbels)의 선전에 의해, 소련을 분쇄하고 코카서스의 석유와 벨라루스의 자원을 획득하고 또 식민지를 건설할 수 있는 우크라이나의 광대한 지역을 점령하고자 하는 히틀러의 정책이 올바르다고 그들은 확신하기에 이르렀다. 당시 많은 독일인이 오래 전부터 이주移住하고 있었던 발틱(Baltic) 지방에 대해 독일은 전통적인 끌어당기는 힘을 느끼고 있었다. 이 지방은 독일의 동방진출을 옛날부터 보호했던 옛 게르만 민족 기사騎士의 영토였던 것이다.

1941년 6월 소련을 공격한다고 결정한 이후, 히틀러는 군사작전에 대해 점차로 간섭하게 되었는데, 그 간섭의 정도는 사실이 증명하는 것처럼 파멸적이었다. 신속하게 진격한 독일군은 대규모의 협격작전과 포위작전에 의해 많은 러시아인을 포로로 잡았다. 독일군은 대단히 신속하게 진격하여 모스크바의 관문에 육박했고, 기갑부대는 우크라이나로 깊숙하게 진격했다.

히틀러는 독일군 장군들의 조언을 멸시하고 잔인성을 강화했으며, 각 방면에 대해 진격작전을 실시할 것을 요구했다. 모스크바를 점령할 것인가, 아니면 남방으로 진격할 것인가 하는 작전의 주요 목표를 결정하기 위해 커다란 논의가 전개되었다. 장군들이 히틀러에게 주장한 것처럼, 그 양쪽을 선택해서는 안 되는 일이었다. 그러나 히틀러는 두 마리의 토끼를 잡을 것을 결정했는데, 당시의 히틀러는 그때까지의 작전의 성공에 오만해졌고 독일의 수용소에 있는 다수의 러시아인 포로로 인해 기분이 좋아져서 만사가 자기 뜻대로 된다고 생각했다.

만약 히틀러가 처음에 유고슬라비아와 그리스에 관심을 두지 않았다면, 그의 생각은 정당했을지 모른다. 히틀러는 전략적으로 보아 적절하다고 생각되는 소련 진격에 병력을 집중하기 위해 발칸 반도를 무시했다면, 독일군은 겨울을 맞이하기 전에 모스크바를 점령했을지 모른다. 그러나 사실은 이와 반대로 발칸작전은 소련에 대한 독일군 공격의 전진 속도를 크게 지연시켰기 때문에 눈雪과 추위가 중장비의 기갑부대를 움직이지 못하게 하기 전에 독일군은 바라는 목표지점에 도달할 수가 없었다.

독일군의 북부집단군을 지휘했던 폰 레프(von Leeb) 장군은 레닌그라드를 포위한 후, 실제로 이 시내에 돌입할 수 있다고 확신하고 있었다. 그는 전쟁 후, 동료인 폰 보에티체르(Von Boetticher) 장군에게 당시 상황을 상세히 말했다. 아무튼 히틀러의 명령에 의해 그는 돌입을 중지하지 않을 수 없었다. 후에 폰 보에티체르가 워싱턴에서 나에게 얘기하기를, 히틀러는 폰 레프에게 레닌그라드의 포위를 속행시켜 200만의 시민들을 서서히 굶겨 죽이는 것을 희망했다. 이것이 폰 레프 휘하의 유력한 부대의 행동을 방해했던 것이다.

결국 폰 레프의 예비부대는 맹공격 중의 남방지역에 전용轉用되었기 때문에 그는 이제 레닌그라드를 점령하기 위한 충분한 병력을 보유하지 못했다. 이리하여 히틀러의 러시아 민족에 대한 민족적 사디즘(sadism) 때문에 폰 레프는 소련군에게 결정적 타격을 가할 수가 없었다. 오늘날 소련의 공산주의자들은 레닌그라드의 용감한 방위전을 화려하게 축복하고 있지만, 독일의 군사지도자가 그 도시를 점령하려는 것을 방해한 것은 다분히 히틀러의 압력에 있었던 것이다.

일단 북방, 중앙 및 남방의 3방면의 대공세가 개시되자, 히틀러는 동부전선의 각 지휘관에게 전선을 축소하거나 적극적인 수세작전으로 나가는 것을 허용치 않았다. 그리하여 무대는 스탈린그라드로 서서히 옮겨갔다. 결국 독일로부터 볼가(Volga) 강에 이르는 긴 독일군의 병참선은 차단되고, 폰 파울루스(Von Paulus) 장군이 지휘하는 독일군의 대부분은 붉은 군대의 함정에 빠졌다. 그것은 히틀러의 엄명嚴命에 의해 스탈린그라드로부터의 퇴각이 허용되지 않았는데, "버텨라, 그렇지 않으면 죽어라!" 하는 명령 때문이었다.

히틀러는 점점 독일의 장군들을 무시하게 되었다. 장군들의 그에 대한 충성심뿐만 아니라, 조국에 대한 그들의 충성심도 의심하게 되었다. 루트비히 베크(Ludwig Beck) 참모총장이 히틀러에게 체코슬로바키아 침공을 그만 두게 하지 못했을 때, 우리가 생각한 것처럼 히틀러는 전쟁의 초기부터 장군들의 조언을 멸시하였다. 전쟁 말기의 결정적인 결정은 모두 히틀러의 독단에 의해 이루어지게 되었다.

히틀러의 군부에 대한 의심은 1944년 7월 20일의 그를 암살하고자 하는 음모陰謀에 의해 더욱 굳어졌다. 이 음모는 조국을 돌이킬 수 없는 참화의 구렁텅이로 빠뜨리는 것을 차마 볼 수 없다는 옛날부터 계승되어오는 독일장교단의 애국심에서 우러나온 것이었다.

루트비히 베크 장군을 우두머리로 하는 1944년 7월의 히틀러 암살 미수 사건의 음모자들은 스위스에서 활동하고 있던 현재 미국의 중앙정보국장인 앨런 덜레스(Allen Dulles) 휘하의 미국 전략정보부(OSS) 요원들과 거의 언제나 접촉을 계속했다. 전쟁 중인 4년간 히틀러와 견해를 달리하는 독일 장군들은 그들이 두려워하는 결말에 대해 침묵을 지켰다. 히틀러는 행운에 의해 획득된 많은 성공을 즐겼고, 많은 독일인이 이해하고 있었던 것처럼 자기의 천재적 힘을 확신했다. 인내심이 강한 베크 장군은 히틀러의 군사에 관한 무지無知와 편협적인 계획이 파국에 이르는 날을 가만히 기다렸다. 베크와 그의 동료 음모자들은 대담한 일격을 히틀러에게 가하여 목적을 달성하는 것을 희망했기에 히틀러를 체포하지 않고 단번에 암살하고, 다음에 독일 국민의 의사를 대표하는 정부를 수립하여 연합국과의 명예로운 강화를 체결하는 데 의견이 일치하고 있었다.

1944년 봄, 비밀 저항운동의 우두머리인 베크 장군은 자신의 대리인을 여러 번 스위스에 있는 연합국의 대표와 접촉시키고, 연합국이 독일과의 강화조건을 준비할 것을 희망했다. 베크 장군으로서는 독일이 국제사회의 평화를 애호하는 회원으로서 건설적인 노력을 약속하는 준비가 되어 있었다. 이성理性을 구비하고 있었던 베크 장군은 이러한 것은 나치적 세계관의 잔재를 완전히 버림으로써만이 달성된다는 것을 알고 있었다. 베크 장군에게 있어서, 군인과 문관의 고관들을 이런 음모계획에 찬성시킨다는 것은 쉽지 않았다. 만약 히틀러가 없어진다면, 독일은 어떤 사태가 벌어질 것인가에 대해 누구 한 사람 그것을 단언斷言할 수 없었기 때문이었다. 몇 사람의 고위 군사지도자들은 음모의 목적에는 완전히 찬성했으나, 실제의 행동에는 참가하지 않았다. 그 이유는, 히틀러를 타도하는 노력의 결과는 곧 독일군의 붕괴가 되고 독일 국민을 혐오스러운 크렘린(Kremlin)의 뜻대로 맡기는 것이 된다고 생각했기 때문이었다.

이러한 음모를 꾸민 사람들은 조국에 헌신적으로 봉사하고 있었기 때문에 그들은 먼저 휴전 혹은 강화라는 명예 있는 조건의 보장을 연합국으로부터 얻지 못하는 한, 조국의 완전한 붕괴에 마음으로 찬성할 수 없었던 것은 어떠한 군인에게도 이해될 수 있었다. 따라서 베크 장군은 스위스에 있는 미국 전략정보부의 대표 앨런 덜레스와 교섭을 시작했다. 돌이켜 보았을 때, 미국정부의 책임 있는 당국자가 베크 장군의 목적의 순수함, 명예심, 지혜와 인도주의 정신 등을 이해하지 못했다는 것은 대단히 불행한 일이었다.

무조건 항복보다 약간 좋은 조건으로 종전終戰을 희망했던 연합국의 운명은 일찍이 루스벨트 대통령과 친교가 있었던 펜실베이니아 주의 조지 얼(George H. Earle)을 중심으로 논의하는 속에 확실히 명시되어 있다. 1933년 오스트리아 주재 공사로 근무했던 얼은 펜실베이니아 주지사 선거에 입후보하기 위해 1934년에 사임했다. 공화당이 펜실베이니아 주의 지사를 40년간 독점한 후에 얼은 처음으로 민주당의 지사가 되었다. 얼은 루스벨트에 대한 협조의 공로로 불가리아 주재 공사로 임명되어 1940년에서 41년에 걸쳐 근무했으나, 미국의 참전과 함께 사임하고 구축함의 함장이 되었다. 그의 용감한 행동에 훈장이 수여되었고 1943년 터키 주재의 해군 무관이 되어 이스탄불에서 근무했다.

터키는 물론 중립국이었다. 얼은 이 나라의 수도 이스탄불에서 유명한 정보전문가인 나치 비밀기관의 수장인 빌헬름 카나리스(Wilhelm Canaris) 제독, 당시 독일의 터키 주재 대사인 프란츠 폰 파펜(Franz von Papen), 전쟁 전에 얼을 알고 있었던 쿠르트 폰 레르스너(Kurt von Lersner) 남작과 접촉했다.

이 3명의 독일인이 얼에게 요청한 것은 히틀러에 대한 독일 육군의 반란과 그 결과로써 생기는 연합국에의 항복에 지나지 않았다. 히틀러는 체포되거나 혹은 암살된다는 것이었다. 카나리스와 파펜은 다만 한 가지 조건을 제시할 뿐이었는데, 그것은 독일의 항복이란 영국·미국의 연합군에 의한 소련군의 유럽진격을 방지한다는 전제조건에서 진행되었다는 것이다.

얼은 곧 폰 파펜의 제안을 미국 대통령에게 보고하고 워싱턴의 회신을 기다리면서, 유태인의 피가 약간 섞인 참다운 반나치주의자로 생각되는 폰 레르스너와 대화를 계속했다. 폰 레르스너는 카나리스와 폰 파펜 외에도 많은 저명한 독일인이 히틀러 타도의 음모를 꾸미고 있으며, 이들은 모두 전쟁과 나치즘의 조속한 종결, 그리고 공산주의의 확대 방지를 희망함으로써 똘똘 뭉쳐있다고 말했다.

오랫동안 기다렸으나, 겨우 도착한 루스벨트의 회신은 분명히 거절이었다. "이런 강화講和 교섭에 대해서는 연합군 최고사령관 아이젠하워 장군에게 제의하라"고 적혀 있었다. 그로부터 1개월 후인 1944년 5월, 얼은 대통령을 만나기 위해 워싱턴을 방문했다. 백악관에서 대통령을 기다릴 때, 얼은 옛 친구인 포레스탈(Forrestal) 해군장관을 잠깐 방문했다. 포레스탈은 "정말 놀랍군. 대통령의 측근 가운데 당신과 나 그리고 빌 블리트(Bill Bullitt) 우리 세 사람만이 소련의 지도자들이 무엇을 얻으려고 하는지 알고 있다는 것이 말일세." 하고 말했다.

그러나 포레스탈과 블리트가 도와주었음에도 불구하고 얼이 대통령으로부터 얻은 것은 "조지, 걱정하지 말게. 우리들은 이미 노르망디 상륙을 준비하고 있으며 그것은 반드시 성공할 것이고, 독일은 수개월 내에 항복할 것이네." 하는 말이었다. 얼이 참다운 위협은 독일이 아니라 소련이라 말했을 때, 루스벨트는 웃으면서 "조지, 소련에는 1억 8천만의 인구가 있으며, 120 종류의 언어가 있네. 이번 전쟁이 끝나면 소련은 감쪽같은 사이에 갈라진 원심분리기遠心分離機처럼 흩어지고 말 것이네." 하고 대답했다.

얼 지사의 카나리스와 폰 파펜 그리고 폰 레르스너의 제의에 관한 내용은 『컨피덴셜』(*Confidential*)지誌의 1958년 8월호에 게재되어 있다. 이 내용이 흥미위주로 엮어져 있다고 해서 중요하지 않다고 묵과할 수는 없는데, 히틀러 암살의 진실을 전하고 있기 때문이다. 이 음모는 자기의 생명을 희생하는 사람들의 지도하에 이루어졌다. 베크 장군 외에 베를린 경찰장관 폰 헬도르프(von Helldorf) 백작, 비스마르크 수상의 손자인 고트프리트 비스마르크(Gottfried Bismarck) 공작 등, 많은 사람들이 관련되었다. 이 음모는 '발키리'(VALKYRIE)라는 작전명으로 불렸다.

만약 미국 대통령과 영국 수상이 카나리스와 폰 파펜의 제의를 수락하여 일을 진행시켰다면, "전쟁은 1943년 중에 끝났으리라"고 말한 조지 얼의 견해는 옳다고 생각한다. 그렇게 되었다면, 많은 사람들의 생명은 구제되었을 것이며 더 중요한 것은 연합국은 나치즘이라고 하는 위험한 이데올로기를 공산주의라고 하는 다른 위험한 이데올로기로 대체하지 않았어도 되었을 것이다. 그리고 소련의 대병력은 폴란드 국경선에서 저지되었을 것이며, 또한 유럽 주요 국가의 영토보존이 전통적인 역사상의 사실과 건전한 경제를 기초로 하여 유지되고 있었다면, 유럽 전체의 지도는 현재와는 달라졌을 것이다.

XX. 제2차 대전에는 승자가 없다(2)

루트비히 베크(Ludwig Beck) 장군 자신이 실시한 미국 전략정보부(OSS)의 스위스 주재 대표에게 한 제의는 워싱턴과 런던에 정식으로 보고되었다. 중개인으로 행동한 독일인 가운데는 오랫동안 반나치 운동에 관계하고 있었던 한스 지세비우스(Hans Gisevius)가 있었다. 나는 전후에 지세비우스와 알게 되어 그와 그 외의 독일인 벗으로부터 히틀러를 폭탄으로 암살하고자 했던 계획에 대해 상세한 얘기를 들었다. 카나리스(Wilhelm Franz Canaris) 제독은 독일 비밀정보부장으로서 하나의 훌륭한 조직을 만들었다. 제독은 히틀러가 독일을 불행한 결과로 몰고 간다는 것을 알고 있었기 때문에 살며시 반나치로 전향轉向했던 것이다. 카나리스의 오른팔이었던 오스터(Hans Oster) 장군은 그의 계획에 찬성했다.

그러나 독일 내외에서 이런 주요한 정보관계자의 태도를 알고 있는 자는 극히 소수에 한정되었다. 지세비우스를 반나치 저항운동의 대표로 스위스의 취리히 주재 독일 영사의 안전한 지위에 배치한 것은 카나리스 제독이었다. 이리하여 지세비우스는 베크, 카나리스 그리고 스위스에 있는 특정한 인물 사이의 연락책이 되었고 스위스와 독일 사이를 비밀히 왕복했다. 나치 독일의 비밀경찰이 지세비우스의 행동에 의심을 품게 되자, 그 일을 다른 동지가 대신하게 되었다. 지세비우스는 살아남아 폭탄에 의한 히틀러 암살사건의 내용을 얘기해 주었다.

히틀러를 비롯하여 나치 주요 인물의 암살계획은 여러 번 시도되었으나, 모두 실패로 끝났다. 1944년 7월까지 반나치 저항운동의 지도자들은 소련군이 서쪽을 향해 신속히 진격하여 머지않아 독일을 유린할 것으로 예상하여 그들의 무서운 암살계획을 빨리 성공시켜야 한다는 생각에 이르렀다.

그래서 7월 11일, 육군 대령 폰 슈타우펜베르크(von Stauffenberg)는 히틀러에게 폭탄을 장치하는 임무를 스스로 맡았다. 그는 이미 오버살부르크(Obersalzburg)의 작전회의에 출석하라는 명령을 받고 있었기 때문에 이것을 히틀러를 암살할 좋은 기회로 생각했다. 그는 서류 가방 속에 시한폭탄을 숨겼다. 그러나 히틀러와 함께 암살하고자 했던 히믈러(Heinrich Himmler)가 모습을 보이지 않아 계획을 연기했다.

그 후 히틀러와 그의 추종자의 회의는 7월 20일이며, 지상 건물이어서 폭탄에 의한 충격은 강하지 않으리라 생각했지만, 폰 슈타우펜베르크는 이 기회를 놓칠 수는 없었다. 그는 히틀러의 옆 의자에 앉아 베를린의 국토방위대 사령부가 작성한 부대 배치의 교대에 관해 보고했다. 그는 육군 총예비군 사령부 참모장이라는 직책을 가지고 합법적인 자격으로 회의에 참석했을 뿐만 아니라, 회의의 참석자들은 그의 보고를 열심히 들었다.

폰 슈타우펜베르크는 보고가 끝나자 베를린에서 전화가 왔다며 회의장에서 나가는 허가를 구했다. 시계 바늘은 오후 1시를 조금 넘었다. 그는 나오기 직전, 서류 가방 속에 교묘히 숨겨둔 시한폭탄의 장치를 발동케 하여 가방에 넣어둔 채로 히틀러의 가까운 책상 밑에 살며시 놓았다. 그리고 히틀러에게 정중하게 경례하고 만사가 잘 진행될 것이라는 생각을 가지고 방을 나왔다. 그러나 그가 나온 후, 방의 반대편에 걸어둔 작전용 지도를 보기 위해 히틀러가 자리를 이동했다는 것을 알 수가 없었다. 2, 3분이라는 짧은 시간은 그날의 폰 슈타우펜베르크에게 있어서는 장시간으로 느껴졌다. 배후에서 우렁찬 대폭발이 일어났다. 히틀러의 부관 슈문트(Schmundt) 장군, 브란트(Heinz Brandt) 육군 대령, 공군 참모본부의 코르텐(Korten) 장군, 속기사인 베르거(Berger) 등 4명은 즉사하고, 그 외는 중·경상을 입었다.

히틀러는 가벼운 상처만 입었을 뿐이었다. 폰 슈타우펜베르크는 폭발을 확인한 후 가까운 비행장으로 갔는데, 거기에는 항공기를 대기시켜 놓았다. 그는 어느 누구도 폭발의 충격에서 살아남지 못할 것으로 생각하고 히틀러의 폭사에 만족함을 느끼면서 곧 베를린의 베크 장군에게 신호를 보냈다. 베를린에 돌아오자, 그는 자신에 넘친 표정으로 히틀러의 죽음을 반복하면서 보고했다.

정권을 탈취하는 「발키리」(VALKYRIE)로 불리는 계획은 곧 발동되었다. 이 계획의 지도자인 베크 장군은 일선의 주요 지휘관들에게 전화를 걸어 독일군은 발틱해 지방에서 동프로이센으로 후퇴할 것을 명령했다. 마침 그때 폰 슈타우펜베르크는 육군성의 청사로 가는 도중이었다. 히틀러의 죽음을 확인하기 위해 프롬(Fromm, 국토방위대 총사령관)의 사무실에 갔을 때, 거기서 올브리히트(Olbricht) 장군을 만났다. 프롬은 "이것은 반역反逆이다!" 하고 소리 지르고, 「발키리」의 통지가 발동된 것을 알고 대단히 화를 냈다. 폰 슈타우펜베르크는 자기가 히틀러 암살의 폭탄을 설치했고, 작전회의실에 있었던 자는 아무도 생존할 수가 없다고 말했을 때, 포름은 곧 그를 체포했다.

히틀러가 살았다는 것이 확인되었을 때, 음모는 완전히 수포로 돌아갔다. 히틀러는 기적적으로 살았다는 것을 증명하기 위해 독일 국민을 향해 방송을 했다. "조국을 팔아넘기려는 비겁한 장군들의 무모한 일당들은 용서 없이 근절되리라. 나의 생명은 구해졌다.… 이것은 여러분의 총통으로 내가 계속 그 지위에 머물러야 한다는 것을 신의 가호에 의해 증명되었다." 하고 큰 소리를 쳤다.

국토방위대 총사령관인 프롬은 히틀러가 분명히 살아있다는 것을 알자,

음모에 가담했던 장군들을 재판하기 위한 군법회의를 여는 수속을 취했으며 곧 군법회의가 개최되었고, 증거·조사가 진행되어 사형이 즉시 선고되었다. 프롬은 피고들의 권총을 회수하라고 명령했다. 베크는 이를 거부하고 권총 2발을 발사하여 자살을 시도했지만, 제2탄으로 의식불명이 되고 죽지 않자 프롬이 그 자리에서 사살했다. 원래 프롬도 이 음모에 어느 정도 가담하고 있었으나, 중대한 순간에 배반한 것이 베크와 폰 슈타우펜베르크에게 치명적인 상처를 주었다. 그러나 프롬은 이런 배반의 행동으로도 생명을 유지하지 못했는데, 히틀러는 1945년 3월, 나치에 대한 음모를 신속히 보고하는 것을 태만히 했다는 이유로 그를 총살에 처했다.

히틀러는 거의 대부분 잘못된 정보를 보고하거나 자기를 죽이려는 음모를 꾸미고 있다는 확신을 가짐으로써, 연합군이 프랑스에 침공하기 위해 충분한 병력을 집결시켰다는 보고마저 믿을 수가 없었다. 1944년 6월 6일 연합군 부대가 도버해협을 횡단한 당일, 로멜(Erwin Rommel) 원수는 그의 아내 생일을 함께 축하하기 위해 비밀히 전투사령부에서 빠져나갔다. 로멜의 참모장인 유능한 한스 슈파이델(Hans Speidel) 장군은 로멜에게 연합군의 침공을 알리려고 했으나 성공하지 못했으며, 히틀러의 사령부에도 보고했다.

히틀러는 수면 중에는 결코 깨우지 말라고 언명했기 때문에 이 보고를 받고도, 누구도 히틀러를 깨울 생각을 하지 않았다. 히틀러의 주요한 군사 조언자인 알프레드 요들(Alfred Jodl) 장군에게도 이른 시간에 깨운다는 것은 가혹하다고 생각하여 알리지 않았기에 그가 연합군의 상륙을 알게 된 것은 오전 9시였다. 요들이 카이텔(Keitel) 장군에게 알린 것은 한 시간 후였다. 이 두 사람들도 히틀러를 깨우는 것을 주저하고 있었다.

그래서 히틀러가 연합군의 노르망디 상륙의 보고를 받은 것은 정오경에 열린 정례 참모회의였다. 이미 그 때는 연합군이 해안지대에 거점의 설치를 거의 완성하였고, 영미군의 수개 사단은 맹렬한 전투를 수행하면서 진격하였으며, 부대의 배후에서 양륙揚陸된 많은 장비가 급하게 전선으로 수송되고 있었다.

이처럼 히틀러에게 보고가 늦어졌다는 것은 노르망디 해안에의 최초의 상륙부대에 대해 즉각적인 유효한 반격을 가할 수 있었던 독일 기갑군단을 자동적으로 무용지물로 만들고 말았다. 히틀러는 이 군단에 대해 총통의 특별한 허가가 없으면 사용할 수 없다고 명령하고 있었다. 연합군이 상륙한 날의 새벽과 오전의 이른 시간은 히틀러의 취침시간이기 때문에 이 기갑군단 사용의 허가를 얻을 수 없었으니, 이 기갑군단은 존재하지 않는 것과 마찬가지였으리라.

히틀러가 불리한 전황에 대해 보고를 받았을 때, 연합군은 독일의 보병부대와 기갑부대에 의한 어떠한 반격에도 대응할 수 있는 직접 지원용의 중화기의 양륙도 끝나고 있었다. 이리하여 연합군의 해안거점에 대해 히틀러의 특별기갑군단이 투입되었을 때는 이미 시기時機를 상실했던 것이다. 「오버로드」(OVERLORD : 노르망디 상륙작전의 암호 명칭) 작전을 지원하고 있었던 미영 연합군 공군부대는 맹렬한 지원활동을 했는데, 나는 노르망디 작전은 이 공군부대의 힘으로 승리가 결정된 것으로 판단한다. 히틀러는 연합군 부대의 주요 침공정면에 대해 완전히 기만을 당했다. 그는 연합군의 주요 상륙지점은 노르망디 보다 훨씬 동쪽에 있는 것으로 확신하고 있었기 때문에 지금 그의 전략적 직관력의 가면이 완전히 벗겨지게 되었다. 즉 칼레(Calais) 방면에 대한 연합군의 양동작전은 히틀러는 물론이요, 그의 주요한 군사고문단들마저도 기만했다. 그래서 독일군의 장군들이 연합군의 주요 상륙은 노르망디 해안에서 수행되고 있다는 것을 히틀러에게 납득시키는 데는 많은 시간이 소요되었다.

히틀러의 전략·전술의 실패는 동료인 독재자 무솔리니(Mussolini)의 불운과 겹치게 되었다. 무솔리니는 프랑스에 대한 '위대한' 승리로 의기양양해

져서 히틀러에게는 알리지도 않고 알바니아와 그리스에 대해 공격을 개시했다. 더욱이 영국 해군이 지중해를 지배하고 있는 당시, 아프리카에도 군대를 진출시켰다. 무솔리니는 아프리카와 그리스에서 곧 대패배에 직면하게 되었다. 히틀러는 이태리의 동반자를 구출하기 위해 지원군을 파견하지 않을 수 없었다. 이리하여 히틀러는 서부전선에서는 연합군의 침공에 대해, 동부전선에서는 소련군에 대항하기 위해 긴급히 필요로 하는 수 개 사단의 독일군 부대를 지원군으로 낭비하는 결과가 되었다.

동아시아에 있어서 히틀러의 다른 동반자인 일본은 소련의 연해주에 대해서 공격을 하지 않고, 태평양에서 미국과 대립하는 커다란 실수를 범했다. 일본은 미국을 참전시키는 대신, 동부 시베리아의 요충지 블라디보스토크를 공격했어야 했고, 그 공격에 의해 많은 목적을 달성할 수 있었을 것이다. 블라디보스토크를 공격했더라면 일본 해군은 블라디보스토크를 경유하여 소련으로 가는 미국의 무기대여(Lend-Lease) 보급물자의 수송을 저지할 수 있었을 것이다. 이런 소련에 대한 공격은 소련의 대병력을 동부 시베리아에 못 박아 두었으리라. 특히 중요한 것은 이 공격에 의해 소련이 양면전쟁(two-front war)의 전투를 수행해야 하기 때문에 이 대전의 승패를 좌우하는 중대한 시기에 일본은 동맹국 독일을 원조할 수 있었을 것이다.

그렇게 되었다면 스탈린은 시베리아 방면의 병력을 모스크바 전선으로 이동시킬 수 없었을 것이며, 시베리아의 증원부대를 얻지 못했더라면 모스크바의 함락은 틀림없었을 것이다. 만약 일본이 연해주를 공격했다면, 소련군이 스탈린그라드에서 독일군을 격파할 수 없었다고 나는 확신한다. 만약 독일군이 스탈린그라드에서 승리를 하고 코카서스를 점령했다면, 독일은 장기간에 걸쳐 전쟁을 계속할 수 있었을 것이다. 그렇게 되었다면 미국의 참전은 더욱 늦어지고 추축국(Axis : 2차대전 당시의 독일, 이태리 및 일본)은 아마도 전쟁을 막다른 골목까지 끌고 갔으리라.

앞에서 얘기한 것처럼, 연합국의 지중해 방면에 대한 전략은 불행한 것일 뿐만 아니라 불필요한 것이었고, 그 당시의 영국과 미국의 전쟁 노력과 자원은 그로 인해 시기적으로 결정적인 타격을 적에게 가하는 것이 불가능하지는 않더라도 실행할 수 없을 정도로 소비되었다고 나는 생각한다. 이 과오는 '북아프리카 작전', '시실리 작전' 그리고 계속된 '이태리 작전'으로 더욱 더 악화되어갔다. 우리는 유럽대륙에 대한 결정적인 공격을 지연시켰기 때문에 커다란 위험을 범할 뻔 하였는데, 그 이유는 만약 독일이 파괴력이 큰 V-2호 로켓을 좀 더 일찍 완성했더라면 독일은 영국 본토의 남부를 초토화할 수 있었고, 영국·미국의 진공작전 준비를 못하게 했을지도 모른다.

1944년 6월의 유럽대륙 침공작전은 군사적 관점으로 보아 모두 순조롭게 진행되었다. 아이젠하워 장군은 임기응변의 재능과 훌륭한 판단력에 의해 국가 이익에는 크게 상반되지만, 독일 타도라는 미국과 영국의 공통적인 목적에 통합된 조직체를 만드는데 성공했다. 연합군 측의 각국은 "어떤 희생을 지불해서라도 승리를 달성한다"고 하는 목표는 별도로 하고라도, 이기적利己的인 관점에서 패자敗者를 희생하여 무엇이나 획득하려고 결의했다. 공산주의자들은 전후의 약탈과 정복한 국민의 활용과 지배에 대해 다른 나라보다 더 잘 알고 있었다. 미국은 전후의 목적과 책임에 대해 가장 순박한 생각을 가지고 있었다.

나는 미국이 패전국에 대해 영토를 요구하거나, 그들을 무력화하기 위한 배상賠償을 요구했어야 했다고 주장하는 것이 아니다. 그러나 우리들은 인명과 재산이라는 점에서 막대한 희생을 지불했으니, 우리로서 적을 격파하는 것 외에 어떤 건설적인 목적을 확실하게 가졌어야 했다. 나는 많은 미국인의 희망과 소원에 대해 짐작한 것처럼, 미국의 지도자들이 다음과 같은 전후의 조건이나 약속을 주장할 것을 나는 희망했다. 즉,

첫째, 모든 국민은 명예롭고 평화로운 분위기 속에서 신(God)을 예배하는

기회가 제공되고,

둘째, 재화財貨를 교환하고, 그 정력과 재능 및 발명 등에 대해 거기에 상응하는 보수를 받을 기회가 주어지고,

셋째, 국민을 어떻게 그리고 누가 통치統治할 것인가를 결정하는 기회가 제공되어야 한다.

이러한 최종 목적은 막연한 것이 아니고, 구체적인 것이다. 이러한 것은 미국과 영국이 공동으로 채택한 「대서양 헌장」(Atlantic Charter)에 의해 시인된 인간의 가치, 책임 및 권리에 바탕을 두고 있다. 그것은 동시에 파시즘(Fascism), 공산주의, 기타 어떠한 독재에 의한 억압정치를 유럽 전역에서 배제하는 문제였다.

미국과 일본은 극동에서 커다란 실책失策의 경쟁을 했다. 미국의 커다란 실책이란 정치적인 것이었다. 미국이 아시아에서 세력균형의 정책 혹은 문호개방의 이름으로 실시한 정책을 충분히 고려했다면, 미국은 국민정부 통치하의 중국을 소련의 입속에 떨어지는 잘 익은 복숭아가 될 때까지 결코 약체화해서는 안 되었다. 미국은 일본을 만주에서 쫓아내기 위해 이 지역을 스탈린에게 거저 주었던 것이다.

일본을 약탈적인 공업국가의 역할을 수행할 수 있도록 하는 발단은 세계를 그렇게 만들고자 했던 미국의 과대망상증에서 비롯되었다. 19세기 중반, 일본인은 페리(Perry) 제독의 압력 때문에 봉건적 쇄국의 일본에 서양인의 입국을 마지못해 허용했다. 일본인은 이제 쇄국을 계속하는 것이 불가능했기 때문에 서양사회에서는 이미 알려지고 있는 무역이라는 방식을 모방하였다. 그러나 일본인은 전통적인 의복, 봉건적인 개념, 조상에 대한 습관은 결코 버리지 않았다. 그들은 열광적인 애국자였고 또 천황이 지휘했던 장군들은 현세의 지배자였을 뿐만 아니라, 정신적인 지도자이기도 했다.

일본인은 국제무역의 유리함을 한층 더 빨리 배워 영국인과 마찬가지로

산업을 확장하고, 원료의 면 공급원과 자국 생산품의 판로販路를 구했다. 일본인은 적극적이고 정력적인 노력에 의해 성공함에 따라 서양의 여러 나라와 특히 동양의 여러 나라와의 무역면에 있어서 경쟁자가 되었다. 일본인은 세계 인구의 절반이 살고 있는 극동에 있어서 가장 능률적이고 또한 역동적인 국민이라는 것을 증명했다. 극동에는 특히 만주, 중국 및 동인도의 여러 섬에는 아직 여러 가지 자원이 풍부했다. 일본이 입수한 중요한 지역은 풍부한 석탄과 철광석이 매장되어 있고, 농업에 적합한 넓은 지역의 만주였다. 일본인은 석탄과 철이 있으면 극동에서 군사적으로도, 정치적으로도 가장 강력한 국가를 건설할 수 있다고 생각하여 만주의 개발은 일본의 첫 번째 국가목적이 되었다.

1930년대에 일본은 만주를 확실하게 지배하는 데 성공했다. 이 사실은, 영국, 프랑스 및 미국의 세력균형 정책의 명백한 실패를 뜻하는 동시에, 제정帝政 러시아 시대부터 만주를 하늘이 준 미끼로 생각해 왔던 소련의 패배이기도 했다.

루스벨트의 전략은 국민당의 중국을 잠재적인 민주주의 국가 및 장래의 대국으로 인정함으로써 극동에서의 세력 균형을 회복하는 데 있었다. 그러나 루스벨트는 이러한 가능성을 구체적으로 실현하는데 필요한 안정과 실력을 장제스에게 제공하는 문제를 정면으로 다루지 않았다. 국무부의 낮은 지위에 있었던 일부 직원들은 이렇게 보았다. 거기에다 독일 타도에 노력을 너무 집중했기에 미국은 우호적인 중국을 극도로 약화시키고 말았다.

전후에 있어서, 앞에서 얘기한 것처럼 중국 국민당이 세력을 회복하여 만주의 대단히 중요한 자원의 지배체제를 유지하려고 하는데 대해, 미국은 중국에 아무런 원조도 하지 않았다. 러시아 황제의 아시아에 대한 전통적 전략이 최종적으로 승리를 거두어 공산주의자가 쉽게 만주로 침투하는 결과가 되었다.

일본은 미국을 군사적으로 타도할 수 있다고는 생각하지 않았다고 나는 확신한다. 일본이 제2차 대전 중에 실시한 군사작전을 본다면, 북쪽은 사할린(Sakhalin)으로부터 남쪽은 뉴기니(New Guinea)에 이르는 섬들을 상호 지원하는 기지와 마셜(Marshall) 섬과 캐롤라인(Caroline) 섬을 지배하는 동시에 말레이(Malay), 베트남 및 중국 연안을 확보함으로써, 승부가 없는 전쟁 혹은 상황을 교착상태로 만들고자 희망한 것으로 생각한다. 이런 광대한 지역을 지배한다는 것은 일본의 급속히 증가하는 인구와 거기에 수반하여 확대되는 경제에 필요한 원료와 시장의 확보를 일본에게 보장하는 것이 되리라.

미국에 있어서 이 지역에 이르는 거리가 너무 멀어서 대단히 커다란 희생을 각오하지 않는 한, 이 지역을 일본으로부터 탈취한다는 것은 불리不利하다고 일본은 틀림없이 생각했으리라. 일본은 평화 교섭으로 아시아 대륙과 그 주변 섬들의 여러 기지에 대한 확고부동한 입장을 견지할 수 있다고 생각한 것이 확실하다.

일본인은 미국 해군의 잠재력과 기다란 병참선에는 피할 수 없는 본질적인 어려움을 재빨리 극복한 미국의 적절한 병참 능력뿐만 아니라, 함선을 건조하여 진주만에서 상실한 구식 군함을 대체하는 미국의 공업력에 대한 판단을 그르쳤다. 전쟁 상황이 진전되어 영국이 유럽의 독일과 이태리에 대해 결정적인 공세를 가할 의도가 없다는 것이 차츰 알려지자, 미국의 태평양 방면에 대한 작전이 촉진되었다. 일본은 섬나라가 대단히 필요로 하는 선박의 방대한 손실에 고민했다. 미국의 태평양에서의 전략이 일본의 심장지대, 특히 산업이 집중되어 있는 본토에 대한 공격을 계속했다는 것은 현명했다. 미국은 잠수함의 행동을 너무 제약하지 않고, 맥아더 장군과 니미츠(Nimitz) 제독에게 자유로운 작전을 허용하여 일본과 인도네시아의 석유지대를 연결하는 해상 병참선을 차단했다. 이리하여 일본 본토의 공업력의 자원이 차단되어 일본의 전쟁수행 기관은 활동을 멈추었고, 원자폭탄의 투하는 미국의 힘에 의해 대전의 승리가 결정된 연후의 마지막 숨통을 끊는 일격이 되었다.

일본 본토에 대한 대규모의 강습强襲 상륙작전을 생각했다는 것은 과오였다. 이러한 작전은 우리에게 막대한 인명人命의 손실을 초래할 것이며, 그렇게 할 필요도 없었다. 일본인들은 바다에 의해 생활하고 있었기 때문에 일단 일본의 해군, 선박, 항공부대가 격파당하면, 일본인들은 굶게 되어 항복한다는 것은 명백했다. 맥아더와 니미츠는 일본 본토에 대해 엄중한 해상봉쇄를 무한히 계속할 수 있었으리라. 다행스럽게도 전쟁은 일본 본토 상륙작전인 '올림픽'(OLYMPIC)이 실시되기 전에 끝났다.

미국의 극동에 있어서 값비싼 전략상의 대실책은 소련을 대일전對日戰에 참전시키고자 주장한 사실이다. 1945년 초의 정보와 일본 도시의 폭격결과에 대한 사진을 판독한다면, 동아시아에서의 전쟁의 종결은 몇 주간의 문제라는 것을 알았다. 일본의 전쟁수행 능력은 갑자기 저하되었고, 일본 본토에 대한 미국의 항공 공격은 산업과 교통의 중심지를 철저하게 파괴했다. 전쟁의 종결은 무르익은 과일이 떨어지는 것을 기다리는 꼴이었다. 그럼에도 불구하고 미국은 이 사실은 못 본 체 하고 최후의 승리를 얻고자 소련을 극동의 전쟁으로 끌어들였다. 결국 스탈린은 헐값으로 목적물을 손에 넣었다. 소련은 불과 4일간, 당시 원자폭탄으로 폐허로 변한 히로시마(廣島)를 바라보며 정신이 빠진 일본과 싸웠을 뿐이었다. 일본에 대한 사실상의 승리는 이보다 훨씬 이전에 맥아더와 니미츠가 일본 본토와 남쪽간의 해상병참선을 차단하기 위해 대일 침공작전을 필리핀에서 합류시켰을 때 이미 달성되었다. 1945년 봄까지 일본 선박의 대부분은 해저에 가라앉았고, 일본 해군은 거의 격멸 당했으며, 일본의 항공기는 하늘에서 모습을 감추었다. 소련군은 후퇴하는 일본군의 흉내 정도의 저항을 받고 만주로 진입했다.

알타(Yalta) 회담에서 결정된 것을 생각했을 때, 나는 당시 소련에게 대일

참전을 요구했다는 것은 적절했다고 생각했다. 그 해(1945년) 초, 미국에 일시 귀국했을 때, 나는 그와 같은 견해를 말했다. 그러나 사태는 나의 생각과는 엇갈리고 있다는 것이 증명되었다. 나는 미국의 항공부대와 해군부대에 의한 일본의 공업과 함선·선박의 손해상황을 전연 알지 못했지만, 미국의 정보당국자는 일본에 대해 원자폭탄의 사용을 말리고 또한 소련에게 참전의 기회를 주지 말라고 미국정부에 대해 권고했어야 마땅했다.

우리는 암호해독에 의해 일본의 천황이 모스크바 주재의 일본대사에게 정전停戰을 실현하기 위해 미국과의 조정자가 되어주기를 소련에게 요청하라는 훈령을 발송했다는 것을 알았다. 그것은 일본이 8월에 실제로 항복하기 1개월 전의 일이었다. 전쟁의 모든 기간에 우리는 일본의 암호를 해독함으로써 일본의 재외 외교관들에게 발송한 훈령의 내용을 알 수 있었다. 미국은 1945년 초에 연합국이 무조건 항복을 주장하지 않는다면, 일본은 전쟁을 끝낼 뜻이 있다는 것을 실제로 알고 있었다.

미국이 실시한 암호해독의 성과는 크게 이용되지 않았다고 하지만, 우리는 1941년 11월, 일본이 어디선가 미국에 대해 공격을 가할 수 있도록 선제공격 태세를 갖춘 일본의 의도에 관해 충분히 알고 있었다. 이러한 공격 개시 전에 우리는 전쟁을 일으키지 않도록 할 수 있었을는지 모른다고 상상한다는 것은 공상空想에 지나지 않는다고 말할 수 없으리라. 적의 암호해독에 종사한 사람들은 제일선의 장병과 마찬가지로 우리의 승리에 크게 공헌한 사람들이었다. 암호해독실은 대단히 어려운 정보작업과 직무에 헌신적인 봉사를 요구하는 인내의 시련장이었다.

12월 6일(일본은 7일), 우리는 암호해독에 의해 일본이 다음 날, 중부 태평양, 남방의 필리핀 혹은 인도네시아의 어디를 공격하리라는 것을 알았을 때, 미국 총사령관이고 1억 3천 5백만 미 국민의 책임 있는 지도자로서의 미국 대통령은 절박한 일본의 공격 의도에 대해 확실한 증거를 가지고 있다는 것을 라디오를 통해 전 세계에 알릴 수 있었을 것이다. 그리고 싱가포르(Singapore)에서 진주만에 이르는 모든 사람들을 경계태세에 돌입케 할 수 있었을 것이다.

어느 경우에는 효과적인 방어전을 실시한다는 것이 적합하지 않을 수가 있을지라도, 미군은 경계태세를 갖추어 일본군의 공격을 무디게 할 수는 있었을 것이다. 그리고 하와이에서는 전함을 위시하여 많은 선박이 정박하고 있는 항구 내에서 해상으로 출동하는 조치도 취할 수 있었을 것이다. 킴멜(Kimmel) 제독(개전 시 미국 태평양 함대사령관)은 전함보다도 더 요긴한 항공모함을 해상에 출동시켜둘 정도로 선견지명先見之明이 있었다. 중부 태평양에 있었던 미 해군의 항공모함 임무부대는 비행기를 발진시킨 후의 일본군 기동부대를 공격할 수 있었을 것이다. 아무튼 우리는 일본군과 싸울 많은 기회를 미국 군인들에게 부여할 수 있었을 것이다.

진주만 공격 직전에 대해 워싱턴의 해군성 통신부 통신보안과장인 사포드(Safford) 대령은 하트(Hart) 제독을 위원장으로 하는 진주만 조사위원회에서 증언하기를 "1941년 12월 4일(미국 시간) 우리는 두 개의 다른 정보원으로부터 일본은 미국과 영국을 공격하고 소련과는 평화관계를 유지한다고 하는 확실한 첩보(information)를 획득했다"고 말했다. 워싱턴 시간으로 1941년 12월 6일 오후 9시(21시), 우리는 일본정부가 긴박하게 지시한 일시日時에 미국에 대해 선전宣戰을 포고한다는 확정적인 정보를 얻었다. 사포드 대령의 증언에 의하면, 이 첩보는 확실한 것이며 해독과 동시에 군의 정보부에 송부되었다.

다음은 워싱턴 시간으로 1941년 12월 7일 오전 10시 15분, 우리는 육군성 통신정보부로부터 일본의 선전宣戰은 워싱턴 시간의 동일 오후 1시(13시), 국무장관에게 통고된다는 확실한 첩보를 얻었다. 워싱턴 시간 오후 1시는, 하와이는 새벽이고 필리핀에서는 거의 한밤중이다. 이것은 약 3시간 이내에 하와이에 대해 항공기에 의한 기습공격이 가해진다는 것을 암시하고 있었다. 사포드 대령에 의하면 크래머(Kramer) 중위는 통신정보부에서 송부된 암호 해독문에 이러한 뜻의 보완설명을 첨가해서 해군장관에게 제출했다는 것이다.

루스벨트 대통령은 라디오 방송을 통해 미국 국민에게 경고할 수 있는 충분한 시간 여유가 있었다. 이러한 경고는 아마도 일본으로 하여금 기습공격을 멈추게 했을지 모른다. 그랬더라면 우리는 반격의 기회도 주지 않고 3,500명의 미국 장병들을 하와이에서 죽이지 않아도 되었을 터인데…

당시 미국으로서는 일본의 암호를 해독하고 있다는 사실을 일본에 알릴 수는 없었다는 논의도 있었다. 그렇기 때문에 대통령이 경고를 낼 수 없었다는 것은 이치에 어긋난다. 그것은 어느 특정한 암호를 해독했다는 문제가 아니고, 당시 미국이 실시하고 있었던 것은 유능하고 천부적인 재능을 가진 암호 해독자와 바르게 결합시켜 어떠한 암호도 해독 가능한 기계를 개발하는 데 있었다. 일본은 전쟁 중 암호를 끊임없이 변경했지만, 미국은 손쉽게 일본의 암호를 해독하고 있었다.

루스벨트 대통령으로서는 진주만에 대한 일본군 공격의 경고를 세계에 전한다고 해도, 미국의 암호해독의 기술적인 방법을 누설할 필요는 전연 없었다. 이 암호 해독법은 중대한 비밀이었지만, 이 비밀을 밝히지 않더라도 전쟁을 실제로 개시하기 이전에 당황한 일본정부로 하여금 전쟁을 중지시켰을는지 모른다.

마지막으로 연합국 측의 최대의 실책은 동맹국 소련의 전후에 대한 의도를 정확하게 판단하지 못했다는 것이다. 루스벨트 대통령은 1944년 3월 8일 다음과 같이 말했다.

> 소련은 완전히 우호적이라고 나는 생각한다. 소련은 유럽의 나머지 지역을 모두 욕심을 내어 먹어버리려 하지 않는다. 소련은 타국을 지배하려는 생각을 조금도 가지고 있지 않다. 많은 미국인들은 소련이 유럽을 지배하려고

한다는 것을 걱정하고 있으나, 나 개인으로서는 이와 같은 걱정은 어떤 근거가 있다고는 생각하지 않는다.

그러나 약 1년 후, 루스벨트는 사망 직전에 스탈린의 악마적인 목적을 아마도 알아차린 것으로 생각된다. 그러나 루스벨트의 후계자들은 재앙災殃의 징조에 시의적절 하게 대처하는 데 실패했다.

우리가 공산주의자들의 전후의 행동에 대해 고찰해보면, 스탈린이 스스로 과오를 범했다는 것은 우리에게 대단한 행운이었다고 생각한다. 소련이 제2차 대전 후에 범한 최대의 실책은 소련에 기울어져 있었던 미국 국민의 선의善意를 이용하지 않았다는 점이다. 소련으로서는 스스로의 혁명목적을 추구하기 위해 허위의 우호적인 태도를 보여 미국 국민들을 계속 속였어야 했다. 소련이 마셜계획(Marshall Plan)의 원조자금을 수령했다면, 훨씬 신속하게 소련 경제를 회복했을지 모른다. 그와 동시에, 소련이 이러한 태도로 나왔더라면 미국은 세계 각지에 소련세력의 침투를 허용했으리라. 다행스럽게도 소련은 깊이 숙고하여 미국을 따돌리는 길을 선택했다. 미국이 믿을 수 없을 정도로 종전의 처음 심리상태로부터 탈출할 수 있었다고 한다면, 그것은 전적으로 소련 스스로가 책망을 받아야 할 일이었다.

XXI. 맺음말

성서聖書에도 적혀 있는 것처럼, 여러 가지 동기로부터 많은 사람들은 끝없이 저술을 하게 된다. 나는 역사적 지식에 조금이라도 기여하고자 하는 희망에서 또한 나의 경험과 견해가 현재에 대한 더 바람직한 이해와 장래에 활용되는 전략의 수립에 공헌하기를 기대하면서 이 책을 저술한 것이다. 철혈수상(Iron Chancellor) 비스마르크(Bismarck, 1815~1898)는 "어리석은 자는 경험에 의해 배우지만, 현명한 자는 타인의 경험에 의해 배운다."(Fools learn by experience ; the wise man learns by the experience of others)고 현명하게 지적했다.

나는 좋거나 나쁘거나 사람들의 의견은 각자의 환경, 선입감, 좋아함, 희망에 의해서 영향을 받는다는 것을 알고 있지만, 나로서는 가능한 한 객관적이 되도록 노력했다. 나는 미국인이기 때문에 나의 견해가 스스로 미국 및 미국 국민의 이익을 유지하고 촉진되기를 바란다는 것은 당연하다. 그러나 나는 우리와 마찬가지로 국가목적을 추구하는 권리를 가지는 타국의 지도자와 국민의 동기와 행동을 이해하고, 비난을 삼가는 데 노력했다. 나는 미국의 동맹국 혹은 적국이, 마찬가지의 자기 보존과 이기利己의 권리를 미국에 대해 인정하지 않으려고 할 때만이 노여움을 느꼈다.

독자들 가운데는 내가 루스벨트 대통령, 처칠 수상과 일반 영국인, 마셜 장군, 나의 중국에서의 전임자 스틸웰 장군 등에 대해 부당한 비난을 했다고 생각하는 사람이 있을지 모른다. 세계의 미래가 제2차 대전의 전쟁 중과 전쟁 후에 결정되고 있을 때, 미국, 영국, 중국, 기타 각국의 책임 있는 중요한 지위에 있는 사람에 대해 나는 개인적인 적대감정이나 편견에서 비난한 일은 없고, 현재도 마찬가지이다.

내가 비난한 사람이나 나와 견해를 달리한 사람은 곧 승리할 판국에 무참히 패배를 가져온 정책이나 계획에 대해, 반드시 개인적으로 책임이 없었다는 것을 나는 알고 있다. 주변의 정세에서 이들에게 그 능력 이상의 거대한 권한이 부여된 경우도 있었고 혹은 그들에게 그 책임을 수행하기 위한 충분한 지식과 총명함이 결여된 경우도 있었다.

이 책의 어느 곳에서도 나는 나와 견해를 달리하는 영국인 혹은 미국인에게 악의 있는 동기가 있었다는 얘기는 하지 않았다. 그러나 전체를 보지 않거나, 시야視野가 좁은 태도를 보인 일부 사람들의 행동은 이해하는 데 어려운 경우가 때때로 있었다. 이러한 사람들은 현명하고 또한 경험이 있으며, 그리고 공산주의는 적어도 나치즘, 파시즘 및 일본의 군국주의(militarism)와 마찬가지로 자유세계에 있어서 커다란 위협이라고 이해하고 있었던 우리와 비슷할 정도로 혹은 그 이상으로 많은 첩보를 가지고 있었기 때문이었다.

나는 전투를 하러가는 병사들을 보았다. 또 그들이 전장에 쓰러져 있는 모습을 목격하기도 했다. 때로는 눈으로 차마 볼 수 없는 무참한 모습으로 숨이 끊어져 전장에 누워있기도 했다. 격전을 치른 지역에서는 적군과 아군의 병사가 엉켜 쓰러져 있기도 했다. 이 병사들은 서로 미워하고 있지도 않았다. 이 병사들은 일방적으로 내가 옳다고 주장하는 나라에 태어난 것에 지나지 않았다. 그들의 지도자들은 타국의 사람들을 살육하도록 증오를 선동하거나 사기士氣를 진작시켰다.

어느 나라의 국민도 평화적·문화적인 수단으로 국제문제의 해결을 거부하고 또한 해결하지 못한 그들의 지도자에 대해 절대적인 신뢰를 기울였다. 양차 세계대전에 있어서 여러 전장에서 싸웠고, 부상당했고 또 쓰러진 양쪽의 병사들은 그들의 노고와 희생에 의해 자신의 가족이나 사랑하는 사람들이 보호되고 항구적인 세계평화의 상태가 유지된다는 것을 보장받을 수 있다고 믿고 죽었던 것이다. 하지만 이 전쟁의 승자마저도 그 노력이 자국의 안전보장을 강화하거나 또한 세계의 더 좋은 질서를 건설하는데 거의, 아니 전연 쓸모가 없었다는 것을 알았다.

인간은 태어나면서부터 선善과 악惡의 성질을 겸비하고 있어서, 인간의 최선의 희망도 그 의사意思에 반대하여 무법적인 지도자들의 힘을 강화하고, 그들의 이기적인 여러 계획의 촉진을 돕는 일이 적지 않다. 그래서 완전한 조화와 평화의 상태가 이 세상에 언제인가 확립된다고 기대한다는 것은 지나친 희망일지 모른다. 미국인들이 성의를 가지고 솔선해서 싸웠다고 주장할 수 있는 두 차례의 성전聖戰과 인도적인 노력은 우리의 시대에 두 번이나 악용당하고 말았다. 즉 다시 압제자를 타도하고 세계 각지에 자유사회의 건설 확장에 힘을 기울였으나, 우리는 전체주의의 압정에 지배되는 지역의 확대를 성공시켰을 뿐이었다는 것을 알게 되었다. 그래서 지금은 미국의 안전보장에 우리가 정복한 적보다도 더욱 큰 위협이 되는 공산주의자의 힘을 미국이 스스로 강화시켜 주었다는 것을 알게 되었다.

제2차 대전 중, 연합국 측의 지도자들은 적 국민이 우리와 마찬가지로 그 환경의 희생자라는 것을 잊게 하기 위해 증오와 공포심을 때때로 자극했다. 참다운 자유주의자였던 미국의 철학자 존 듀이(John Dewey, 1859~1952)는 인간의 견해와 소신所信은 경험, 교제 및 지식의 산물이라고 생각했다. 그런데 오늘날 우리는 선전宣傳의 시대에서 생활하고 있다. 따라서 우리의 견해와 소신은 주로 신문의 표제(headlines), 라디오, 텔레비전 등에 의해 결정되는 것으로 안다. 현대생활의 발걸음은 빨라서 직면하고 있는 문제를 공평하게 논리적으로 깊이 생각하거나 냉정하게 천천히 생각한다는 것이 거의 불가능하게 되었다. 그리하여 웅변가의 선동적인 보도에 의해 우리의 생각이 형성되고, 행동의 방향이 결정되는 경우가 너무 많다.

우리는 좋은 정치를 희망한다는 사람들의 얘기를 때때로 듣지만, 많은 사람들은 국민으로서의 의무에 관한 것보다 주로 자기 몸의 안전, 물질적인 보수, 권력, 명성, 오락, 위안 등에 더 많은 관심이 있는 것으로 생각된다. 우리 미국 국민들은 미국의 훌륭한 유산遺産을 우리의 태만에 의해 서서히 잃고 있는지 모른다. 역사적으로 전망했을 때, 미국은 전세기로부터 금세기의 변하는 시점에서 전성기에 도달한 후, 지금 영국의 역사가 기본(Gibbon, 1737~1794)의 『로마제국의 쇠망사』(*The History of the Decline and Fall of the Roman Empire*)에서 확실히 지적한 방식으로 쇠퇴의 길로 가고 있는지 모른다.

국가는 개인에 의해 구성되어 있으며, 자유사회에 있어서 정부의 정책과 행동의 근원은 통치되고 있는 국민의 의사意思 속에 존재한다. 아마도 내가 이번 전쟁 중에 습득한 최대의 교훈은, 미국 국민은 국제문제를 처리함에 있어서 감정에 좌우되지 않도록 교육할 필요가 있다는 것이리라. 존 워싱턴은 그의 「고별사」에서 미국을 복잡하게 얽히게 만드는 나라와는 동맹을 맺지 않도록 경고했다. 이 사려 깊은 충고는 워싱턴의 시대보다 오늘날이 더 해당된다. 그러나 워싱턴은 동맹자 모두를 경계하라고 충고한 것이 아니라, 골치 아픈 사건에 끌어들이는 동맹자만을 경계하라고 충고하고 있다는 점에 유의해야 한다.

제2차 대전의 전쟁 중에서부터 전후에 걸쳐 미국의 정책과 행동에서 볼 수 있는 커다란 결함은, 현시적으로 싸울만한 가치가 있는 국가목적을 가지고 있지 않았다는 것이다. 그래서 나는 이 책에서 반복하여 얘기한 것처럼 미국이 100만 이상의 사상자死傷者와 많은 금액의 재산을 소비해서 이 대전에서 얻은 것이란, 그 희생에 걸맞지 않은 결과 밖에 없었다. 평시이건 또 현재의 냉전시대이건, 미국은 미국이 바라고 있는 것뿐만 아니라, 반대하고 있는 것도 알아야 하는 것이 중요하다. 미국은 국제사회에 있어서 공산주의자의 압력과 기타의 도전에 대해 정당주의로 반응하는 대신으로 미국의 국가목적을 달성하는 데 활용되는 전략을 확립할 필요가 있다.

나는 대외정책과 대전략(Grand Strategy)을 책정하는 미국의 국가 기구가 현재의 복잡한 세계정세 하에서 적당한가의 여부에 대해 확신을 가지고 있지 않다. 국제관계가 미국 국민의 생활에 있어서 중요한 요소가 되기까지 현재의 국가 기구는 만족스러운지 모른다. 그러나 오늘날, 적절한 국제정책과 대외행동 결정의 발표는 미국의 최고재판소에서 법률의 해석이나 판결과 마찬가지로 우리들이 미국의 유산을 유지하는 것이 중요하다. 최고재판소의 판사는 종신제이며, 인물, 식견 및 법률의 실무라는 점에서 신중히 선발된다. 대통령과 국회의원을 위해 국가목적과 대외정책을 책정함에 있어서 영속적인 책임을 가진 부통령을 의장으로 하는 대외정책 기구를 창설한다는 것은 현명하지 않을까? 이러한 대외정책 기구, 즉 대전략 회의는 정치, 경제, 심리 및 군사 등 각 분야에 있어서 총체적인 지식과 경험을 대표하는 구성원을 신중히 선발하여 구성하는 것이다.

이러한 구성원이 각국(우호국, 중립국 혹은 적성국가)에 대한 미국의 적절한 여러 목적과 올바른 행동방침을 권고할 수 있도록 하기 위해 중앙정보국(CIA)과 기타 정보부서로부터 미국정부에 제출되는 첩보를 그들이 이용할 수 있다면, 이 기구가 내리는 결정은 현실에 적합한 것이기에 세계 각지의 정세에 적응할 수 있으리라. 구성원의 업무를 영속적이고 초당파적으로 만들기 위해 대외정책, 즉 대전략 회의의 구성원은 종신제로 할 필요가 있다. 이 기구의 주요한 임무는 현재 국가 안전보장회의(대통령, 국무장관, 국방장관, 중앙정보국장)에 의해 명목상 실시되고 있는 것으로 안다. 그러나 이 회의의 구성원들은 언제나 행정상의 무거운 짐을 지고 있어서 신중한 연구, 분석, 심사숙고 및 평가를 할 수 없고 일상 업무에 짓눌리고 있다.

세계에서 가장 행운에 싸여있고 가장 강대한 국가의 국민인 우리 미국인들은 우리가 무엇을 희망하는가를 결정해서 여기에 합치되는 대외정책을 정부에서 추구하도록 노력해야 한다. 미국 국민은 어떠한 종류의 세계를 건설하고 유지할 것을 희망하고 있는가? 우리는 모든 국민이 명예로운 평화, 자유, 정의 및 존엄을 희망하고 있다는 것을 안다.

우리는 환경을 개선하고 재능, 정력, 노동에 상응하는 보수를 받는 기회가 주어지기를, 그리고 국민을 지원하는 것을 희망한다. 우리 모두가 신앙의 자유, 표현의 자유, 지도자와 정치형태를 선택하는 자유를 가진 '자유로운 사회'를 건설하고자 노력하고 또한 자유를 수용하는 즐거움을 깨닫기를 희망한다. 우리는 다른 국가나 국민의 문제에 간섭하는 것을 바라지 않으며, 다른 국민의 영토나 자원을 바라지도 않는다.

우리는 다른 나라 국민의 빈곤을 구제할 준비가 되어 있다. 우리는 미국의 여러 목적과 배치되지 않는 목적을 가지는 타국과 경제적, 군사적, 과학적 그리고 문화적으로 협력할 준비를 하고 있어야 한다. 그러나 이것은 어디까지나 호혜적인 기초에서만 가능하다.

우리는 모든 다른 국가와 국민에 미국의 동기와 목적을 확실히 이해시킬 책임이 있으나, 미국인 스스로가 동기와 목적을 이해하고 승인하지 않고서는 이것은 불가능한 일이다. 우리의 목적을 실현함에 있어서 오늘날 최대의 위협이 되고 있는 것은 공산주의이다. 우리 미국 국민은 우리나라를 파괴하고자 계획하고 있는 세계적인 음모를 방지하고 파괴해야 하며 또한 위험을 무릅쓰고라도 이에 대처하지 않는다면 우리의 목적을 실현한다는 것은 불가능하리라.

우리는 공산주의자들이 베를린에 대해 봉쇄를 강행했을 때, 베를린에 공중수송으로 대처했다. 또한 한국에서도 트루먼 대통령은 공산주의자의 침략에 단호히 대항하는 정책을 용감하게 취했다. 그것은 딘 애치슨(Dean

Acheson) 국무장관이 한국과 중국의 운명에 대해 우리는 관여하지 않는다고 미국의 무관심한 태도를 공식적으로 표명한 직후였다. 그러나 한국에서 공산주의자와의 전쟁이 시작되자, 미국은 민주당 정부시대나 공화당 정부시대에도 승리를 얻기 위해 모든 힘을 투입하면 소련의 개입을 초래한다 하여 극도로 이것을 두려워했다. 1956년 헝가리 항거가 일어났을 때 미국은 헝가리의 자유의 전사(Freedom Fighters)를 지원하지 않았지만, 1년 반 후에 이라크의 민중혁명이 일어나자 중동에 개입했다. 이라크의 혁명은 공산주의자가 선동한 결과라고 들었는데, 혁명의 1주일 후에는 미국이 이라크 혁명정권을 승인했다.

국가의 안전보장과 세력을 확보하고 영토와 재산, 원료 및 시장을 획득하기 위해 개인 간이나 또 국가 간에 끊임없이 투쟁이 반복되어 왔고 또 금후에도 반복되리라. 국가의 목적은 세계에서 피할 수 없는 변화나 또한 바람직한 변화에 적응하도록 수정 가능한 유연성이 있어야 한다. 타협은 필요하지만, 목적의 성실성과 순수성에 관한 한, 우리는 결코 타협해서는 안 된다.

나는 서방측 동맹국들이 두 번의 세계대전에서 압도적인 군사상의 승리를 획득하기 위해 커다란 희생을 지불하고 최선의 노력을 기울였으나, 다른 편에서는 애석하게도 세계의 항구적 평화를 놓친 것을 반복하여 얘기했다. 내가 대전략에 대해 배운 가장 중요한 교훈은 내 마음속에 분명히 박혀 있다. 즉 승자가 부담하는 중대한 책무責務와 도전이란, 개전 전 또는 전쟁 중보다도 오히려 군사적 승리를 얻은 후에 찾아오는 것이다. 전쟁의 종결은 과거에도 힘의 투쟁이 끝났다고 해서 찾아오는 것이 아니었다. 이것은 현재에도 그러하고 또한 미래에 있어서도 그러하리라.

서방측 동맹국들은 제2차 대전 중 유럽과 아시아에 있어서 유서 깊은 '힘의 균형'(balance of power)을 파괴했다. 미국 국민들은 현명한 미국 건국의 조상들이 미국의 헌법憲法을 제정할 때, 개인 혹은 어느 정부기관에 의해 권력이 강탈당하는 것을 방지하기 위해 '저지와 균형'(checks and balances)의 제도를 확립한 깊은 뜻을 이해해야만 한다. 위대한 영국의 수상 피트(Pitt), 파머스턴(Palmerston) 및 디즈레일리(Disraeli)는 평시와 전시에 있어서 유럽대륙 여러 나라의 세력을 균형 있게 하여 영국에 위협이 미치지 않도록 하는 정책을 취하는 것을 이해하고 있었다. 실제로 나는 1939년에 영국과 프랑스는 주로 유럽에 있어서 '힘의 균형'을 유지하기 위해 히틀러와 싸울 것을 결의한 것으로 생각했다.

평화를 유지하고자 하는 세계 각국의 협조적인 노력을 보장하기 위해 제1차 대전 후에는 국제연맹(League of Nations)이, 제2차 대전 후에는 국제연합(United Nations Organization)이 설립되었다. 그러나 현재의 세계는 세계국가라든가 세계연방의 수립을 위한 정신적인 준비가 되지 않았다. 세계 각지의 여러 국민은 각각의 언어, 습관, 전통 및 영토라는 점에서 집약되어 있어서, 그들은 그 주권에 대해 강한 집착을 가지고 있다. 그래서 다른 선택의 길은 정치, 경제 및 문화의 분야에서 서로 모순되지 않는 목적을 가지는 여러 나라로 구성되는 지역적인 통치기구를 설립하는 것이라 생각한다. 이러한 기구에 참가하는 국가는 각각의 국가 주권을 확실하게 가지고 있으나, 참가국의 공통 목적을 달성하기 위해 현실적이고 균형 잡힌 기여를 하게 되리라.

공통의 이익을 기초로 하는 단결정신이 확대됨에 따라 사람들은 서서히 언젠가는 인종, 피부 색깔, 신앙 혹은 사회적 신분에 관계없이 모든 사람에 대해 평등과 기회 균등을 부여하는 것을 바라고 또한 현실적으로 그것을 증진시키는 세계국가를 수립하고자 하는 목표를 아마도 달성하리라.

각각 다른 국가와 국민은 각각 다른 목적과 목표를 가지고 있으며, 각각 서로 다른 충동력에 의해 지배되고 있다. 그러나 내가 세계 각지를 여행해 보고 느낀 것은, 대다수의 사람들이 가장 바라는 소망은 타인의 간섭을 받지 않고 평화적으로 생활하는 데 있다는 것을 알았다. 많은 사람들은 각자의 재능을 개발하고, 각자의 주장을 실현함으로써, 각자의 환경을 개선하고 자유를 즐기는 기회를 찾고 있는 것이다. 우리는 세계의 주요한 종교에서 "다른 사람들이 너희에게 해주기를 바라는 것처럼, 너희도 다른 사람에게 해 주어라"고 하는 인류의 황금법칙이 여러 가지 형식으로 표현되고 있다는 것을 발견할 수 있다.

새로운 기회는 새로운 의무를 가르치며,
어제의 좋은 것이 오늘은 괴상한 것이 된다.
진리와 더불어 걷고자 하는 자는
언제나 위를 보고
미래를 향해 전진해야 한다.

—제임스 러셀 로웰(James Russell Lowell,
1819~1891. 미국의 시인) ♣

부 록

웨드마이어 보고서

···▶ 웨드마이어 보고서※

•「웨드마이어 보고서」의 유래

1947년 마셜 국무장관은 트루먼 대통령 및 다른 각료들과 극동정세를 토론한 결과, 장래의 미국 극동정책의 기초로 중국 및 한국의 상황에 대한 객관적인 연구가 필요하다는 결론에 도달했다. 그래서 이 업무를 웨드마이어 장군에게 맡겼고, 그는 1947년 7월 9일 대통령 훈령으로 특사의 자격으로써 중국과 한국에서의 현재 및 장래의 정치·경제·심리·군사의 제반정세를 분석·평가하여 보고했다. 그 후 이 보고서는 극비에 붙여졌고, 트루먼 행정부는 그의 건의를 받아들이지 않았지만 역사를 회고해 본다면, 그의 건의 내용이 얼마나 선견지명이 있고 건전한가를 알 수 있으며 또 이 보고서는 역사적 가치가 대단히 크다고 하겠다.

※ 拙稿, 「韓國戰爭과 웨드마이어報告書」, 『新東亞』(1970년 6월호)를 참고할 것.

• 웨드마이어 중장에 대한 훈령

귀관은 현재와 장래의 정치, 경제, 심리 및 군사 정세에 대한 평가를 하기 위해 지체 없이 중국으로 가야한다. 이 조사를 실시함에 있어서 귀관은 중국에 주재하고 있는 미국의 대사관 및 군사령부와 연락을 유지할 것. 중국의 관리 및 지도자와 회담할 경우, 귀관은 현지 실정조사의 임무를 가지고 있다는 것. 그리고 만약 중국 정부가 중국을 회복하기 위한 효과적인 수단을 가지고 있다는 명백한 증거를 보이고 또 미국에서 공급하는 원조는 모두 미국정부 대표의 감독 하에 둔다는 것을 분명히 할 경우에 한해서만, 미국정부는 중국 부흥계획의 원조에 대하여 고려한다는 것을 밝혀 둘 것.

귀관은 중국 정세의 평가에 있어서, 미국의 적절한 중국정책에 합치하지 않는 중국의 공식 계획을 지원 또는 조장하려는 의무적인 선입감에 빠지지 않기를 바란다. 귀관은 현지 조사의 보고서를 제출함에 있어서 귀관이 건의하는 원조의 특징, 정도 및 이 원조를 실시할 경우 예상되는 결과와 그 원조가 공급되지 않을 경우에 예상되는 결과에 대하여 가능한 한 간결하게 말하도록 노력할 것.

귀관은 중국에서의 임무가 완료되면 한국에 가서 특히 한국에 대한 경제원조 계획에 관한 상황과 한국 전체의 정치적·경제적 상황과의 관련에 관하여 평가할 것. 귀관은 한국에 가기 전에 맥아더 장군과 연락을 취하여, 귀관이 도쿄를 경유하여 한국에 갈 것을 맥아더 장군이 바라고 있는가의 여부도 확인할 것.

귀관의 임무 달성을 위해 필요하다고 인정되는 전문가, 조언자 및 보조자를 대동할 것.

(※ 트루만 대통령은 이 훈령 문서에 "승인, 1947년 7월 9일"이라고 서명했다)

• 대통령에게 보내는 보고서

1947년 9월 19일

대통령 귀하

1947년 7월 9일부의 본인에 대한 대통령의 훈령에 따라, 별지의 「중국·한국에 관한 보고서」를 제출합니다.

대통령의 훈령에 따라 국무부, 재무부, 육군 및 해군성의 조언자는 본인의 2개월 간에 걸친 극동지역의 현지 조사에 동행했습니다. 우리들 일행은 중국과 한국의 주요 도시와 일부 농촌지역을 시찰했습니다. 우리들은 그곳에서 경제상태, 교육정도 및 정치적 견해를 달리하는 국민 모든 계층의 사람들과 접촉하는데 노력했습니다. 우리들은 정부 당국자를 비롯하여 모든 계급의 일반 시민과도 회의를 열었습니다. 개인 및 단체로부터 약 1,200통의 각서를 수령하여 이것을 심중히 검토했습니다.

이 보고서에는 미국 정부의 관계부처 및 관계기관에 있어서 관심의 대상이 되고 또 도움이 된다고 생각되는 적절한 자료를 부록으로서 첨부했습니다. 이 보고서는 전 세계적 배경에 서서, 중국과 한국의 현재 및 장래의 정세에 관한 본인의 예측과 미국이 극동에서의 여러 가지 목적을 달성하기 위해 취해야 할 적절한 행동 방침과 본인에게 부과된 사항에 대하여 건의하고 있습니다.

미 육군 중장 A. C. 웨드마이어

사절단 명단

(1947. 7. 16~9. 18)

- 제임스 J. 보일(James J. Boyle, 대위) : 부관·비서(국방부 육군성)
- 호레이스 엥(Horace Eng, 대위) : 부관·통역(국방부 육군성)
- 클러어 E. 헛친 2세(Claire E. Hutchin, Jr. 중령) : 군사고문(국방부 육군성)
- 데빗드 R. 젠킨스(David R. Jenkins) : 재정고문(재무부)
- 필립 D. 스프로즈(Philip D. Sprouse) : 정치고문(국무부)
- 칼 A. 트렉셀(Carl A. Trexel, 해군 소장) : 기술고문(국방부 해군성)
- 멜빌 H. 워커(Melville H. Walker) : 경제고문(국무부)
- 마크 S. 왓슨(Mark S. Watson) : 공보고문(메릴랜드 주의 볼티모어 선(*Baltimore Sun*))지紙)
- A. C. 웨드마이어(A. C. Wedemeyer, 중장) : 미국 대통령 특사

중국·한국에 관한 보고서

1. 총 론

중국의 역사는 중국 영토에 대한 외국 세력의 침략과 횡포, 특권, 착취 및 강탈의 많은 예로 가득 차 있다. 만주와 대만을 포함한 중국에 대한 외국의 계속적인 침투와 침입, 혹은 중국을 자기 나라의 세력권으로 만들려는 노력은 중국의 주권에 대한 직접적인 침해와 모독, 국제연합 헌장의 여러 원칙을 부인함으로써만이 해석된다. 미국 및 국제연합 헌장의 원칙에 동의한 다른 여러 나라는 인간의 존엄성과 그 시민으로서의 권리를 인정하고, 더 나아가서 그들의 정치체제와 정치 지도자를 자유롭게 선택할 기회가 확실히 주어지는 목표를 향해 모든 국민이 전진하는 것을 방해하지 않고, 그 노력을 집결시켜야 하는 것이 의무이다.

이러한 목표와 자유를 사랑하는 국민들의 높은 목적은 제2차 대전에 이르는 10년 동안 유럽과 아시아에서 이루어진 사악한 세력 때문에 오늘날 위험에 직면하고 있다. 이 사악한 세력의 상투적 수법은 잘 알려진 것으로, 즉 파괴분자를 운용하고, 침투전술, 정상적인 경제상태의 파괴, 정부와 지도자에 대한 국민의 신뢰를 약화시키기 위한 혼란과 무질서 상태의 선동, 그리고 국민의 의사를 무시하고 정치권력을 탈취한다. 이러한 모든 책략은 전체주의 이데올로기로 하여금 유리한 조건을 만들기 위해 교묘히 계획되어 잔인하게 실행되고 있다. 이러한 수법은 오늘날 극동, 특히 시베리아와 인접하고 있는 지역에서 나타나고 있다.

만약 국제연합이 경제적 안정의 확립과 세계평화의 유지에 대하여 참다운 영향을 미치는 것이라면, 이러한 사태의 진전은 국제연합에 의한 조사와 활동의 중요한 의제議題로서 다룰만한 충분한 가치가 있다. 과거 2년간의 여러 가지 사건은 소련의 강력히 집결된 세력이 전술적인 방편은 별도로 하고, 융화적 혹은 협조적인 태도를 취할 것이라는 기대를 기초로 한 유화정책의 무익함을 여실히 증명하고 있다. 소련은 이미 점령 또는 지배하고 있는 여러 나라에 있어서의 상투적 수단은 잔인한 비밀경찰의 방식과 국민들을 더욱 더 정치적·경제적 노예 상태로 둠으로써, 침략적인 세력 확대의 책략을 완성한다는 방식이다. 공산주의의 지도자들이 반복 확인한 바와 같이 소련의 문헌에 의하면, 야망의 범위와 위험의 의미에 있어서 나치즘 보다 훨씬 세력 확장의 계획을 확실히 가지고 있다. 그래서 우리들은 극동뿐만 아니라 세계의 다른 분쟁지역에서 발생한 문제를 해결할 경우, 모든 가능한 기회를 이용하여 자유의 방파제를 건설하고 유지하기 위해 주도권을 잡아야 한다.

중국에서 보듯이, 모든 부패와 무능력에도 불구하고 대부분의 중국인이 공산주의의 정치적·경제적 기구를 받아들일 생각이 없는 것이 확실하다. 중국 국민 속에는 국민정부 당국의 억압적인 경찰 수단, 부패의 습관 및 악정에 분개하여 항의하는 기분으로 공산주의에 동조하게 된 자도 있다. 일부 인사는 현재의 지도자에 의한 통치에 중국은 모든 희망을 상실하고 절망한 나머지 공산주의에 가담했다. 또 어떤 자는 단순한 타성에서 새로운 지도指導를 받아들였다.

미국은 얄타회담 때 소련이 만주에 재진출하는데 동의하고, 그 후 국민정부에 대한 원조를 차단함으로써 소련의 극동에 대한 계획을 간접적으로 지원했다. 미국이 이러한 정책을 취한 데는 정당한 이유가 있었다. 하나는 일본에 대하여 결정적 타격을 촉진함으로써 연합군의 인명을 구하기 위해 우리들은 연합국의 최대한의 힘을 집중시키는 것이었다. 다른 이유는 국민정부의 부패와 무능력이 너무나 지나쳤기 때문에, 미국은 이런 정부에 대하여 무조건 원조하는 것을 억제하였다. 더욱이 미국은 소련이 전후 전 세계적 국토 부흥계획의 달성에 협력하지 않을 것이라는 것을 아직 이해하지 못했다. 미국은 이 부흥계획에 참가하여 다른 국가와 국민에 대해, 적에 대해서도 우방과 마찬가지로 인도주의의 역사에 있어서 전례에 없는 원조를 했다.

미국과 다른 여러 국가가 커다란 희생을 지불한 제2차 세계대전의 여러 가지 목적은 충분히 달성되지 않았으며, 세계는 나치의 군국주의자와 일본의 맹목적 애국주의자보다 세계평화에 있어서 훨씬 위험한 세력이 건재하다는 것이 점차로 명백해졌다. 그래서 미국은 1947년 봄, 소련의 직접적 또는 선동적 활동에 의해 위협을 받고 있는 그리스와 터키의 주권을 보호하기 위해, 이 양국을 원조하기로 결정했다. 국제연합 가맹국의 일부는 일방적 행동이요, 국제연합을 앞질렀다고 미국을 비난했다. 국제연합의 목적과 원칙으로 비추어 보면, 이러한 비난은 그럴 듯하게 보였다. 그래서 미국은 곧 국제연합이 이 문제에 대해 책임을 질 준비가 되어 있다면, 이 문제를 국제연합에 부탁할 의도가 있다는 것을 밝혔다.

그 결과로, 중국에 관하여 지금부터 취하려는 행동에 우리들은 국제연합에 통고할 의무를 가지게 되었다. 본인의 보고서의 건의사항이 승인된다면 미국은 중국에 대해, 중국은 전후의 국토부흥과 경제회복을 촉진하기 위해 미국의 물질적 원조와 조언을 요청한다고 국제연합에 정식 통고하도록 제안할 필요가 있다. 이것은 미국이 국제연합을 앞지르지 않고, 또 중국의 주권을 침해하지 않을 뿐만 아니라, 오히려 반대로 극동 그리고 나아가서 세계의 평화와 안정을 위해 건설적으로 협력하고 있다는 것을 사실 그대로 보여주는 것이 되리라.

만주의 정세는 대단히 악화되어 있으며, 이 지역을 소련의 위성국으로 만들지 않기 위해 긴급한 조치를 취할 필요가 있다. 중국의 공산주의자들은 머지않아 만주를 군사적으로 지배하여 정부수립을 선언할지 모른다. 그렇게 되는 경우, 이미 소련의 위성국이 되어 있는 외몽골은 만주를 승인하고, 중국 공산주의자의 실질적인 만주정부와 「상호 원조협정」을 체결할지 모른다. 그렇게 되면 소련과 외몽골과의 현재의 상호원조협정으로 봐서 공산주의자가 지배하는 만주정부와 같은 원조협정을 맺을지 모른다. 이러한 사태는 중국, 미국 및 국제연합에 있어서 어려운 정세가 될 것이다. 궁극적으로 그것은 공산주의자가 지배하는 중국으로 인도하게 되리라.

국제연합은 만주의 보호, 혹은 신탁통치를 확립할 준비행위로 만주에서의 적대행동을 멈추게 하기 위해 긴급조치를 취할지 모른다. 만주의 보호관리에는 중국, 소련, 미국, 영국 및 프랑스가 구성원이 될 것이다. 이것은 재빨리 실행할 필요가 있으며, 중국에 의해서만이 주도권을 잡을 수 있어야 할 것이다. 이런 여러 국가 가운데 한 국가가 만주의 보호관리에 참여하는 것을 거부하는 경우, 중국은 국제연합의 헌장 규정에 의하여 국제연합 총회에 요청해도 좋다는 것이 된다.

중국은 처음에는 만주의 보호관리 또는 신탁통치는 중국 주권에 대한 침해로 해석할지 모른다. 그러나 이 문제는 긴급히 조치를 취해야 할 필요가 있기 때문에 중국은 만주의 정세에 관하여 현실적 견해를 가져야 한다. 중국이 이러한 조치를 취하지 않는다면, 미국의 원조에도 불구하고 만주는 소련의 세력권에 들어가서 중국은 아마도 영원히 만주를 상실하게 될 것이다.

중국에서의 경제상태의 악화 및 정치적·군사적 기구에서 보여 지는 무능력과 부패에 대해서는, 이러한 결함을 지나치게 강조하지 말고 포괄적인 배경에서 고찰할 필요가 있다. 중국에 대한 예의에서 다음과 같은 내용에 대한 인식이 필요하다.

중국은 대일전쟁對日戰爭의 종결 이후, 다른 연합국과는 달리 8년간에 걸친 전쟁 때문에 크게 혼란한 국내 문제의 해결에 전력을 기울일 수 없었다. 중국은 대일전쟁에서 자원과 기력을 소모한데다, 진행 중인 내란 때문에 더 방대한 재정적·경제적 부담을 짊어지게 되었다. 내란이 없었다 해도 중국은 국민 경제 회복의 문제를 처리하기 위해 모든 것을 사용해야만 했다.

국민정부는 1927년 이후, 공산주의에 대해 꾸준히 대항해 왔다. 오늘날 그 당시와 같은 정치 지도자, 문무 수뇌文武首腦들은 중국을 공산주의자가 지배하는 국가 또는 소련의 위성국으로 만들지 않을 결의를 하고 있다.

일본은 전쟁을 하면서 한편으로는 점점 유리한 항복조건을 중국에 제시했으나, 중국은 이에 응하지 않고 동맹국과 더불어 최후까지 싸우는 길을 택하였다. 만약 중국이 일본의 항복조건을 수락하였다면, 중국에 파견되어 있었던 약 100만의 일본군은 태평양에서 미군과 싸우는데 전용되었을 것이다.

장 총통은 본인에게, 중국은 극동정세를 안정시키고자 하는 미국의 계획을 중국의 힘이 미치는 한 지원할 것을 보증했다. 총통은 미국에서 지원되는 정신적 격려 또는 물질적 원조가 있든, 없든 상관없이 어디까지나 공산주의에 저항하고, 쑨원(孫文)의 삼민주의에 의거 민주적인 정치체제를 수립할 결의라고 말했다. 더욱이 총통은 무능력한 부패 관리의 해임을 포함하여 국민정부의 철저한 개혁을 실시할 계획을 세우고 있다고 했다. 그는 그 방침에 의거 일부 개혁은 실시되었으나, 악화 일로의 물가 앙등, 경제상의 곤란과 내핍 때문에 이 목적을 완전히 달성하는 것은 어렵다고 말했다. 그는 공산주의자와의 문제인 내란이 해결되는 날에는 군대를 대폭 줄이고, 정치와 경제의 개혁에 노력을 집중할 수 있다고 강조했다. 본인은 총통이 이러한 목적을 달성하려고 진지하게 희망하고 있음을 확신한다. 그러나 총통이 오늘날 이 목적을 위해 그를 둘러싼 정치가, 군인 등의 측근자들을 철저하게 억압할 필요가 있을 경우, 과연 이것을 실시할 충분한 결의를 가지고 있는가의 여부에 대해 본인은 확신을 갖지 못한다. 그러나 만약 현실적으로 미국의 원조가 중국의 국내 정세를 안정시키고 공산주의의 위험한 확대에 대처하는데 효과가 있다는 것이 증명된다면, 총통의 그와 같은 결의는 반드시 실행될 것으로 본다.

미국 정부가 종래 취해온 정책은 주로 공산주의의 확대를 저지하는 것을 목적으로 하고 있어서, 국민의 신망을 잃은 억압적인 정부가 계속 정권을 담당하고 있으면 어떠한 원조를 주어도 무효라고 생각하여 고려하지 않았다. 미국이 이러한 정책을 계속한다면, 극동에서 미국의 위신은 크게 손상될 것이며 주저하던 무리들은 현재의 국민정부를 떠나 공산주의로 넘어갈 것이다.

중국과 한국에서의 정치·경제 및 심리상의 여러 문제는 뒤엉켜져 불가분의 관계에 놓여 있다. 이러한 문제는 모두 복잡하고, 해결을 더욱 더 어렵게 만들고 있다. 대통령의 훈령에 따라 본인은 이러한 문제를 충분히 조사했다. 이러한 문제의 각 항목은 지금부터 이 보고서에서 검토된다. 그러나 어떠한 특정 지역에 대해 미국에서 지원하는 원조가 알맞지 않고 또는 시기를 잃는 것이 되지 않도록 하기 위해 계속적인 세계적 견지에서의 평가가 반드시 요구된다는 것을 본인은 인정한다.

본인이 이번 중국·한국 시찰에 있어서 그 실정조사, 분석 및 보고의 배경으로 한 것은 미국의 대외정책 책정상의 다음 세 가지 가정에 기반을 두었다.

1) 미국은 소련과 기타의 국가가 적극적으로 참여하지 않는 사태를 시인하기는 하지만, 국제연합의 높은 목적을 달성하기 위해 국제연합을 계속 지원한다.

2) 미국은 미국과 상반되지 않는 정치적·경제적 기구를 확립하고 또 그렇게 할 희망을 사실에 의하여 확실히 제시하는 국가와 국민을 정신적으로 지원한다.

3) 미국은 전후戰後의 부흥을 촉진하고 경제적인 안정을 발전시키기 위해 전항前項과 같은 국가 및 국민을 물질적으로 원조한다. 단,

- 이러한 원조는 그 지원 목적에 사용되어야 한다.
- 이러한 정부와 국민은 스스로 돕는 효과적인 조치를 취하고 있는가, 또는 그렇게 할 것을 확약하는 명백한 증거를 계속 보여야 한다.
- 이러한 원조는 미국의 경제를 위태롭게 하지 않고 또 미국의 정치, 경제 및 심리상의 여러 목적을 달성하고자 하는 미국의 다른 국제적 협약과 기여를 포함한 통합적 계획에 일치되어야 한다.

2. 중 국

가. 정 치

중국 국민은 거의 모든 희생을 지불해서라도 평화를 획득하려고 희망하고 있으나, 현재의 정세로는 실현의 가능성이 없는 것으로 보인다. 한편으로 반동적反動的인 지도와 억압적으로 부패한 국민당 때문에 국민의 정부에 대한 신뢰는 잃어버린 결과가 되었다. 다른 편에서는 이데올로기 면에서 소련에 구속되어 있는 중국 공산주의자가 중국에 공산국가를 건설하는 것을 최종의 목적으로 정하고 있음이 확실하다. 어떤 보고는 공산주의자에 의한 토지 개혁의 방법은 그 지배하의 지역에 있는 대부분의 농민의 지지를 얻고 있다고 전하고 있으나, 다른 보고에 의하면 공산주의자의 잔인한 토지분배의 전술과 테러 행위는 그 곳 대부분의 농민을 이간시켰다고도 전한다. 그러나 중국 공산주의자는 많은 농촌지역을 국민정부에 반대하도록 조

직화하는데 성공했다. 온건한 집단은 국민당의 악정 및 억압과 잔인한 공산주의자의 전체주의 사이에서 궁지에 몰려 있다. 소수당은 역동적인 지도력과 지지자들을 얻지 못하고 있다. 중도파(대부분은 국민당 속에 있지만)나 소수파도 국민정부에 의한 억압 때문에 그 영향력을 발휘할 수가 없다. 분리주의자의 행동에 결부될 가능성이 있는 현재의 각 지방의 지방 분권적인 저항은 국민정부의 붕괴가 절박할 경우 아마 구체화할 것으로 생각된다.

1947년 중·소 조약 및 그 부수문서의 조문과 정신에 위배된 소련의 행동은 만주에서 중국 공산주의자의 입장을 강화하고, 만주와 중국 본토에서 국민정부의 정치, 경제 및 군사상의 입장에 영향을 주며, 중국에서 평화와 안정의 달성을 더욱 더 어렵게 하고 있다. 지금의 추세는 국민정부의 지배력이 점점 분해되는 방향으로 향하고 있으며 종국적으로 공산주의자가 지배하는 중국이 출현할 가능성이 있다.

중국정부가 1947년 4월 중순 실시한 정부기구의 재편성 조치는 정치정세가 개선될 희망이 엿보였으나, 이 재편성의 실효는 거의 보이지 않았다. 예컨대, 총통이 국민정부 내에서 주요한 결정권을 가졌다 하여도, 실제로 총통이 실시하려는 일을 반대하는 반동적 세력이 주요한 정책을 작성하고 있었다. 4월의 정부기구 재편성 이후, 가장 중요한 변화는 천청(陳誠) 장군이 만주의 일반행정과 군사행정의 장관으로 임명되었다는 일이다. 현재 계획되고 있는 조치 속에는 입헌정부를 수립하기 위해 1947년 가을에 선거를 실시하려는 것을 포함하고 있으나, 현 정세로는 이 선거에 의해 현재의 국민정부 보다 더 민의를 대표한 중국 정부의 출현은 기대하기 어렵다.

나. 경 제

중국 경제는 내란과 물가 앙등의 영향으로 붕괴되고 있다. 현재의 경향에서 보는 최대의 가능한 결과는 경제의 급격한 붕괴가 아니고, 경제적인 마비상태가 계속되고, 그것이 점점 전파되어 그 결과 국민정부의 권위와 세력이 감퇴될 것으로 보인다. 과거 10년간의 전쟁으로 중국의 교통·통신시설·광산·공익사업 및 산업에 심각한 악화현상이 보인다. 약간의 칭찬할만한 노력과 미국의 커다란 경제원조에도 불구하고 앞에 말한 산업 전체의 능력은 겨우 전쟁 전의 절반에 지나지 않는다. 교통시설의 붕괴와 중국 북부의 대부분 및 만주를 상실했기 때문에 이런 비옥한 지역의 중요 자원은 중국 경제의 부흥과 지원에 이미 쓸모가 없는 형편에 놓였다.

중국의 물가 앙등은 고도로 공업화 된 국가의 경제에서 볼 수 있는 것처럼 급격한 혼란을 야기시키지 않고, 방대한 중국 군민軍民 사이에 서서히 펴져 갔다. 중국의 총인구 4억 5천만 명의 80%에 해당하는 농촌의 주민은 생활수준을 크게 낮추지 않고 식량을 지방의 수공업의 생산품과 물물교환을 하고 있다. 이러한 상황에서 중국 대부분 지역의 지방경제는 도시산업 붕괴의 영향을 거의 받지 않고 있다. 일부의 지방경제는 공산주의자의 지배하에 있고 또 어떤 지방에서는 느슨하게 지방 행정 당국의 통제를 받고 있다.

극단적인 물가 앙등의 주요한 원인은 장기간에 걸친 국가재정의 적자에 의한 것이다. 국영기업의 수입을 포함하여 현재 세입은 약 70%를 군사비에 지출하는 정부세출의 3분의 1에 지나지 않으며, 예산의 대부분은 새로 지폐를 발행함으로써 충당하고 있다. 1947년 상반기에 지폐의 발행고는 3배로 늘어났으나, 쌀의 가격은 7배로 뛰어 올랐다. 물가와 정부지출은 상승일로에 있으며, 새로운 화폐를 계속 발행하여도 물가의 앙등에 뒤따르지 못하는 상태이다. 물가가 이렇게 앙등하면 예산 수정은 불가피하다. 국민정부가 국가 재정상 긴급한 조치를 취해야 할 것은 군사 예산의 삭감이다.

중국이 외국에 가지고 있는 정부재산은 1947년 7월 30일 현재로 8억 2천 7백만 달러이다. 중국의 개인 소유 외국 환금 재산은 적어도 6억 달러, 합계 15억 달러에 달한다. 이러한 개인의 재산을 부흥의 목적으로 단호히 사용할 조치는 현재까지 취해지지 않았다. 중국인 각 개인이 중국에 가지고 있는 재산은 약 2억 달러의 금과 약 7천 5백만 달러의 미국 지폐가 포함되어 있다. 중국은 외국에 가지고 있는 정부 재산을 아직 사용하지 않고 있으며, 현재의 수·출입율에서 본다면, 1949년 초까지 아마 다 써버리지는 않겠지만, 계속되는 중국의 국제수지 적자는 중대한 문제가 되고 있다.

비현실적인 공식 환금율 때문에 중국과 세계의 시장에서 수출품의 가격에서 보이는 불균형은 노임과 다른 원가가 불균형으로 상승했기 때문에 중국의 수출은 대단히 불리한 상황에 있다. 엄격한 무역과 환금의 통제에도 불구하고 수입은 수출을 크게 앞지르고 계속 중국의 국제수지는 적자로 되어 있다.

중국의 금년 농산물의 예상 수확고는 썩 좋은 풍작이라고 한 작년보다 더 수확이 많을 것으로 기대된다. 농산물 수확에 대한 밝은 예상은 중국의 현재 경제정세 가운데 기뻐할 요인의 하나이다.

물가 앙등의 조건하에서 장기 투자는 중국 및 외국의 자본에 있어서 매력 있는 것은 아니다. 그래서 중국인의 개인 자금은 단기 대부, 상품의 사장, 그리고 자본의 도피로 흐르기 쉽다. 중국 국민 전체의 심리 상태는 투기적, 인플레적이며, 이것은 정상적인 산업계획을 방해하며, 산업의 회복을 불리하게 만들고 있다.

중국에서 외국의 기업활동은 환금과 수입의 통제에 관한 비능률적이고 부패한 행정, 차별적인 세법의 적용, 정부 통상기관의 권한 증대 및 산업의 국유화 경향으로 인해 불리한 영향을 받고 있다. 이것을 개선하기 위해 중국 정부는 일부의 개선책을 실시했으나, 그 노력은 일반적으로 열의가 보이지 않았다. 중국 정부가 1944년부터 1947년 사이에 취한 가장 기대를 걸었던 대對인플레 정책은 미국에서 빌려온 금의 공매였다. 이것으로 지폐를 흡수하여 상품에 대한 수요를 감소시키려고 의도했다. 그러나 계속되는 큰 적자 재정 상황하에서 금의 공매계획의 단 한 가지 효과는 물가의 상승을 약간 억제하였을 뿐이고, 달러 재산을 낭비하는 결과로 끝나고 말았다.

중국의 경제 상태를 안정시키는 계획은 1947년 2월에 실시되었다. 이 계획에는 노임의 동결, 여러 도시의 주요 노동자들에 대한 한정된 배급제도, 정부 공채의 판매가 포함되어 있었다. 그러나 그 효과는 대단히 미미한 것이었고, 노임의 동결은 곧 포기되었다. 1947년 8월 수출과 외국으로부터 중국으로 오는 송금을 촉진하기 위해 환금의 비현실적인 공식 환금율 대신, 외국 환금의 시장 자유화를 꾀하였다. 이것으로 수출의 촉진을 기대하고 있으나, 현재 그 효과에 대해서 말하는 것은 시기상조時機尙早이다.

물가 앙등을 극복하기 위한 장래의 수단으로서 새로운 은화의 발행이 제안되고 있다. 중국 정부가 이면에 아무 것도 쓰지 않은 화폐를 발행함으로써 예산의 적자를 보충하려고 계속한다면, 이 은화는 퇴장되고 물가의 상승은 계속될 것으로 보인다. 그래서 그 효과는 물가 앙등을 약간 일시적으로 지연시킨 1944~1947년의 금의 공매 경우와 마찬가지의 결과로 끝날 것이리라. 더욱이 이 제안은 미국이 적어도 2억 달러의 은의 차관을 주었을 경우에 한해서 실시될 수 있는 것이다.

건설 분야에서 중국은 교통, 광산 및 산업을 재건하기 위한 확장계획을 준비했다. 주로 어떤 특정한 철도와 방직업 부문에서 약간 부분적인 부흥의 발자취가 보인다. 그러나 자금, 기계 경험이 있는 관리, 감독 및 기술자의 부족으로 인하여 건설적 노력의 성과는 불리한 위치에 놓여져 있다.

1947년 8월 1일, 국회는 「경제계획의 기획」을 승인했다. 이것은 중국의 경제 재건을 포함한 총괄적 기획으로 보이나, 그 효과에 대해서 얘기하는 것은 아직 빠르다.

다. 사회·문화

국민교육은 중국이 전쟁 그리고 사회적 및 경제적 붕괴 때문에 입은 커다란 희생의 하나이다. 학교 건물을 비롯하여 교과서 및 다른 시설은 파괴되었으며, 이것을 어느 정도까지 회복시키기 위한 교육비의 지출은 현재로는 불가능에 가깝다. 교사는 다른 공무원과 마찬가지로 1개월의 월급으로 불과 2, 3일분의 쌀을 살 정도 밖에 되지 않는다. 이러한 상황은 많은 국민의 문맹을 없애 주는 초등학교로부터 국가의 기술자와 행정관 등 전문가를 양성하는 대학에 이르는 모든 교육기관에도 해당된다. 대학에서는 여기에 더하여 중요한 면, 즉 전통적인 학문의 자유가 위협을 받고 있다는 것이다. 항의 데모에 참가한 학생은 재판도 받지 못하고, 혹은 비난을 받아야 할 치안방해의 확실한 증거가 없어도 국민정부의 앞잡이에 의해 엄중하게 때로는 잔인한 처벌을 받고 있다. 대학의 교수들은 정부 당국자와 정치적 견해를 달리한다는 이유에서 해직당하거나 혹은 전문적으로 부적하다는 증거가 없는데도 공연히 채용되지 않는 경우가 때때로 있다. 이것과 비슷한 일은 정기 간행물이 확실한 이유의 제시도 없이 '군사보안의 이유'로 발간을 정지당하고, 새로운 편집방침을 강요당한 후 비로소 재발간이 허용된다는 것이다. 교육 및 다른 공적인 복지활동은 바라는 정도로 재개되자면, 공무원의 악습이 억제되고 중국 경제가 이러한 중요 활동의 비용을 충분히 지출할 수 있을 정도로 안정될 경우에 한해서 기대할 수 있을 것이다.

라. 군 사

국민정부의 전반적인 군사적 입장은 최근 수개월 간 악화되어 현재의 군사정세는 공산 측에 유리하다. 장 총통은 중국의 독립을 위해 무장 반란군과 싸우고 있으며 또 그는 공산주의자와의 문제는 무력에 의해서만이 해결된다는 신념이 동요動搖된 적은 한 번도 없었다. 국민정부군은 병력에 있어서 우세하지만, 전술상의 주도권은 공산 측이 쥐고 있다. 공산군 측이 선택한 요지와 지역을 파괴하기 위해 그들이 채택하고 있는 치고 도망가는 전술은, 병참선을 포함한 많은 요지를 방어해야 하는 국민정부군에 비해 공산 측에 결정적으로 유리한 조건을 주고 있다. 이러한 방위 업무를 담당하고 있는 많은 국민정부군이 행동의 자유를 박탈당하고 있다는 것은 명백하다. 이에 반하여 공산주의자의 전술은 완전한 행동의 자유를 가지고 있다. 국민정부의 만주에서의 입장은 불안정하여, 국민정부군은 이 지역의 극소 부분을 점령하고 있을 뿐이다. 또 산둥 성(山東省) 및 허베이 성(河北省)에 있어서도 공산군은 때때로 고립되어 있는 국민정부군의 수비대에 교란공격을 가하기 때문에 이 지역을 지배하려는 정부군의 활동은 크게 방해를 받고 있다.

현재의 군사정세를 실질적으로 개선하기 위해 국민정부군은 첫째, 전선을 안정시키고, 둘째로, 전투의 주도권을 회복해야 한다. 더욱이 국민정부는 국가 예산의 약 70%를 내란에 투입하고 있어서, 이러한 군사정세를 완화하기 위한 조치는 병력의 감축을 비롯하여 사회, 정치 및 경제의 개혁계획을 비롯하여 군대의 실전능력의 향상을 도모해야 한다는 것은 명백하다. 정부군을 재편성하고 활력을 회복하기 위해, 효과가 큰 조치가 취해지고 또 더욱 철저한 개혁이 계획되고 있으나, 정부군의 실전능력을 향상시키기 위해서는 장비에 관한 적절한 계획과 병참지원을 개선할 필요가 있다. 오늘날 중국의 산업 잠재력은 군대를 효과적으로 유지하기에는 불충분하다. 현재의 상태하에서 국민정부군은 내전에 승리할 수도 없고 또 국제사회의 일원으로서 중국의 의무를 수행할 수도 없다. 그래서 합리적인 성공의 전망이 보이는 작전계획을 실시하기 전에 먼저 해야 할 중요한 일은 군수품(가장 긴급한 것은 탄약)과 기술 원조의 형식에 의한 대외 원조가 필요하다. 국민정부에 대한 군사적 조언은 미 군사고문단을 통하여 참모본부의 수준에서 행해지고 있다. 장 총통은 이러한 조언과 감독을 일선부대와 훈련원, 특히 병참기관을 포함하여 범위를 확대해 줄 것을 본인에게 반복하여 강력히 바란다고 말했다.

미국이 국민정부에 대한 군사원조를 확대한다면, 아마도 소련은 중국 공산주의자에 대해 같은 군사원조를 공공연하게 혹은 비밀히(비밀의 경우가 많을 것으로 보이지만) 확대할지 모른다. 이데올로기 투쟁의 장소가 1935년 스페인 내란에서 보인 것처럼, 중국에서도 생겨날 것이다. 유럽과 중동에서와 마찬가지로 중국에서의 이러한 사태의 진전은 제3차 세계대전으로 급속도로 돌입할지 모르는 위험성이 언제나 존재하고 있다.

3. 한 국

가. 정 치

한국의 중요한 정치적 문제는 잠정적인 한국 정부를 구성하고, 한국을 4개 국의 신탁통치로 한다는 1945년 12월 모스크바 협정의 실행에 관한 것이다. 이 협정에 따라 미·소 공동위원회가 설치되어 이 위원회는 한국의 민주적 정당과 사회단체 전부로 구성된 연합체와 협의하는 것으로 되어 있었으나, 소련이 이것을 반대하였기 때문에 모스크바 협정의 실시는 1946년 사실상 막다른 골목에 닿았다. 소련의 의도는 미군의 점령지역에 있는 과격한 보수단체를 정부수립협의회로부터 다음의 새로운 한국정부에서 축출하고, 한국에 공산주의자가 지배하는 정권을 수립하려는 것이었다. 소련은 과격한 보수단체가 신탁통치에 공연히 반대하고 있다는 이유에서 이 단체의 한국정부수립협의회에의 참여에 반대했지만, 미국은 이 단체의 참여 자격을 박탈한다는 것은 한국인 대부분으로부터 그들의 정부에 관한 견해를 표명할 기회를 없애는 결과가 된다는 태도를 취했다.

마셜 국무장관과 몰로토프 외상 사이의 각서가 교환된 후, 미·소 공동위원회는 1947년 5월에 재개되었다. 이 각서에 의하면, 문제가 되었던 보수단체의 한국정부수립협의회에 참여하는 것을 시인하기로 했는데, 이전과 마찬가지로 보수단체가 신탁통치에 반대하고 있다는 문제에서 다시 막다른 골목에 닿았다. 8월 12일 마셜 국무장관은 미·소 공동위원회에 각서를 보내어, 양국 위원회의 공동보고나 혹은 미·소 위원으로부터 각각의 보고서 제출을 요청했으나, 소련 측이 회답하지 않아서 미국 측의 위원회는 8월 20일 단독 보고서를 워싱턴에 제출했다. 그리고 미국은 중국, 영국 및 소련에 대하여 한국문제에 관한 토의를 위해 4개 국 회의를 개최하자고 제안했는데, 중국과 영국은 동의했으나, 소련은 이를 거부했다.

한국문제는 국내적으로, 소련이 북한에 공산정권을 수립하고 또 미국에 대해 확실하게 적의를 가지고 있는 공산주의자들의 단체가 남한에서 음모를 꾸미고 있기 때문에 복잡하게 되었다. 신탁통치를 강력하게 반대하는 과격한 우익의 테러행위는 워싱턴의 지시에 의해 가능한 빨리 정부 각 부의 전면적인 행정책임을 한국인에게 이양하려고 노력하는 미국 당국자의 계획 실천을 언제나 방해하고 있다. 미국 당국자들은 이 계획에 따라 한국인에 의한 잠정적 입법회를 설치하고, 남한에서의 정치의 '한국인화' 정책의 실행에 노력하고 있다.

나. 경 제

남한은 원래 농업지역이어서 외부로부터의 원조가 없으면 그 경제를 지탱할 만한 경제적 자원을 가지고 있지 않다. 또 토지가 비옥하지 않아 식량뿐만 아니라, 비료도 수입해야 한다. 일반적으로 비료를 비롯하여 전력, 목재, 무연탄 등 기본적인 자원의 대부분은 북한에서 공급되고 있었다.

남한의 경제가 북한에 의존하고, 전쟁 전의 한국 전체의 무역이 일본과 만주에 의존하고 있었다는 것은 아무리 강조하여도 지나치지 않다. 한국이 북위 38도선에서 남북으로 분단되어 남북한 사이의 무역이 밀무역은 별도로 하고 전연 행해지고 있지 않기 때문에 남한의 경제 상태는 수 년 간에 있어서 최하 수준으로 떨어졌다. 수출을 상당한 정도로 확대하는 전망은 흐리다. 식량의 수출은 수 년 간 기대할 수도 없지만, 화학비료의 사용량을 증가한다면 약간 기대할 수는 있다. 남한의 빈약한 제조공업은 전쟁 전의 약 20%가 가동하고 있었지만, 오늘에는 생산을 축소하거나 혹은 가동을 멈추고 있다. 그 원인의 일부는 10년간에 걸친 정비의 소홀과 전쟁 중에 혹사한 당연한 결과이지만, 원료와 중요한 수리용 부분품이 없고, 적당한 관리자와 기술자가 대단히 부족하다는 것이 주된 원인이다.

천정 모르는 인플레이션은 아직 남한에서는 일어나지 않았다. 그 이유는 군정당국이 정부의 지출과 점령비를 합리적인 수준에서 지폐의 발행을 억제하고, 장치해 둔 기계에서 부분품을 빼내어 다른 기계를 수리하고, 일본인이 남겨둔 재고품을 사용하여 일부의 기계 설비를 가동시키며, 수확기 쌀의 증수가 도회지에서의 적당한 배급량을 유지하도록(미국에서 도입한 쌀과 합하여) 쌀을 확보하였기 때문이었다. 원료의 재고를 모두 사용하고 공익사업, 수송시설의 고장과 파손이 중첩되고, 북한으로부터의 전력 공급정지 등, 커다란 인플레의 요인이 동시에 일어날지 모른다. 따라서 남한의 경제에 대한 전망은 대단히 어둡다.

미군정 당국은 6억 4천만 달러의 차관을 요청하여, 1948년 7월부터 부흥 5개년 계획을 제안하고 있다. 예비적인 어림에 의하면, 이 계획에 의한 연간 부흥비는 1948년 회계년도에 잠정적으로 1억 3천 7백만 달러가 승인되고, 그 후 9천 2백 7십만 달러로 감소된 구제계획의 경비보다 상당히 더 많은 것이다. 개개의 부흥계획에 대한 그 경비와 가치에 대하여 예비적 어림을 실시하여 신중히 검토할 필요가 있다. 남한의 자립경제가 달성되리라고는 생각되지 않는다. 만약 미국이 남한을 유지하려는 정책을 선택하다면, 이 지역에 대한 원조는 구제하는 근거에서 실시되어야 한다.

다. 사회·문화

일본인을 추방한 후, 한국인은 그들의 옛 문화를 재건하려는 데에 열렬하고 또 끊임없이 바라고 있다. 그들은 국민교육에 특별하게 열성을 보이고 있다. 문맹자를 감소하려는 개인 및 집단적인 노력은 미군정 당국으로부터 칭찬을 받았다. 많은 학교 건물이 건설되고, 훈련된 많은 교사와 조언자가 양성되고, 한국어의 교과서가 발간되게 되면 훌륭한 성과가 구체적으로 나타날 것이다. 성인에 대한 시청각 교육에 목적을 둔 현재 미국인들의 교육활동은 삼가 하는 경향이지만, 그러나 합리적이고 효과적이다. 오늘날 남한의 보건과 공공의 복지활동은 일본의 통치시대와 마찬가지로 효과적으로 수행되고 있으며, 중한 병에 대한 예방대책은 아마도 일본의 통치시대 이상으로 잘 되고 있다. 한국인이 사회 개선에 아무리 열성을 가지고 있다 하여도, 사회개선을 위한 필요한 많은 금액의 경비문제를 곧 해결할 수는 없다.

라. 군 사

정치와 경제에서 유래하고, 38도선의 인위적인 경계선에 의해 악화된 한국의 군사정세는 미국의 전략적 이익에 있어서 잠재적 위험이 되고 있다. 남한에서 공산주의자가 선동하는 폭동과 혁명적 행동은 끊임없는 위협이 되고 있다. 그러나 한국인의 준군대準軍隊로 보충된 미군은 이러한 소란과 혼란에는 대처할 수 있다. 그리고 소련이 통제해서 행하는 공공연한 침략에는 대처할 수 없으나, 이런 침략은 현재로는 일어날 가능성이 없다. 남·북한에는 점령 목적을 위해 진주進駐한 미군과 소련의 병력은 거의 동수同數인 5만 명 이하이지만, 소련군 방식으로 장비되고 훈련된 북한 인민군은 약

12만 5천명이며, 미국이 조직한 1만 6천명의 남한 경비대(일본군의 소화기小火器로 무장) 보다 훨씬 우세하다. 소련이 그의 점령군을 북한에서 철수시키고, 남한으로부터의 미군 철수를 강요할 가능성이 짙으므로 북한 인민군은 남한에 대하여 잠재적 군사상의 위협이 되고 있다. 이러한 소련군의 철수사태는 소련이 만든 북한의 괴뢰정권과 군대가 소련군이 주둔하지 않더라도 소련의 목적을 실행하는데 신뢰할 만큼 교육·훈련되었다고 생각될 경우, 가능한 한 빨리 실행될 것이다.

미국은 이전에 필리핀 의용단과 같은 남한 의용군을 편성·무장 시키고 또 훈련시키는 것이 바람직하다. 이 부대는 미군 사령관의 통제 하에 두고, 장교 전원은 처음에는 미국인을 배속해 두었다가 후에 한국인으로 교체해야 한다. 이 부대는 미·소 양군이 한국에서 철수할 경우, 북한 인민군의 위협을 크게 약화시킬 것이며, 아마 남한에서의 공산정권의 강제적 수립을 저지하고, 남한의 자유와 독립에 기여할 것으로 생각된다.

4. 결 론

세계의 자유를 사랑하는 여러 국민의 평화적 목적은 제2차 세계대전을 가져온 것과 마찬가지의 불길한 정세의 진전 때문에 지금 위태로움에 놓여 있다.

소련과 그들의 위성국은 이러한 사태에 있어서 융화적 혹은 협조적 태도를 나타내고 있지 않다. 따라서 미국은 자유를 수호하기 위한 방파제를 건설하고 유지하기 위해, 또 미국의 전략적 이익을 보호하기 위해 현실적인 행동을 취하지 않을 수 없게 되었다.

대부분의 중국인 및 한국인은 공산주의를 받아들일 마음이 없으며, 또 이데올로기에도 관심이 없다. 그들이 바라는 것은 식량, 은신처 그리고 평화롭게 사는 기회이다.

가. 중국

확대되고 있는 중국의 내란은 세계평화에 위협이 되고 있다. 미국이 반복해서 행한 내란 조정의 노력은 무익하다는 것이 증명되었다. 전투행위를 빨리 종결시키기 위해서는 적극적인 수단을 취할 필요가 있다는 것은 분명하다. 복잡하고 불길한 내란을 해결하는 가장 논리적인 방법은 이 문제를 국제연합에 맡긴다는 것이리라.

미국이 세계평화에 있어서 없어서는 안 된다고 생각하는 원칙에 대해 공산주의자가 공공연하게 적의를 나타내고, 적극적으로 반대하고 있는 것으로 보아, 중국 공산주의자가 지배하는 중국은 미국의 이익에 해로운 것이 되리다.

중국 공산주의자는 전반적인 군사정세에 있어서 전술적 주도권을 가지고 있다. 국민정부의 입장은 만주에서 불안하고, 산둥성과 허베이성에서는 강력한 저항을 받고 있다. 정세가 계속 악화된다면 만주에는 소련의 위성정권이 빨리 수립되고, 최종적으로 공산주의자가 지배하는 중국으로까지 진전할 것이다.

중국은 분열로 인하여 점점 곤경에 직면하고 있다. 중국의 부흥에는 많은 것이 필요하다. 중국이 빨리 실시해야 할 일은 정부기구의 재편성과 개혁, 군사 예산의 삭감 및 외국의 원조가 포함되어 있다.

원조계획은, 그것이 효과적으로 운용된다면 공산주의자의 세력 확대에 대한 저항이 되고, 또 중국에 서서히 안정을 가져오는데 기여할 것이리라.

중국인의 기본적 자유는 경찰 당국의 앞잡이가 극단적인 억압을 가함으로 인해서 위험에 직면하고 있다. 국민정부에 대한 국민의 신뢰는 악정과 부패 때문에 잃고 있다. 중국에 대한 미국 원조는 과감한 정치적·경제적 개혁조치가 강구될 때까지 그 원조 목적을 달성할 수 없다.

그렇다 할지라도 8년간에 걸친 전쟁으로 인하여 중국이 입은 손해, 공산주의에 저항하는 무거운 짐, 연합국에 가담하여 바친 희생을 이해한다면 국민정부가 개선하려는 노력의 결과가 대단히 불만족스럽다 해도 국민정부에 대한 비난은 누그러져야 할 것이다.

미국의 원조계획은 특정한 경제적·군사적 분야에서 미국 조언자들의 감독 하에 가장 효과적으로 수행되게 될 것이리라. 이러한 원조계획은 중국이 물질적 원조뿐만 아니라, 조언자의 지원도 요청했을 때만이 실시될 수 있다.

나. 한 국

한국의 정치·경제 및 심리적 정세는 농업지대의 남한을 공업화된 북한으로부터 분리시키고 있는 38도선의 인위적인 경계선 때문에 커다란 불리한 영향을 받고 있다.

남한의 경제 상태는 위험이 따르고 있고, 농업은 쇠약해 있으며, 다른 자원은 결핍되어 있다.

남한에서의 자립경제의 건설은 실현성이 없다. 따라서 미국의 원조에는 최소한의 자본투자를 포함하여, 주로 구제의 관점에서 원조에 필요한 품목을 선정할 필요가 있다.

공산주의자의 앞잡이 노릇을 하는 한국인은 남한에서 불안한 정세를 만들어 혼란을 야기시키고 있다. 과격한 우익단체에 의한 테러행위와 방해활동은 이러한 정세를 더욱 악화시키고 있다.

미·소 공동위원회는 지금까지 두 번이나 장벽에 부딪혀, 아무런 성공의 희망이 보이지 않기 때문에, 지금 국제연합은 4개 국의 신탁통치하에 기능을 발휘하는 잠정적 한국정부를 설립하는 적당한 매개기관인 것처럼 보인다.

소련이 북한에서 점령군을 철수시킬 경우, 미국은 남한을 계속 점령할 것인가에 관하여 결정을 해야 할 상황에 직면할 것으로 생각된다. 이러한 상황은 소련군이 주둔하지 않더라도 북한의 인민정권과 군대가 공산주의의 목적을 충분히 실행할 수 있는 체제를 확립할 경우 일어날 것으로 생각하는 것이 타당할 것이다.

미군의 통제 하에, 또 미군 장교 하에 북한으로부터의 위협에 대처할 수 있는 병력을 가진 한국 의용군을 창설한다는 것은 미군과 소련군이 한국에서 철수한 후, 남한에 공산정권이 강제적으로 수립되는 것을 방지하는 데 필요하다.

5. 건 의

다음과 같이 건의를 한다.

미국 정부는 선언된 국제연합의 원칙에 따라, 세계평화의 조속한 확립에 기여함과 동시에, 오늘날 위협을 가하고 있는 호전적인 세력으로부터 미국의 전략적 이익을 보호하기 위해 가능한 한 빨리 중국과 남한에 대하여 정신적, 물질적 원조 및 조언을 제공할 것.

이 보고서에서 제안되고 있는 미국의 정책과 행동은 미행정부의 관계기관에 의하여 다른 국제적 조약과 함께 충분히 종합적 견지에 서서 검토되어야 한다. 공급하는 대외원조가 미국의 경제를 위태롭게 하는 것을 피해야 한다는 것은 당연하다.

가. 중 국

미국은 양국 정부의 대표가 의논한 합의에 따라, 다음 조건에 의해 중국 영토의 통일성을 보호하고, 중국의 회복을 촉진하기 위해 우호적인 중국 원조를 계속할 것을 조치할 의향임을 중국에 통보할 것.

•중국은 미국에 대하여 물질적·정신적 원조를 증대해 줄 것을 요청하는 내용을 곧 국제연합에 통보한다.

•중국은 만주에서의 전투행위를 중지하고, 만주를 5개국의 보호관리 하에 두든지 혹은 그것이 불가능하면 국제연합 헌장에 따라 신탁통치하에 둘 것을 긴급 조치로 취해 줄 것을 국제연합에 요구한다.

•중국은 자신의 자원을 경제 재건을 위해 효과적으로 사용하고, 국가예산의 적자를 감소하기 위해 적절한 재정정책에 착수한다.

•중국은 긴급히 실시할 필요가 있는 정치 및 군사상의 개혁을 실시하고 있다는 증거를 언제나 제시할 것.

•중국은 기대하는 바의 방법으로 미국의 원조물자가 이용될 수 있도록 중국을 원조하기 위해 특정한 군사적·경제적 부문에, 미국 정부의 책임 있는 대표를 조언자로 받아들인다.

나. 한 국

미국은 모스크바 협정에 따라 잠정적 한국정부의 조속한 수립을 위해 계속 노력함과 동시에, 남한의 정치·경제 및 군사정세의 개선에 대하여 필요한 지원을 제공할 것.

따라서 다음과 같이 건의한다.

•미국의 한국에서의 철수는 소련도 이와 비례해서 철수를 실시한다는 협정에 기반을 두고 시행하는 동시에, 한국의 자유와 독립을 보장하기 위해 가능한 한 많은 안전보장 조치를 강구할 것. 이와 같은 안전보장 조치를 지원하는데 충분한 군사원조를 공급하고 또 이 군사원조의 공급에 관해서는 다음 사항을 고려해야 한다.

▴ 한국 국립경찰과 한국 해안경비대에 대해 무기와 장비를 계속 미국에

서 공급한다.

- 북한으로부터의 위협에 대처하기 위해 현재의 경비대 대신, 미국인을 장교로 한 충분한 병력을 가진 한국 의용군을 창설할 것.
- 한국에는 당분간 미군부대가 계속 주둔할 것.
- 기술전문가와 전술부대의 훈련에 대해 조언을 할 것.♣

제 2 부

'웨드마이어 회고록'에 대한 논평과 한국안보에 대한 단상斷想

Ⅰ. '웨드마이어 회고록'에 대한 논평※

웨드마이어 장군은 회고록, 『웨드마이어는 보고한다!』(*Wedemeyer Reports!*, 1958)의 제28장 맺음말에서 다음과 같이 말했다.

> 성서에도 적혀있는 것처럼, 여러 가지 동기로부터 많은 사람들은 끝없이 저술을 하게 된다. 나는 역사적 지식에 조금이라도 기여하고자 하는 희망에서 또한 나의 경험과 견해가 현재에 대한 더 바람직한 이해와 장래에 활용되는 전략의 수립에 공헌하기를 기대하면서, 이 책을 저술한 것이다. 철혈鐵血수상 비스마르크(Otto von Bismarck, 1815~1898)는, "어리석은 자는 경험에 의해 배우지만, 현명한 자는 타인의 경험에 의해 배운다"고 현명하게 말했다.

웨드마이어 장군은 제2차 세계대전에 있어서 루스벨트(1882~1945) 대통령, 처칠(1874~1965) 수상, 마셜(1880~1959) 장군 및 그의 중국에서의 전임자 스틸웰(1883~1946) 장군 등에 관한 일과 체험한 것을 얘기했는데 거기에 대해 필자는 논평을 하고자 하며, 특히 1942년 12월 일본 해군의 진주만 기습사건을 읽으면서 6·25전쟁을 연상하지 않을 수 없었다. 그리하여 40여 년간 이 책을 번역하지 못했는데, 이 문제는 차후 밝혀보려고 한다.

영국의 사학자 카(E. H. Carr, 1892~1982)는 그의 저서 『역사란 무엇인가』(*What is History*, 1961)에서, "나는 지난 강연에서 역사를 과거와 현재의 대화라고 말씀

※ 『軍事評論』(제425호, 2013. 10. 합동군사대학교)에 게재한 것을 보완한 것임.

드렸습니다만, 오히려 역사는 과거의 여러 사건과 점차적으로 우리들 앞에 출현하게 될 미래의 여러 목적과의 대화라고 말씀드렸어야 했을 것입니다. 과거에 대한 역사가의 해석도, 의의 있는 것과 적절한 것의 선택도, 새로운 목표가 점차적으로 출현함에 따라서 진화되어 나아가는 것입니다"고 했다. 역사란 과거를 연구하는 학문이지만 미래와 깊은 연관이 있다는 견해를 밝혔다. 필자도 이 문제에 대해 곰곰이 생각하여 다음과 같이 풀이해 보았다. "역사란 지난날 인간생활에서 일어난 여러 가지 일의 인과관계因果關係의 진실을 밝히고, 그것으로 현실을 이해하는 자료로 삼고 또 후세에 넘겨주어 교훈으로 삼게 함으로써 삶을 유익하게 하는 학문이다."

요즘 와서 학생들의 역사교육을 강화하기 위해 국사를 대입 수능 필수과목으로 지정하는 방안에 대해 논란이 커지고 있지만, 자기 나라 역사와 교훈을 모르는 국민을 육성해서 장차 어떻게 하자는 말인가. 예컨대 6·25전쟁이 몇 년도에 일어났는지 또 누구에 의해서 일어났고 그 결과가 어떻게 되었는지 무관심한 세대가 과연 대한민국을 이끌고 나아갈 수 있겠는가? 심지어 전교조 교사들은 어린학생들에게 6·25전쟁은 한국군이 북침을 해서 일어났다고 가르치고 있다고 하는데, 정말 한심스러운 세태가 나타나고 있는 오늘날의 현상이라 하겠다.

1. 웨드마이어, 마셜 장군에 의해 발탁되다

웨드마이어는 1934~36년까지 육군대학에서 교육을 받고, 계속하여 나치·독일에 유학하여 육군대학에서 1936년~38년까지 2년간 교육을 받았다. 거기서는 1학년에서 2학년이 될 때 휴가를 얻는 것이 아니라 '부대근무'를 명받았다. 학생들에게는 부대지휘관이나 참모의 임무가 부여되고, 육군대학에서 배운 이론을 실제로 응용해 보는 것이었다. 매년 여름이 끝날 무렵,

학생들은 가을연습에 참가하기 위해 대부대에 배속되었다. 이런 방식으로 학생들은 완전한 실제훈련의 경험을 얻었다. 특히 군사사(military history)에 대해 훌륭한 교관으로부터 가르침을 받았고 또한 깊은 사고思考가 필요한 일련의 대전략(Grand Strategy)의 강의에서는 지리학, 심리학, 인구 통계학, 경제 및 정치가 전략상 어떤 영향을 미치는가에 대해 생각하게끔 교육을 받았다.

웨드마이어는 2년간의 독일 육군대학의 유학을 마치고 귀국한 후, 미국과 독일의 육군대학 교육의 비교에 관하여 검토할 것을 요구받았다. 그는 100쪽에 달하는 보고서와 독일 육군대학의 조직·기능뿐만 아니라, 기계화사단, 공정사단, 대전차부대 등을 사용하는 새로운 독일 전술개념에 대해 설명했다. 기계화사단, 공정사단 및 대전차부대는 당시 미 육군에는 존재하지 않았다. 그는 스스로 참모총장 크레이그 장군과 참모본부의 관계부처에 독일 유학에 관하여 보고했으나, 그들은 군사문제 이외의 사항에 관해 질문함으로써 그를 실망케 했다. 즉 히틀러의 이상야릇한 버릇, 나치의 유태인 박해, 괴벨스와 괴링의 연애사건에 관한 여러 가지 질문은 받았으나, 독일군의 전략·전술, 전력戰力, 군사훈련, 조직 등에 관해서는 거의 질문을 받지 못했다.

그러나 참모본부 전쟁계획처장인 마셜 준장은 다른 사람들과는 달리 웨드마이어를 기쁘게 했는데, 마셜 장군은 그의 보고서를 주의 깊게 읽어주었다. 웨드마이어가 그의 방에 갔을 때, 그의 책상에는 웨드마이어가 제출한 보고서가 놓여있었다. 웨드마이어와 마셜 장군은 독일에 관하여 수 시간 동안 얘기를 나누었다. 마셜 장군은 점심시간에 그를 불러 함께 식사하면서 시작한 얘기는 오후에도 계속되었다. 마셜 장군은 그가 상상한 것 이상의 관심을 보여주었고 또 그들은 서로 공감하는 것을 발견했다. 마셜 장군과의 첫 면담 후, 이것이 인연이 되어 1년이 조금 지난 1941년 초에 그는 미국의 전쟁계획을 수립하는 업무를 담당하게 되는 참모본부의 전쟁계획처로 보직을 받게 되어 「승리의 계획」 입안자가 되었는데, 마셜 장군은 1939년 9월 1일 육군 참모총장으로 영전되어 있었다.

마셜 장군은 웨드마이어에게 호감을 가지고 있었다. 언제인가 마셜은 조급히 쓴 메모를 들고서 그의 부관을 향해, "이 메모를 전쟁계획처의 다리가 후리후리하게 긴 소령에게 가져가서 고쳐오게. 그는 쓰는 방법을 알고 있을 터이니." 하고 말했다. 마셜 장군은 이 엉터리 문장의 기안자가 웨드마이어 소령이라는 것을 알지 못했다. 부관은 웨드마이어가 기안자라는 것을 알고 있었지만 말하지 않고, 웨드마이어를 놀리면서 메모를 돌려주었다. "참모총장은 이 문장이 엉터리이니 당신이 고칠 것을 명했네."

웨드마이어는 이 메모의 내용에 대해 약간의 배열을 고치고 격조를 높이기 위해 긴 단어를 붙였지만, 기본적 구상은 그대로였다. 후에 마셜 참모총장은 웨드마이어 소령의 메모를 읽고서 부관에게 "보란 말이야, 문장이란 이렇게 쓰는 법이야."라고 말할 정도로 마셜 장군은 각별히 웨드마이어의 능력을 신임하고 있었다.

웨드마이어 중령은 1942년 4월 마셜 참모총장의 부관이 되어 그가 영국해협 횡단작전을 영국측에 제안·설명하는 것을 도왔고, 6월에는 대령으로 진급하고 1개월 후인 7월에는 준장으로 진급했는데, 아마도 웨드마이어는 전략계획처장으로 승진한 것으로 추정한다. 그는 1943년 1월 7일 전쟁목적으로 '무조건 항복'에 대한 견해를 발표했고, 1943년 9월에 소장으로 진급하여 10월에는 인도의 마운트배튼 사령부에 부임하기 위해 뉴델리로 갔다. 그는 워싱턴에서 인도로 좌천된 것으로 생각했는데, 그 이유는 본심을 곧장 털어놓는 자기의 성격과 아첨꾼을 대단히 싫어했기 때문이라 진단했다.

2. 일본군의 진주만 기습작전의 진상

웨드마이어 장군의 견해에 의하면, "루스벨트 대통령은 국민에게 두 번 다시 미국의 아들들이 외국의 전장으로 보내지는 일은 없으리라고 여러 번 약속했으나, 제2차 대전의 진전과 함께 미국의 대규모 생산력이 전면적 승리를 획득하기 위해 동원되고, 미국의 아들들이 다시 세계 각 지역의 전장에 파견되어 희생한다는 실망적인 사태가 생겼다.…루스벨트는 독일에게 대미선전對美宣戰을 하게끔 취했던 극단적인 도발행위도 실패하고, 미국 국민의 대다수의 참전 반대의 결의도 굳고, 미국 의회에서 선전포고宣戰布告의 동의도 얻기 어려울 것이라 여겨, 그는 눈을 태평양으로 옮겼다. 실제로 일본을 강요하여 대미 선전포고를 하도록 외교적, 경제적으로 일본을 압박하는 것이 가능한 상황이었기에 만약 그렇게 한다면, 일본은 독일만큼 참지 못할 것으로 생각했다. 미국은 일본이 체면을 잃지 않고는 현재의 지점에서 철퇴할 수 없는 타협의 여지가 전연 없는 제안을 일본측에 강요했다."

웨드마이어는 미국이 일본측에 '타협의 여지가 전연 없는 제안'을 명시하지 않았으나, 그것이 유명한 「헐 노트」이다. 1941년 11월 26일 헐(Cordell Hull) 국무장관은 일본의 노무라 기치사부로(野村吉三郎) 대사를 불러 일본과 미국 간의 분쟁을 해결하기 위한 미국의 제안을 명시한 통고(사실상의 대일 최후통첩)를 했으며, 그 내용은 아래와 같다.

① 일본은 중국으로부터 모든 부대를 철수시키고, 중일전쟁에 있어서 완전한 패배를 인정할 것.

② 일본은 베트남으로부터도 마찬가지로 철수하고, 경제봉쇄에 굴복했다는 것을 암암리에 시인하며, 금후 베트남의 주권을 침범하지 않고 이를 존중할 것.

③ 일본은 필리핀, 시베리아, 인도네시아, 중국, 태국이 공격받지 않도록 보장하는 실제 효력이 있는 다변적 불가침 조약에 참가할 것.

④ 일본은 중국과 만주에서 일본이 만든 괴뢰정권을 폐지하고, 중국에 있어서 장제스(蔣介石) 정부 이외의 어떤 정권도 지지하지 않는다는 것을 미국에 공약할 것.

⑤ 일본은 독일·이태리와의 삼국동맹 조약에 규정된 독일과 이태리에 대한 의무를 사실상 폐기할 것.

이 「헐 노트」를 교부하기 하루 전인 11월 25일, 루스벨트 대통령은 주요한 측근들과 중대한 회의를 열었으며, 거기에는 헐 국무장관, 스팀슨 육군장관, 노크스 해군장관, 마셜 육군참모총장, 스타크 해군작전부장이 참석했다. 이 회의에서 토의된 내용은 진주만의 진상을 규명하는 데 중요한 자료가 된다.

- 루스벨트 대통령은 곧장 대일관계對日關係를 의제로 삼았다. 헐 국무장관은 일본이 공격의 태세를 취하고 있으며, 언제 어디서 공격해 올지 알지 못한다고 말했다. 그러자 대통령은, "일본은 예고 없이 기습공격을 감행하는 것으로 악명이 높은데, 우리는 아마도 내주 월요일 공격을 받게 될지 모른다"고 말했다.
- 한 가지 문제가 우리들을 크게 괴롭히고 있었다. 만약에 적이 공격해 온다는 것을 알고 있는 경우, 적이 기선을 잡아 덤벼드는 데 팔짱을 끼고 기다린다는 것은 현명치가 못하다. 그러나 우리들은 일본군에게 최초의 한 발을 발사시킨다는 것은 위험은 있으나, 미국 국민들로부터 전폭적인 지지를 얻기 위해 일본군에게 먼저 공격을 허용하여 누가 봐도 어느 편이 침략자인가를 조금도 의심할 수 없게 한다는 것이 좋다고 하는데 이해했다.

스팀슨 육군장관은 11월 25일의 일기에 이 문제를 다음과 같이 기록했다. 즉 "문제는 어떻게 그들(일본군)을 다루어, 우리들에게 과대한 위험을 미치지 않고, 그들에게 최초의 한 발을 발사케 하는 입장으로 몰아붙이는가 하는 것이 어려운 주문注文이다." 루스벨트 대통령이 어떠한 책략을 구사하여 전쟁에 개입하고자 했던가 하는 그 전모와 진상을 보여주고 있다.

한편 일본정부는 11월 28일 「헐 노트」를 접하고 통수부 연락회의를 열어 검토한 결과, 이것을 일본에 대한 최후통첩으로 받아들이고 자존자위自存自衛를 위해 개전을 하지 않을 수 없다며, 모든 참석원의 의견이 일치했다. 천황은 미국과의 전쟁의 주역은 해군작전이니, 의견을 묻고자 11월 30일 저녁에 나가노(長野) 군령총장軍令總長과 시마다(島田) 해군대신海軍大臣을 불러 개전에 대한 해군의 소신을 질문했다. 나가노 총장은, "일단 명령이 내려지면 예정한 대로 진격합니다. 우리의 기동부대는 쿠릴열도를 출항하여 진주만의 서쪽 1,800해리에 육박하고 있습니다." 하고 대답했다. 이리하여 12월 1일의 어전회의를 거쳐 12월 8일 오전 0시 이후, 미국·영국·네덜란드에 대해 개전키로 했다.

일본 해군의 나구모 주이치(南雲忠一) 중장이 지휘하는 기동함대는 함재기 414대를 탑재한 6척의 항공모함을 중심으로 전함 2척, 중순양함 2척, 경순양함 2척, 구축함 9척, 유조선 8척 등으로 편성되어 있었다. 일본의 함재기는 12월 7일 07 : 55분 히컴 및 휠러 비행장 그리고 전함 등을 공격했다. 8척의 전함 가운데 2척만 제외하고 나머지는 침몰하거나 크게 파손을 입혔다. 일본군의 전과는 항공기 폭파 188대, 파손 159대, 인명손실은 전사 3,303명을 포함한 총 4,575명이었다. 반면 일본군의 손실은 항공기 19대, 소형 잠수함 5척 등이었다.

필자는 1975년 8월 하와이의 전적지를 답사했는데, 당시 침몰한 전함 '애리조나'에는 장병 1,077명의 시체를 그대로 두고, 거기에다 기념관을 설치하여 전사자의 명단을 기록해 둔 것을 감명 깊게 보았다. 그리고 당시의 호외신문, "기억하라 진주만!"(Remember Pearl Harbor!)이 수록된 신문도 판매하고 있었기에 구입했다.

웨드마이어에 의하면, "워싱턴의 해군 통신부 통신보안단장 사포드 대령 및 육군성 통신정보부로부터 일본의 선전宣戰이 통고된다는 확실한 첩보를 얻었고, 일본 해군기의 공격 3시간 전에 기습 공격이 가해진다는 것을 알았다. 루스벨트 대통령은 라디오 방송을 통해 미국 국민에게 경고할 수 있는 충분한 시간 여유가 있었다. 이러한 경고는 아마도 일본으로 하여금 기습공격을 멈추게 했을지 모른다. 그랬더라면 반격의 기회도 주지 않고 3,500여명의 미국 장병들을 하와이에서 죽이지 않아도 되었을 터인데…"

전함 애리조나 호 기념관

일본 해군의 하와이 기습작전은 루스벨트 대통령이 제2차 세계대전에 개입하기 위한 책략이 적중된 사건이요, 이로써 미국은 국민의 전폭적 지지를 받고 당당하게 전쟁에 개입할 수 있었다. 그런데 웨드마이어는 루스벨트 대통령이 국민들에게 기습공격 직전에 라디오 방송으로 경고하지 않았다고 비난하는 이유는 무엇일까? 그의 관점은 미국의 수뇌자들은 어떻게 일본을 궁지에 몰아 미국에 선제공격을 유도케 하는가에만 관심이 있었지, 무엇 때문에 제2차 대전에서 싸우는가는 알지도 못했고 또 알려고 하지 않았다고 문제를 제기하면서 루스벨트 대통령을 비난했다고 필자는 논평한다. 즉 영국과 미국의 지도자들은 도대체 무엇을 위해 싸우고 있는가, 그 목적을 알지 못하고 또 그것을 알려고도 하지 않았기에 독일과 일본을 군사적으로 격파함으로써, 새롭고 더 위험한 적을 육성하는 결과가 되고 말았다. 스탈린은 처칠이나 루스벨트와는 반대로 나치 독일을 격파할 뿐만 아니라, 다른 목적을 가지고 있었다. 스탈린은 대규모의 살육과 파괴를 동반하는 대전쟁의 과정에서 진공지대가 발생한다는 것을 알고, 전쟁 종결에 있어서 확실하게 정치적·경제적·심리적인 여러 목표를 달성하는 지위를 획득하려고 결심하고 있었다. 스탈린은 전쟁에서 승리를 획득했을 뿐만 아니라, 발칸반도와 서유럽의 모든 지역을 공산화하기 위해 유리한 조건을 만들고자 생각했기에 스탈린만이 참다운 전쟁의 승리자가 되었다는 것이다.

필자는 2000년 1월 26일, 도쿄(東京)에 소재한 일본 방위청 방위연구소 전사부戰史部의 강당에서 「태평양 전쟁사관太平洋戰爭史觀」이라는 제목으로 강연을 하면서, 일반적으로 진주만 작전은 미국이 예상치도 못한 기습작전의 대성공 사례로 알고 있지만, 루스벨트 대통령의 책략策略으로 일본으로 하여금 전쟁을 도발케 했고 또한 암호의 해독으로 사전에 기습작전을 알고 있었으나, 군부·국민들에게 알리지 않았다고 말했다. 한 전사연구자는 "어떤 자료에 근거를 두고 말하는 것인가?" 하고 질문하기에, 웨드마이어 장군의 『웨드마이어는 보고한다!』(*Wedemeyer Reports!*)를 소개해 주었다.

그런데 그해 12월에 스티넷트(Robert B. Stinnett, 1924~)의 『기만의 날—루스벨트와 진주만의 진실—』(*Day of Deceit – The truth about FDR and Pearl Harbor–*, 2000)이 발간되었다. 그는 진주만 기습사건 때 고등학교 학생이었으나, 1942년 졸업과 동시에 해군에 지원 입대하여 전공을 세워 훈장을 받았다. 전후 오클랜드·트리뷴 신문의 기자생활을 했고, 1986년 이 책을 집필하기 위해 퇴사했다. 그는 '첩보의 자유법'(Freedon of Information)에 의해 지금까지 추측을 벗어나지 못한 문제와 생존하는 증인의 회견 그리고 방대한 사료史料를 바탕으로 집필을 완성했다.

지금까지 많은 일본인들은 진주만 공격으로 향한 일본의 기동함대는 엄격한 '무전봉쇄'를 실시했기 때문에 미군측 모르게 12월 7일 진주만 북방의 공격지점에 도착하여 공격기의 발진에 성공했다고 알고 있었다. 그러나 사실은 전연 그렇지 않다. 즉 11월 말부터 히토가쓰부 만(單冠灣)에 기동함대가 집결한 시점부터 미군측은 일본 기동함대의 동향을 포착했는데, 일본측이 허술하게 발사한 전파를 방향 탐지기로 정확하게 파악하고 있었다는 것이 판명되었다.

진주만 기습으로 하와이의 태평양 함대사령관 킴멜 대장과 육군사령관 쇼트 중장은 그 책임을 물어 직위 해제와 소장으로 강등되었으나, 2000년 10월 11일 미국 하원은 처분을 받은 두 사령관의 명예를 사후에 회복하는 결의를 채택했다. 결의는 워싱턴의 정부 수뇌들이 일본군의 동향에 관한 정보를 현지에 보내지 않은 것이 미군 패배의 원인이며 현지 사령관에게는 책임이 없다고 했다.

1898년 4월 미국은 스페인에 대해 선전포고를 했다. 2월에 스페인이 지배하고 있었던 쿠바의 아바나 항에 정박한 미 군함 메인 호에서 폭발사고가 일어나 승무원 360명 가운데 260명이 사망하고 전함이 침몰한 사건이 전쟁의 불씨였다.

배후로 지목받은 스페인은 완강히 부인했지만, 미국 언론은 '메인 호를 기억하라!'며 국민감정을 부추겼다. 결국 일방적 승리로 전쟁을 끝낸 미국은 스페인의 식민지인 필리핀, 괌 등의 영토를 획득했다. 그런데 메인 호의 폭발 원인은 여전히 비밀에 가려져 있다. 1976년 미 해군 제독은 내부 폭발 가능성을 제기했으나, 1998년 「내셔널지오그래픽」 조사에서는 기뢰에 의한 폭발 가능성을 추정했다.

전쟁의 원인(cause)에 대해서는 아직 확실한 증거를 발굴하지 못한 상황이지만, 전쟁의 경과(course)와 결과(consequence)를 봤을 때, 전쟁의 원인은 미국이 스페인의 식민지인 필리핀 등을 탈취하기 위한 '내부 폭발'의 음모로 필자는 추정한다.

3. 전쟁목적은 '무조건 항복'이다

1943년 1월 모로코에서 개최된 미국과 영국 거두의 카사블랑카 회담의 마지막 기자회견에서 루스벨트 대통령은, 전쟁 종결의 조건(전쟁목적)으로 독일과 이탈리아, 일본측에 '무조건 항복'(unconditional surrender)을 요구하기로 결정했다고 발표했다.

웨드마이어에 의하면, '무조건 항복'의 문제가 미군 최고 수뇌들과 루스벨트 대통령 사이에서 어떻게 처리되었는지 그는 알지 못할 뿐만 아니라, 사료史料도 없고 다만 그가 적어두고 보관하고 있는 메모뿐이라 했다. 1943년 1월 7일 백악관에서 대통령이 참석한 가운데 군 최고 수뇌들이 회의를 하면서 최초로 '무조건 항복'이라는 얘기가 등장했고, 카사블랑카 회담에서 토의 대상이 될지 모른다고 마셜 참모총장은 웨드마이어 장군에게 알려주었다.

카사블랑카 회담에서 어느 날 딘 사무국장이 웨드마이어의 방에 들어와서 '무조건 항복'에 대해 그의 견해를 물었다. '무조건 항복'은 독일 국민을 최후의 한 명까지 싸우게 만들 것이라고 대답하고 그는 걱정이 되었는데, 그 이유는 독일에는 히틀러를 타도하고자 하는 사람들이 많다는 것을 확신하고 있었기 때문이었다. 따라서 '무조건 항복'의 요구는 역으로 독일 국민들을 결속시킬 것이라 했고 또한 마셜 참모총장의 요청에 의해 군 수뇌들에게도 발표했는데 논쟁의 대상이 될 문제가 아니었다.

필자는 이 내용을 읽으면서, 미국의 최고 군수뇌자들 뿐만 아니라, 웨드마이어 장군은 독일 육군대학에서 2년간 수학했는데도 클라우제비츠의 『전쟁론』(1832)을 읽지 않았구나 하는 생각이 들었다. 왜냐하면 『전쟁론』에는 전쟁목적과 군사목표를 분명히 밝혀놓았기 때문이며, 그 내용은 다음과 같다.

전쟁에 의해, 전쟁에 있어서, 무엇을 달성하려고 하는 이 두 가지 질문에 대답하지 않고서 전쟁을 개시하는 사람은 없을 것이다. 또한 당사자들이 현명하다면 전쟁을 개시해서는 안 될 것이다. 이 질문의 첫째는 목적(purpose)이고, 둘째는 목표(objective)에 관한 것이다.

이 두 가지의 주요 사항에 의해 군사적 행동의 일체의 방향, 사용해야 할 수단의 범위, 전쟁을 수행하는 힘의 정도가 규정된다. 그리고 전쟁계획은 군사적 행동의 극히 사소한 말단에까지 그 영향을 미친다.(Ⅷ-2)

클라우제비츠에 의하면, 전쟁에 의해서 달성하고자 하는 것이 '목적'(전쟁목적)이고, 전쟁에 있어서 달성하고자 하는 것이 '목표'(군사목표)라 했는데, '무조건 항복'은 군사목표이지, 결코 전쟁목적이 될 수 없다는 것을 웨드마이어는 주장했어야 했다. 그러나 '무조건 항복'을 상대편에게 강요하기 위해서는 적군의 철저한 타도와 군수산업 시설의 파괴 등이 전제되어야 하기 때문에 적의 저항력을 단결시킨다는 웨드마이어의 지적과 우려는 탁견卓見이라 하겠다.

'무조건 항복'을 위해 적을 끝까지 분쇄하고야 만다는 것은 클라우제비츠의 '절대전쟁'(absolute war)의 개념이며, "이런 전쟁에 접근함에 따라 또 전쟁의 범위가 다수의 교전국을 포괄하고 여러 국가를 전쟁의 와중으로 끌어들임으로써 전쟁에서 여러 가지 일의 연관은 더욱 긴밀해지며, 최초의 한 걸음을 내어 디딜 때, 최후의 결과를 미리 고려할 것을 절실히 요구한다."(Ⅷ-3). 그리고 "이리하여 전쟁은 한 편에서는 그 강력함과 그 본성을 증대시켰지만, 다른 편에 있어서는 거기서 얻는 이점을 다시 잃게 되었던 것이다."(Ⅷ-3)

나폴레옹의 출현 후 전쟁의 절대적 형태, 즉 몇 번의 절대전쟁을 수행했지만 오히려 이점을 잃었다고 하는 클라우제비츠의 견해는 심오한 탁견이라 하겠다. 예컨대 보불전쟁(1870~1871)에 있어서 몰트케 장군은 비스마르크 수상의 견해, 즉 스당전투에서 나폴레옹 3세를 포로로 했으니 여기서 전쟁을 멈추고 강화를 하자고 했으나(전쟁목적은 독일의 통일에 프랑스가 개입하지 못하도록 하는데 있었지, 프랑스군의 타도에 있지 않았다), 몰트케는 군대를 파리로 향하도록 진격시켜 절대전쟁 형식의 승리를 추구했다. 그로 인해 프랑스와 독일 사이는 철천지원수가 되어 제1·2차 세계대전에서 또 싸우게 되었다.

제2차 대전에 있어서 루스벨트 대통령은 전쟁에 개입하기 위해 모략을 구사하는 데 힘을 기울인 나머지 올바른 전쟁목적을 수립하는 데 실패하여, 승자로서 패전국으로부터 배상금도 받지 못했을 뿐만 아니라, 폐허가 된 유럽에 대한 미국의 경제원조 계획, 즉 '마셜 플랜'(1948~1950)을 실시해야만 했다. 그리고 나치즘이나 일본의 군국주의 보다 더 거대하고 위험한 소련의 공산주의와 전후에 대결하게 되었다. 웨드마이어는 이 문제 대해 다음과 같이 타당한 견해를 밝혔다. 즉

> '무조건 항복'의 요구를 생각해 낸 것은 처칠이 아니라 루스벨트였다.… 우리는 전쟁 후를 생각하지 않고 군사적 승리만을 향해서 싸웠다. 따라서 우리는 전쟁 전에 비하여 전쟁 후의 더 좋은 환경을 만들어 내지 못했다.… 우리는 한 마리의 커다란 뱀을 타도하고 보니, 전보다 더 거대하고 더 위험스러운 용龍과 대치하고 있다는 것을 1945년에 가서야 알았다.…
>
> 우리는 나치 독일이나, 파쇼의 이태리나, 일본 군벌을 타도하고 나서 어떤 세계를 만들 것인가에 대한 명확한 전쟁목적을 연합군 측과 결정해 두었어야 했다.… 이리하여 미국은 제2차 대전에 역사상 최강의 전투조직을 가지고 참전했지만, 세계평화를 실현하는 데 실패하고 말았다.

4. 중국방면 미군사령관이 되다

웨드마이어 소장은 마셜 참모총장으로부터 1944년 10월 27일 전문을 수령했는데, 전보 수령과 동시에 중국방면의 미군 총사령관이며, 장제스(蔣介石) 총통의 참모장이 되었다. 그는 전임자 스틸웰 대장(Joseph W. Stilwell, 1883~

1946)과의 사무 인수·인계에 대해 밝혔다. "나의 전임자인 스틸웰 장군이 내가 도착할 때까지 이 방면의 미국과 중국의 요인들에 대해 인계하기 위해 임지에 머물고 있었으리라 생각하는 사람이 있을 것이다. 스틸웰이 당시 계획 중인 작전계획에 대해 나에게 설명하기 위해 하루 더 기다렸다면 크게 도움이 되었으리라. 쿤밍(昆明)에 도착했을 때, 나는 스틸웰이 '어디 인계할 서류를 두었으니, 도착하면 찾기를 바란다'고 하는 쪽지라도 있으리라 굳게 믿었으나 아무 것도 없었다. 나중에 나는 스틸웰이 인도의 뉴델리에서 기자회견을 몇 시간 할 만큼 시간적 여유가 있었다는 것을 알았다."

웨드마이어는 스틸웰과 교체된 사유를 밝혔다. 즉 스틸웰은 중국군의 병력 및 자원의 전부 뿐만 아니라, 중국 정부까지 자신의 지휘 하에 두어야 한다는 요구를 했고 또한 장제스가 만약 이 요구를 거절하는 경우, 미국은 중국으로부터 철수하고 중국에의 원조도 단절한다고 중국 외교부장 쑹쯔원(宋子文)에게 각서를 보냈다. 장제스는 협박당했지만, 정중하고 단호하게 헐리 주駐중국 대사에게 답했다. "나는 중국의 대총통으로서의 책임을 포기할 수 없다고 루스벨트 대통령에게 전해주시오. 만약 그가 미군과 대여 중인 무기를 회수한다면, 중국은 스스로의 힘으로 최선을 다할 것이오.… 나는 스틸웰 장군이 중국에서의 모든 의무와 지위에서 해임되기를 희망한다고 루스벨트 대통령에게 전해주시오."

이렇게 되어 해임된 스틸웰 장군은 후임자인 웨드마이어 장군에게 사무인계도 하지 않고 하루 전에 임지를 떠나 인도 뉴델리로 가버렸는데, 고약한 지휘관(육군 대장)도 미군에 있구나 하는 생각이 들었다. 왜냐하면, 400여 년 전 통제사 이순신과 원균의 사무인계·인수의 장면이 떠올랐기 때문이다. 『이충무공전서李忠武公全書』 권9卷九 「행록行錄」에 다음과 같이 기록되어 있다.

1597년 1월 21일 도원수 권율이 한산진閑山陣에 이르러 공(公, 이순신)에게 하는 말이, "淸正(기요마사)이 쉬이 다시 오리라 하니 수군은 꼭 要時羅(요시라)의 말대로 하라. 그리고 기회를 잃지 말도록 하라." 하였다. 이 때 조정에서는 한창 원균元均의 말을 믿고 公을 비방하여 마지않음으로 公은 비록 마음속으로 요시라에게 속는 것인 줄을 알면서도 감히 그 앞에서 그냥 물리쳐 버릴 수는 없었다.

원수가 육지로 돌아간 지 겨우 하루 만에 웅천熊川에서 온 보고서에 "지난 1월 15일에 淸正이 장문포長門浦에 도착했다"는 것이다. 그렇건만 조정에선 淸正이 무사히 도착했다는 말만 듣고 公이 그를 사로잡지 못한 것만을 꾸짖으며 대간臺諫들의 여론이 분분하여 적을 놓쳐 버렸다는 것으로 벌을 내리기를 청하였다. 그리하여 마침내 잡아다 국문하라는 명령이 내렸다.

그 때 公은 수군을 거느리고 가덕加德 앞바다로 나가 있다가, 잡아 올리라는 명령이 내렸음을 듣고 곧 본진으로 돌아와 진중의 비품들을 계산하여 원균에게 인계하니, 군량미가 9,914석인데 밖에 있는 곡식은 계산에 넣지 않은 것이며, 화약은 4,000근이요, 총통은 각 배에 나눠 실은 것 말고 따로 300자루가 있었고, 그 밖에 다른 물품들도 모두 이렇게 헤어 주었다.

완평完平 이李 정승이 도체찰사都體察使로서 영남에 있다가 公을 잡아오라는 명령이 내렸단 말을 듣고 곧 장계를 올렸으되, "왜적들이 제일 무서워하는 것이 우리 수군이요, 또 李아무는 바꿔서 안 될 사람일뿐더러 원균을 보내서는 안 될 일입니다." 하였으나, 조정에서 듣지 않으므로 정승은, "이제는 나랏일도 다시 어찌할 길이 없이 되었다." 하고 탄식했다.

2월 26일에 길을 떠났는데 가는 도중에 남녀노소 모든 백성들이 에워싸고 울부짖는 소리들이, "대감, 어디로 가시오. 인제 우리들은 다 죽었습니다." 하는 것이었다.

웨드마이어는 중국 공산주의자의 실체는 무엇이며 그들의 술책·음모가 무엇인가를 밝혔는데, 이는 오늘날 북한 공산주의자들을 이해하는 데도 도움이 되고 또한 그가 마오쩌둥과 저우언라이와의 토론 내용도 참고가 되리라. 즉

나는 중국 북부에 있는 공산주의자들의 활동을 모두 알게 되었다. 일찍이

모스크바 주재 무관을 역임한 이튼(Yeaton) 대령을 옌안(延安)의 감시단장으로 임명했는데, 그는 중국 공산당 지배지역의 주민에 대한 공산주의자의 음모와 파괴활동에 대해 직접 훌륭한 정보를 보내주었다. 중국 공산주의자의 주요 관심은 일본군의 공격에 의해 국민정부군이 철수한 지역을 점령하는 데 있었고, 마오쩌둥이나 저우언라이 등의 중국 공산당 지도자들은 일본군과의 전쟁에 관심이 없다는 것도 알고 있었다. 나는 충칭(重慶)의 숙소에서 마오쩌둥과 저우언라이와 공산주의에 대해 논의한 적이 있다. 실제 그들은 중국 인민이 놓여있는 빈곤, 비굴, 비참 그리고 악정惡政 등은 국민당 때문이라고 강조했다. 그래서 나는 "책을 읽거나, 열성 있는 공산주의자가 주장하는 마르크스주의의 많은 목표달성을 듣고 있자면, 그러한 것은 인도적人道的이며 건설적인 것으로 생각되지만, 공산주의가 한 번 정권을 잡으면, 반드시 이전에 주장했던 목표달성은 환상이고, 정권을 탈취하기 위한 함정이라는 것이 증명되었다"고 말했다. 저우언라이는 나의 설명을 차단하려고 노력했으나, 구애받지 않고 아래와 같이 말했다.

"거짓말, 협박, 살인 및 노예화라는 공산주의자들이 정권을 탈취하기 위해 사용하는 수단은, 언제나 예외 없이 공산주의자가 정권을 탈취하고 유지하기 위한 상투적 방법이다."

저우언라이는 분명히 내 말을 듣고 흥분했다. 그리고 그는 레닌의 다음 구절을 인용했다. 즉, "프롤레타리아 계급은 자본주의를 파괴할 때까지 자본주의에 대한 투쟁을 계속해야 한다."

웨드마이어는 이 면담에서 두 사람의 공산주의 지도자의 의도를 확실하게 알기 위해 노력했다. 이 역사적 회담은 그들이 토지제도의 개혁자에 지나지 않는다는 풍설은 진실이 아니라는 것이 증명되었다. 웨드마이어는 두 사람이 돌아가자 곧 회담내용을 기록해 두었는데, 그는 공산주의자의 실체와 의도를 올바르게 분석·평가했다고 생각한다.

1945년 12월, 마셜 장군으로부터 웨드마이어 중장에게 연락이 왔다. 즉 대통령으로부터 중국의 특사特使로 근무하라는 요청이 있어 곧 부임한다는 것이었고, 도착 후 숙소로 오라는 전화가 왔다. 마셜 장군은 옷가방 속에서 대통령으로부터 주어진 훈령訓令의 복사본을 꺼냈다. 이 훈령에는 중국의 국민당과 공산주의자에 의한 연립정권의 수립이 요구되었다. 그러나 웨드마이어는 정부의 훈령에 대해 견해의 차이가 있었기 때문에 마셜 장군에게 공산주의자와 국민당 간의 타협을 도모한다는 것은 불가능하다고 얘기하고, 그 이유는 아직 커다란 세력을 가지고 있는 국민당이 그 세력의 한 조각도 내놓지 않을 결의를 하고 있고, 한편 공산당측은 소련의 원조 하에 모든 세력을 탈취하려는 확고한 결의를 하고 있다는 것을 설명했다.

마셜 장군은 화난 듯한 표정으로, "나로서는 국민당과 공산주의자와의 연립정권을 수립한다는 임무를 수행하고자 하니, 자네는 나를 지원하기만 하면 되네." 하고 말했다. 웨드마이어는 난처한 처지에 놓이게 되었다. 왜냐하면 그 훈령은 중국 공산당의 정체와 의도를 잘못 판단한 것임을 웨드마이어는 알고 있었기 때문이었다. 1946년 4월, 웨드마이어는 미국을 향해 출발했는데, 길렘 육군 중장이 중국에 잔류하는 미군부대의 지휘관으로 임명되었다. 마셜 장군은 웨드마이어 장군을 중국주재 미국대사로 임명하는 것을 추진했으나, 중국 공산주의자의 방해로 성사되지 못했다.

웨드마이어는 마셜 장군이 중국에 대한 그의 기본적인 과오, 즉 국민정부와 공산주의자는 세력 다툼을 하는 두 개의 당파에 지나지 않는다는 생각과 장제스에게 공산주의자와의 타협을 강요하기 위해, 1946년부터 47년에 걸쳐 중국에 대한 무기, 탄약의 보급을 전면적으로 중단시킨 두 가지의 과오를 시인한다면, 마셜 장군을 이 시대의 위대한 인물의 한 사람으로 존경한다고 했다. 마셜 장군은 국무장관으로 취임하기 위해 1947년 1월 중국을 떠났다.

마셜 장군이 중국 공산주의자의 본질과 목적을 이해하지 못했기 때문에 미국의 중국정책이 실패하여 중국대륙이 공산화되었고, 장제스 국민정부는 대만으로 추방당한 꼴이 되었다는 웨드마이어의 견해는 올바르고 적절한 평가라 생각한다. 『손자병법』에 의하면, "저편의 능력과 의도를 알고 이편의 그것을 알고 있으면, 백 번 싸워도 위태롭지 않다.…저 편의 능력과 의도 그리고 이편의 그것을 알지 못하고 있으면 싸울 때마다 반드시 패배한다"고 했는데 다시 한 번 생각해야 할 내용이리라.

마셜(George C. Marshall, 1880~1959)은 어떤 사람인가? 그는 버지니아 군사학교를 1901년에 졸업·임관했다. 필리핀 등지에서 활동하다가 제1차 세계대전에 참가하여 모든 문제를 효율적으로 처리했고 곧 퍼싱(John J. Pershing, 1860~1948, 육군 대원수, 제1차 세계대전 당시 동맹원정군 사령관) 장군 휘하의 가장 신뢰받는 작전장교가 되었다. 1919년 5월, 마셜은 퍼싱 장군의 부관이 되었고, 퍼싱이 1921년 7월부터 1924년 9월까지 육군 참모총장을 역임하는 동안에도 계속 보좌했다.

그 후 퍼싱은 여전히 마셜을 지도하고 조언해 주었으며, 심지어 마셜의 대령에서 장군진급 문제를 대통령에게까지 찾아가 언급했을 정도였다. 마셜은 1936년에 준장으로 진급했다. 멀린 크레이그 장군이 육군 참모총장에서 퇴임하기 직전 퍼싱은 루스벨트 대통령을 찾아가, "대통령 각하, 방금 전쟁계획처에 보직된 장군(마셜)이 하나 있습니다. 한 번 그를 부르셔서 살펴보시는 것이 어떻겠습니까? 제 생각에는 그 사람이 앞으로 크게 도움이 될 것입니다."라고 말했다. 이후 루스벨트 대통령은 장군 서열의 거의 맨 아래에 있던 마셜 준장을 1939년 9월 1일 육군 참모총장으로 임명했다. 전쟁 기간 내내 루스벨트 대통령이 곁에 두고 조언을 구했을 정도로 신임이 두터웠으며, 수많은 명장을 발굴해 냈다.

1939년 루스벨트 대통령이 마셜 장군을 육군 참모총장에 임명했을 당시, 마셜은 이렇게 말했다고 했다. "나는 대통령께 내가 생각하는 대로 말할 권한을 보장해달라고 했고, 그 말은 듣기 좋은 말이 아닐 수도 있다고 했습니다. 괜찮으시겠습니까? 하고 물었죠." 루스벨트는 이를 받아들였고, 두 사람은 그 약속대로 지냈다. 준장의 서열 꼴찌에서 선임자 150여명을 제치고 참모총장으로 임명했는데도 그는 소신 있게 말하는 강직함을 지니고 있었다.

윈스턴 처칠 수상은 그를 '(제2차 세계대전) 승리의 조직자(organizer of victory)'라고 칭하기도 했다. 전후 국무장관이 되어 유럽 재건을 위한 경제지원 계획인 '마셜플랜'도 그의 이름을 따서 붙였고, 1953년 노벨평화상을 수상했다. 마셜 장군에 대한 미국에서의 평가는 다음과 같다.

- 마셜은 제2차 세계대전 발발 당시 육군 참모총장으로서 고작 17만 5천명의 보잘 것 없던 미국 육군을 불과 5년 만에 830만 명으로 증강시켰다. 또한 무려 6만 마일에 걸쳐 있는 이 대규모의 병력을 완벽하게 뒷받침하는 보급 시스템을 구축하였고, 최첨단의 무기를 생산하고 뒷받침하는 병참 능력을 설비하였다. 그 결과 미국 육군은 인류 역사상 가장 강력한 군대로 성장할 수 있었다.(※참고로 「승리의 계획」을 작성한 것은 웨드마이어 중령이었다.)
- 마셜은 제2차 세계대전을 치르면서 명실공히 세계적 전략가로 성장하였다. 그는 자존심이 강한 루스벨트, 처칠, 맥아더, 패튼(George Patton) 등을 조율했을 뿐만 아니라, 다섯 개의 서로 다른 전장을 동시에 지휘해야 했다. 이 과정에서 전통적으로 사이가 좋지 않았던 미국 육군과 해군 간에 유례없는 긴밀한 협조를 이끌어냈고, 연합국 군대를 통합하여 운영할 수 있는 단일 지휘체계를 완성했다. 특히 후세의 역사가들이 제2차 세계대전에서 가장 중요한 전략적 결정이었다고 평가한 '선先 독일 전략'(German first)의 필요성과 중요성을 강조하여 미국과 동맹국들의 참가를 유도하였다.
- 조지 마셜은 '없어서는 안 될 인물'이었다. –『타임』지, 1943년 마셜을 '올해의 인물'로 선정하며–
- 마셜을 만나고 대화하면 할수록, 나는 그가 이 시대 최고의 인물이라는 강한 신념을 갖게 된다. –트루먼 대통령–

제2차 세계대전의 주역들은 전쟁이 끝나고 대부분 '회고록'을 남겼다. 그러나 루스벨트 대통령은 전쟁 중에 사망했고, 마셜 장군(후에 국무장관도 역임)은 '회고록'을 남기지 않았는데, 그 이유(원인)는 무엇일까? 필자는 『웨드마이어는 보고한다!』(*Wedemeyer Reports!*)를 읽으면서 다음과 같이 추론했다.

첫째 : 루스벨트 대통령이 전쟁 개입을 위한 일본의 압박에 대한 모략의 전모를 밝히는 데 대한 거부감.

둘째 : 마셜 국무장관은 유럽의 폐허를 구제하기 위한 '마셜 계획'을 발표·실행한 공로로 노벨평화상까지 받았지만, 유럽을 폐허로 만든 '무조건 항복'을 루스벨트 대통령에게 건의한 것은 자기 자신이라고 밝히는 것은 거북했으리라.

셋째 : 미국의 중국정책의 과오로 인한 중국의 공산화.

넷째 : 6·25전쟁이 일어난 진상을 밝히는데 대한 거부감 등이리라.

1947년 7월 마셜 국무장관이 웨드마이어에게 중국주재 미국대사로 갈 의향을 묻자, 그는 조금도 주저하지 않고 육군에 그대로 있고 싶다고 말했다. 그랬더니 마셜은 대통령과 다른 각료들이 극동정세에 대해 토의한 결과, 장래 정책의 기초로서 한국과 중국의 상황에 대해 객관적인 연구가 필요하다는 것이 결정되었으니 웨드마이어가 그 임무를 맡아줄 것을 희망하며, 이것은 일시적인 업무이기 때문에 2, 3개월 이상은 걸리지 않는다고 말했다. 웨드마이어는 왜 자기를 중국에 보내고자 하는가 그 목적을 이해하려고 노력했고 마침내, 아마도 미국은 중국 공산주의자들에 대해 현실적으로 단호한 행동을 취하려는 것으로 생각했다.

트루먼 대통령은 7월 9일 「훈령문서」에 "승인"이라고 결재를 했고, 웨드마이어는 2개월간 중국·한국을 방문·조사·면담의 현지조사를 수행하여, 중국과 한국의 현재와 장래의 정세에 대한 견적과 미국의 극동에서의 여러 목적을 달성하기 위해 취해야 할 적절한 행동방침과 주어진 임무에 대한 보고서를 1947년 9월 19일에 제출했다. 그런데 이 보고서는 '발표 금지'가 되었다. 마셜 국무장관은 웨드마이어의 보고서에는 비밀사항이 포함되어 있으며, 그것을 발표하게 되면 관계된 나라와의 사이가 악화될지도 모른다고

의원들과 언론인에게 설명했다.

웨드마이어는 보고서가 '발표 금지'가 되고 또 본래의 군 복무에 돌아왔을 때, 중대한 과오를 범했고 국가에 대한 의무를 태만했다는 생각이 들었다는 것이다. 그 당시 웨드마이어는 현역에서 물러나서 미국 국민들에게 진실을 전할 수 있었고, "피비린내나는 무익한 한국전쟁"(bloody, futile Korean war, 1958 ; p. 402)과 필연적인 결과를 가져올 공산주의자의 지배로부터 중국을 구출했을지 모른다고 했다. 그러나 그는 군인을 그만두는 것이 퍽 어려웠다는 사정을 기록했다.

제2차 대전 때, 미국의 '승리의 계획'을 수립한 군사전략가요, 대전략(Grand Strategy)에도 조예造詣가 깊었고 또한 1947년 트루먼 대통령의 특사로 한국과 중국을 방문하고 미국의 극동정책을 건의했던 웨드마이어 장군은 6·25전쟁에 대해 그의 회고록에서 단 한 번 "**피비린내나는 무익한 한국전쟁**"이라 혹평했으나 구체적으로 그 내용을 밝히지 않았다. 그래서 그 원인(causes)이 무엇인가를 밝히려고 필자는 오랜 시간 동안 노력을 했으며, 우선 가설(hypothesis)을 세워 논거를 제시했다는 것을 밝혀둔다.

5. 「웨드마이어 보고서」와 6·25전쟁의 원인

필자는 본격적으로 군사학(military art and science)을 연구하기 시작한지 반세기가 넘었는데, 그동안 학문하는데 기본자세가 되고 또한 지침이 되는 내용을 후학들에게 참고가 되기를 바라면서 소개코자 한다.

첫째 : "실사구시實事求是"이다. 사실을 토대로 하여 진리를 탐구하는 일을 뜻한다. 이것은 중국의 사학자 반고(班固, 32~92)가 찬撰한 『한서漢書』에 나오는 구절인데, 공론空論만 일삼는 양명학陽明學에 대한 반동

으로서 청조清朝의 고증학파考證學派가 내세운 표어標語이기도 했다. 이것은 학문을 하는 기본자세가 되는 내용으로 생각한다.

둘째 : "영국에 있어서 영원한 우방友邦도 없으며 또 영원한 적도 없다. 다만 영원한 국가이익이 있을 뿐이다." 이것은 영국의 외상·수상을 역임한 파머스턴(Palmerston, 1784~1865) 경의 주장인데, 외교사 및 전쟁사를 연구함에 있어서 유념해야 할 내용이리라.

셋째 : "조국의 존망이 걸려있는 경우, 어떠한 수단도 그 목적을 달성하는 데 유효하다면 정당화된다. 일이 조국의 존망이 걸려있는 경우, 그 수단이 바른가, 바르지 않은가. 너그러운가, 냉혹한가. 칭찬할 만한가, 부끄러운가에 대해 일체 생각할 필요가 없다." 이것은 이탈리아의 정치가 마키아벨리(Machiavelli, 1469~1527)의 주장인데, 서양 정치가들이 구사하는 모략·속임수 등은 여기서 비롯되는 경우가 많다.

넷째 : "내적 힘의 충동에 의하여 그러한 일(전쟁사 연구)을 지망하는 사람은 이 경건한 일에 대해 긴 성지순례聖地巡禮에 대한 마음가짐과 비슷한 준비를 해야 한다. 그는 많은 시간과 세월을 희생해야 하고, 어떠한 노고도 두려워하지 않으며, 그 시대의 권력과 권위를 두려워하지 않고 자기의 허영심과 수치를 극복하며, 프랑스 법전法典의 표현을 빌리면 진실을, 진실만을, 완전한 진실만을 말하도록 노력해야 한다." 이것은 클라우제비츠(1780~1831)의 『전쟁론』(II-6)에 수록된 내용이다.

트루먼 대통령의 『회고록』(*Memoir*, I·II, 1956)에는 웨드마이어 중장이 1947년 9월 19일에 보고한 내용이 요약·소개되어 있었는데, 필자는 그것이 왜 '발표 금지'가 되었는지 궁금하여 1970년 1월에 웨드마이어 장군에게 편지를 했더니, 1970년 3월에 저서(*Wedemeyer Reports!*, 1958)에 서명을 해서 보내주었다. 그 책의 부록에 보고서 전문이 게재되어 있어서 읽고, 월간 잡지 『신동아』(1970년 6월호)에 「한국전쟁과 웨드마이어 보고서」를 발표했다.

> 만약 미국이 2차 대전 직후 만주 및 북중국에서 소련군의 남하에 대한 방위선을 설치하기 위해 웨드마이어 장군이 요청한 미 육군 7개 사단의 중국 파견이 실현되었다면, 공산세력의 남하는 만리장성萬里長城의 선에서 저지되었을 것이며 또 1947년 9월 그의 중국 및 한국에 대한 보고서에 의한 건의가 채택되었더라면, 마오쩌둥(毛澤東)에 의한 중국대륙의 적화赤化는 최소한도로 양자강 선에서 저지되었을 것이며 따라서 한국전쟁도 월남전쟁도 없었을 것이다.(1970 ; p. 361.)

필자는 트루먼 대통령이 1950년 김일성의 전면적 남침으로 시작된 6·25 전쟁에 신속하게 개입했으며, 전쟁 개입의 원인(동기), 즉 전쟁개입에 의해서 달성하고자 했던 정치적 목적은 과연 무엇인가에 대해 규명하고자 했다. 트루먼 대통령은 북한의 남침 보고를 받고, 워싱턴으로 귀환하는 비행기 속에서 다음과 같은 이유로 전쟁 개입을 결심했다고 그의 『회고록』(1956)에 기록했다.

> 내 세대에서 강자가 약자를 침공한 것은 처음 있는 일이 아니다. 나는 만주와 에티오피아·오스트리아의 경우와 같은 몇 가지 전례를 상기했다.… 히틀러와 무솔리니 그리고 일본인들이 10년, 15년, 20년 전에 취했던 행동을 이제 공산주의자들이 한국에서 똑같이 취하고 있는 것이었다. 남한이 함락당하는 것을 방치하면 공산 지도자들은 미국 해안에 보다 가까운 나라들까지 유린할 용기를 갖게 될 것이 틀림없다고 확신했다.… 만약 이것을 그대로 내버려 둔다면, 이와 비슷한 사건이 제2차 세계대전을 초래한 것과 마찬가지로 3차 대전을 유발하게 될 것이다. 또한 한국에 대한 이 불법적 공격을 멈추게 하지 않는 한, 유엔의 기반과 원칙이 위험에 봉착되리라는 것은 명백하다.(1956 ; pp. 332~333)

트루먼 대통령은 전쟁 개입으로 제3차 세계대전의 방지와 인민군의 남침을 소극적으로 '멈추게'(could be stopped) 하는 것을 전쟁의 정치적 목적(political purpose)으로 삼았지, 결코 적극적으로 한반도에서 공산주의자들을 축출하여 통일된 대한민국을 수립하는 데 있다고 분명히 밝히지 않았기 때문에 야전군 사령관인 맥아더 원수와 군사목표(military objective) 선정에 혼선을 가져왔다. 그래서 '제한전쟁'(limited war)을 수행하여 많은 인명과 자원을 투입하고도 분단의 38선을 휴전선으로 교체했을 뿐이었다. 따라서 필자는 트루먼 대통령이 6·25전쟁에 참전하여 달성하고자 했던 진정한 전쟁의 정치적 목적이 과연 무엇인가를 규명하고자 노력했다.

신라는 백제의 침공으로 위기에 봉착하자, 김춘추(차후 무열왕이 됨)가 648년 당 태종唐太宗을 만나 구원을 요청했다. 당 태종은 구원을 승인했을 뿐만 아니라 "산천토지(고구려·백제의 땅)는 모두 그대 신라에게 주어 길이 편안하게 하려 한다"고 언약했다. 660년 당 고종唐高宗은 소정방蘇定方에게 수륙군 13만 명을 파병하여 신라를 도와 백제를 치게 했다. 그런데 소정방이 신라군과 합세하여 백제를 멸망시키고 백제왕과 포로를 당 고종에게 바치니 왕은 위로하면서 "어찌하여 이내 신라를 치지 않았는가?" 하였다. 소정방은 "신라는 왕이 어질고 백성을 사랑하며, 그 신하는 충성으로 나라를 섬기고 아랫사람이 윗사람 섬기기를 부형과 같이 하니, 비록 나라는 작지만 도모할 수 없었습니다"고 하였다.(『삼국사기』(1145), 이병도 역, 1983 ; p. 627.)

당 고종의 출병은 신라를 도와 백제를 멸망시키는 데만 있는 것이 아니라, 전쟁개입의 최종적인 정치적 목적은 신라마저 정복하여 한반도를 예속화 하는데 있었다.

2000년 1월 27일, 일본 방위청 방위연구소 전사부의 강당에서 전사부의 연구원 및 일본 클라우제비츠학회 회원들이 참가한 가운데, 「조선전쟁사관朝鮮戰爭史觀」의 제목으로 발표할 때는 기존의 내용과 달랐다. 그래서 발표하기에 앞서, "오늘 발표하고자 하는 6·25전쟁에 관한 내용은 한국의 서울에서가 아니고, 일본의 도쿄에서 발표하기에는 아깝다고 생각했다. 그러나 하야시 요시나가(林吉永) 전사부장이 일부러 경주까지 와서 세미나 발표를 요청했기 때문에 나는 도쿄에서 발표하기로 결심했다"고 말했다.

일본 방위청 전사부에서 세미나 발표

6·25전쟁의 기원起源 즉, 전쟁의 방아쇠를 누가 당겼나에 관해서는 그동안 전통주의 학파·수정주의 학파 등 견해가 많았다.

필자를 비롯하여 6·25전쟁을 체험한 세대는 1950년 6월 25일 새벽 김일성의 인민군이 한국에 대해 기습남침으로 전쟁이 시작되었는데, 미국 트루먼 대통령의 신속한 대결단으로 미군을 한국에 파병함으로써 우리들을 혹독한 공산치하에서 구출했고 또한 대한민국을 생존케 하여 오늘에 이르게 만들었다고 대부분 생각하고 있다. 그리고 6·25전쟁의 원인에 대해서는 그동안 연구하는 학자들의 정치적 이념의 시각에서 다루어져 왔으나, 60여년의 시간이 경과했으니 이제는 객관적 사실을 바탕으로 진실의 차원에서 규명되어야 할 시기가 왔다고 생각한다.

사료비판을 거친 『흐루시초프의 회고록』(*Khrushchev Remembers*, 1970)에 의하면 "김일성은, 남침은 절대로 성공한다고 스탈린에게 말했지만, 그는 의심한 것으로 회상한다. 그는 미국의 전쟁개입을 두려워했으나, 우리들은 속

전속결로 전쟁이 끝날 것으로 생각이 기울어졌다. 그리고 김일성은 신속히 승리할 것을 확신했고, 미국의 전쟁개입은 회피할 수 있다는 것이었다. 그럼에도 불구하고 스탈린은 김일성의 제의를 마오쩌둥에게 문의할 것을 결정했다. 내가 여기서 강조하는 것은 전쟁은 스탈린의 의도(idea)가 아니라 김일성의 의도였고, 김일성이 제의자(initiator)였다는 것이다."(1970 ; p. 401) 흐루시초프(1844~1971) 수상은 6·25전쟁이 스탈린의 의도에 의해 시작된 것이 아니라 김일성이며, 김일성을 6·25전쟁의 제의자라 주장했다. 이 문제는 차후 소련의 비밀문서에 의해 상세히 밝혀졌다.

한편 시카고 대학교에서 역사학을 가르쳤던 브루스 커밍스(Bruce Cumings) 교수는 상·하권의 저서 『한국전쟁의 기원』(*The Origins of Korean War*, 1981, 1990)을 발표했다. 그는 하권 제18장 「누가 한국전쟁을 시작했나」라는 제목에서 '북한 침략설', '남한 침략설' 그리고 '한국이 함정을 만들었다'는 세 가지 설을 검토하고 결론은 "누가 한국전쟁을 시작했나? 이 의문에는 답할 수가 없다"(1990 ; p. 619)고 주장했다. 필자는 그의 연구방법에 문제가 있다고 지적했는데, 역사학과 군사이론이 결합된 학문, 즉 군사사학(military history)을 바탕으로 하는 연구방법을 구사하지 않았기 때문이라 지적했다.

6·25전쟁 연구에 있어서 중요한 과제의 하나는 전쟁의 기원(origins), 즉 전쟁은 누가 일으켰는가와 다른 하나는 전쟁의 원인(causes), 즉 전쟁은 왜 일어났는가 하는 양자를 분리해서 규명해야 한다는 점이다. 물론 기원 속에는 원인의 언급이 있지만 그것은 피상적 원인이고, 더 깊숙한 원인이 규명되어야 한다는 것은 6·25전쟁의 복잡한 성격 때문이다. 필자는 웨드마이어의 회고록을 연구함에 따라 트루먼 대통령의 6·25전쟁 개입으로 달성하고자 했던 전쟁의 정치적 목적은 과연 무엇인가를 밝히기 위해 1975년경부터 오랜 시간을 보냈던 것이다.

1991년 12월 소련의 붕괴로 인하여 1993년부터 비밀문서가 공개되어 그 동안의 논란이 명백해졌다. 즉 김일성은 1950년 3월~4월에 걸쳐 스탈린을 만나 남침의 조건부 승인을 받았는데 그 내용은 다음과 같다.

> 스탈린은 우리가 조선의 해방에 관한 모든 찬반 의견을 다시 한 번 신중하게 고려해야 한다고 했음. 우선 미국이 결국 개입할 것인지, 아닌지를 고려해야 하고, 둘째, 조선의 해방은 중국 지도부가 이를 찬성할 때만 개시할 수 있다는 것임.
>
> 김일성이 미국은 개입하지 않을 것이라는 의견을 개진하였음.…
>
> 스탈린은 소련이 다른 곳, 특히 서쪽 방면에서 대처해야 할 심각한 도전에 직면해 있으며, 따라서 조선 사람들은 소련이 전쟁에 직접 참여해 줄 것으로 기대해서는 안 된다고 덧붙였음. 그는 재차 마오쩌둥(毛澤東)과 상의하도록 김일성에게 촉구하였으며,… 특히 미국이 조선에 군대를 파견하는 모험을 하는 경우, 소련은 조선 문제에 직접 개입할 준비가 되어 있지 않다고 반복하였음.
>
> 김일성은 미국이 개입하지 않을 이유에 관하여 보다 상세히 분석하였음. 공격이 신속히 전개될 것이며, 전쟁은 3일 내에 승리를 거두게 될 것이라는 것이었음.…
>
> 북조선의 동원을 1950년 여름까지 완료하고 이때까지 소련 고문관들의 도움을 받아 조선군 참모들이 구체적인 작전계획을 수립하기로 합의하였음.(김광린 역, 1998 ; pp. 52~55.)

김일성은 남침을 해도 미군은 전쟁에 개입하지 않을 것이며 또한 전쟁은 3일 만에 서울을 점령하면 전쟁은 끝나는 것으로 착각하고 있었지만, 스탈린은 신중하게 미국의 전쟁 개입을 고려하여 남침 개시는 중국의 지도부가 찬성할 때만 가능하다는 조건부 승인을 했는데, 미군이 개입하고 북한이 위기에 처하면 중국이 참전해야 한다는 치밀한 계산과 속마음이 숨겨져 있었다. 그래서 김일성은 1950년 5월 베이징을 방문하여 마오쩌둥의 동의를 얻어 마침내 1950년 6월 25일 04:00시를 기하여 전면적 남침 전쟁의 방아쇠를 당겼다.

앞에서 얘기한 것처럼, 브루스 커밍스 교수는 "누가 한국전쟁을 시작했나? 이 의문에는 답할 수가 없다"(1990)고 주장했으나, 구소련이 붕괴되어 비밀문서가 공개되자 그는 저서 『북한－별개의 나라』(2004)에서 "1950년 6월 25일을 전쟁이 발발한 날로 단정해야 한다. 북한이 이 날 남한을 침공한 것은 분명하다"고 했다. 그런데 한국의 전교조에 속하는 교사들은 어린학생들에게 "한국이 북한을 침공했다"고 허위사실을 가르치고 있다는 것이 현실이다.

최근 중국정부의 대표적 두뇌집단(think tank)인 중국사회과학원이 6·25전쟁의 발발 기원을 북한의 남침이라는 시각에서 기술記述했다. 6·25전쟁은 북-중 혈맹을 설명하는 전제조건이다. 항미원조(抗美援朝 : 미국에 대항해 북한을 돕는다)의 기치 아래 북한과 함께 침략자 미국과 전쟁을 벌인, 피로 맺은 형제국가라는 것이다. 이 때문에 1990년대 이후 소련의 기밀문서가 해제되면서 북한의 남침사실이 밝혀졌지만 중국은 그동안 언급을 회피했다. 다만, 미국이 압록강 등 북-중 접경지역까지 밀고 올라와 중국이 참전하게 되었다고만 설명했다. 그런데 2013년 12월 26일 사회과학원 보고서에는 "북한이 소련의 지지와 중국의 묵인 아래 군사행동을 개시했다"고 했으며, 사회과학원도 보고서 후기에 각 논문은 '저자 개인의 의견'이라고 명시했다.

한편 중국의 중학생들이 사용하는 역사교과서는 여전히 냉전적 사고방식의 틀에 사로잡혀 있다. 즉 "1950년 6월, 조선 내전이 발발했다. 미국이 난폭하게 군을 파병해 조선(북한)을 침략했다"며 침략의 주체로 미국을 지목했다. 고교 선택 교과서는 "1950년 6월 25일 조선내전이 발발했다. 조선 인민군이 신속하게 한성(서울)을 점령하고 남쪽을 향해 진격했다. 한국 군대는 번번이 패퇴했고 미국의 강력한 반응을 불러일으켰다"고 표현해 상대적으로 북침주장이 덜하고 누가 전쟁을 시작했는지 모호하게 기술했다. 베이징(北

京)의 한 외교 소식통은 "중국은 의도적으로 전쟁의 기원을 밝히지 않은 채 미국에 대항해 승리했다는 점만 부각시키고 있다. 일본에는 올바른 역사인식을 촉구하면서 자신들은 편의적으로 역사를 재단하고 있다"고 지적했다.(「동아일보」, 2014년 2월 19일)

6·25전쟁의 '기원'에 대해서는 이제 분명해졌지만, 전쟁의 '깊숙한 원인' 즉, 전쟁은 왜 일어났는가에 대해서는 아직 연구가 충분하지 않은 것 같다. 이 문제에 대해 영국의 사학자 E. H. 카아(1892~1982)는 그의 명저 『역사란 무엇인가?』(*What is History?* 1961)에서 아래와 같이 밝히고 있다.

> 역사의 연구는 원인의 연구입니다. 역사가는 '왜'(why)라는 물음을 끊임없이 추구하는 것이며, 해명의 희망이 있는 한 쉴 수는 없는 것입니다.…
>
> 역사가는 많은 원인의 복합체를 취급하는 것입니다. 여러 원인의 상호관계를 결정할 수 있도록 거기에 상하관계를 설정해야 합니다. 모든 원인 중의 원인이라고 보아야 할 것인가를 결정지어야 하겠다는 직업적인 강박감 같은 것을 느끼게 될 것입니다. 이것이 주제에 대한 역사가의 해석이라는 것입니다.…
>
> 역사가의 원인에 대한 관계는 역사가의 사실에 대한 관계와 마찬가지로 이중의 상호적인 성격을 지니고 있는 것입니다. 원인은 역사과정에 대한 그의 해석을 결정하는 동시에 그의 해석은 원인의 선택과 정리를 결정합니다.…
>
> 역사에 있어서 인과의 문제를 다루어 나가는데 열쇠의 역할을 다해주는 것은 틀림없이 목적이라는 개념입니다. 그런데 이 목적개념은 불가피하게 가치판단을 내포하는 것입니다. 역사에 있어서의 해석은 언제나 가치판단과 떼놓을 수 없는 것이고, 인과관계는 가치판단과 떼놓을 수 없는 것입니다.(1961 ; pp. 113~115, 135, 141)

필자는 김일성의 남침에 대해서는 확실하지만, '웨드마이어 회고록'을 연구함으로써 전쟁의 원인은 미국 트루먼 대통령이 김일성으로 하여금 전쟁의 방아쇠를 당기도록 유도했으리라는 가설(hypothesis)을 세우게 되었는데,

그 논거는 다음과 같다.

① 1947년 9월의 웨드마이어 장군의 보고서를 발표 금지하여 그의 건의 내용을 무시한 것.

② 1949년 3월 이승만 대통령은 북한의 위협은 미국의 점령정책에 기인하는 결과라며 군원을 요청했으나, 거절당한 것.

③ 1949년 5월 미군의 철수

④ 애치슨 국무장관은 한국과 대만은 미국의 방위선 밖에 있다고 선언한 것.

⑤ 1950년 6월 25일 북한의 남침이 개시되자 27일에 극동공군을 출동시켰고, 30일에는 미 육군의 참전을 지시했다. 트루먼 대통령은 '선전포고'의 의무를 가진 의회와도 협의하지 않았고, 또 야전사령관하고도 의논하지 않고 신속히 전쟁에 개입했다.

⑥ 1950년 11월 미네소타 주 하원의원 주드(Walter H. Judd)에 의한, 민주당 행정부의 북한을 유인한 6가지 과오의 지적 등.

필자는 '웨드마이어 회고록'을 읽으면서, 트루먼이 루스벨트 대통령 아래에서 그의 정책수행 기법을 배운 것으로 생각했다. 즉, 「헐 노트」에 의한 일본의 진주만 기습작전과 애치슨 국무장관의 '방위선 선언' 및 김일성의 전면적 기습남침은 유사한 내용으로 생각했다. 그리고 루스벨트는 제2차 대전에의 개입을, 트루먼은 2차대전 후 해체하다시피 된 미 군사력의 증강, 군사비의 증액 및 방위산업체의 유지 등이 숨겨진 전쟁의 정치적 목적이었으리라. 따라서 필자는 스탈린과 김일성은 트루먼의 책략策略에 빠져 6·25 전쟁의 방아쇠를 당겼다고 해석(가설)한다고 했다. 이 내용은 앞에서 얘기한 것처럼 2000년 1월 일본 방위청 방위연구소 전사부에서 발표했고, 그것이 일본의 산케이 신문(産經新聞, 2000. 7. 3.)에 소개되었다.

필자는 일본에서 발표한 내용을 해군대학에서 발간하는 『해양전략』(제

107호, 2000. 6.)에 「진실의 6·25전쟁」으로 발표했다. 2012년 6월 22일, 대구 인터불고호텔에서 육군3사관학교 주최로 「6·25전쟁 62주년 국제학술세미나」에 참석했다. 캘리포니아 주립대학의 매트레이(James I. Matray) 교수의 「6·25전쟁의 미국참전 원인」을 열심히 들었으며, 요지는 아래와 같다.

THE NATIONAL INSTITUTE FOR

朝鮮戦争は米のわな?

「米軍再建に必要だった」

韓国で新説

산케이 신문(2000. 7. 3.)

> 트루먼 대통령은 자신의 자서전에 대통령으로서 가장 어려웠던 결정은 미국의 한국전 참전 여부 결정이었다고 기록했다.… 1930년대에 만주에서 일본군, 에티오피아에서의 무솔리니 그리고 체코에서 히틀러를 막지 못한 경험을 회상하면서 트루먼 대통령은 참전은 절대로 필요하며 그렇지 않으면, 전 세계가 '3차 세계대전에 휘말리게 될 것'이라 주장했다.…
>
> 궁극적으로 트루먼 대통령이 북한의 6·25 남침으로부터 남한을 지원하기로 한 것은 그가 한국 또는 그 국민들을 걱정해서라고는 볼 수 없다. 그가 미군을 파병한 진정한 이유는, 그가 이 사건을 1930년의 사건들과 유사하다고 보았기 때문이다.

필자는 세미나 발표와 토론이 끝나고 매트레이 교수와 조용히 둘이서 만나, "당신은 1958년에 발간된 『웨드마이어는 보고한다!』는 책을 읽어보았습니까?", "아니요." 그래서 "당신의 견해는 트루먼 대통령의 회상록을 기초로 하고 있으나, 그 책을 읽으면 견해가 달라질 수도 있을 것입니다"고 하였다.

'웨드마이어 회고록'을 40여년 만에 번역·소개했기에 필자가 제시한 새로운 가설을 「진실의 6·25전쟁」(2000. 6.)에서 간략하게 소개했으나, 『군사평

론』의 독자를 위해 보완·요약해서 소개하고자 한다.

웨드마이어에 의하면, "미국은 2차대전을 축구시합의 경기처럼 싸웠다. 즉 경기가 끝나자 승자는 승리를 축하하기 위해 운동장을 떠나는 것처럼 전쟁이 끝나자 미국은 우리의 동맹국(소련)의 목적이 확실히 다르다는 것을 알면서도, 우리의 전쟁목적이 확실히 달성되지도 않았는데 미군부대의 동원을 해제하면 비참한 결과를 초래한다는 것을 미처 몰랐다. 미국 국민으로서 전쟁에 승리했으니, 자기네의 아들들이 곧 집으로 귀환한다고 생각한 것은 당연하리라. 거기에다 우리 지도자들은 평화를 획득하기 위해 강대한 미국의 군대를 유지할 필요가 있다는 것을 솔직히 국민들에게 알리는 기백氣魄과 순수성을 가지고 있지 않았다. 많은 국회의원들은 자기네들의 선거민을 기쁘게 하고 다음 선거에서의 당선을 확실하게 하기 위해 병사로 외국에 파견된 자제들을 귀환시킬 것을 주장했다."

트루먼은 그의 『회고록』에서 지적한 것처럼, "우리들이 추진하고 있는 계획은 동원해제가 아니라 우리들의 군대를 해체하는 것이다"고 언명했다. 구체적으로 말한다면, 1946년 6월까지 육군은 800만 명에서 189만 명으로, 해·공군도 이와 같은 비율로 감원한다고 발표했다. 또한 종전 당시의 총군사비는 약 900억 달러였던 것이 1946년에는 485억 달러로 반감되고, 1947년에는 181억 2,600만 달러로 삭감되었다.

좀 더 구체적으로 숫자를 밝힌다면, 1945년 미국의 총병력은 해외주둔군 750만여 명을 포함하여 1,200만여 명(육군은 826만여 명)의 병력을 보유하고 있었다. 그런데 동원해제가 끝날 무렵인 1947년 6월 말, 미국은 육군 991,285명, 해군 498,661명, 해병대 93,053명 등 158만여 명의 병력을 유지하고 있었다. 그리고 6·25전쟁 발발 당시 미군의 병력은 146만여 명으로 소련군의 430만여 명에 비해 3분의 1 수준에 불과했다.(군사편찬연구소, 2004 ; pp.89~91) 이러한 조치는 트루먼 대통령이 1948년 대통령에 재출마해서 당선을 목표로 하는 이상 그렇게 실시하지 않을 수 없었으리라.

1948년 재선된 트루먼 대통령은 소련과의 대립을 견제·통제하기 위해서 새롭게 세계 최강의 군대 재건, 군사예산의 획득 그리고 방위산업체 육성 등이 전쟁에 의해 달성하고자 하는 숨겨진 전쟁의 정치적 목적이었으리라. 이를 위해 새로운 제한전쟁(limited war)을 필요로 했고 가장 적합한 곳이 한반도이고, 트루먼은 그 유인책을 구사했는데, 스탈린·김일성은 트루먼의 책략에 빠져 6·25전쟁을 일으켰다고 해석하는 것이 필자의 가설(hypothesis)이며, 그 논거는 다음과 같다.

•첫째 : 「웨드마이어 보고서」의 발표금지

1947년 9월 19일 트루먼 대통령에게 제출된 웨드마이어의 「대통령에게 드리는 보고서」는 발표 금지가 되었다. 군사문제의 핵심 내용은, 소련군 방식으로 장비되고 훈련된 북한 인민군은 약 12만 5천명이며, 미국이 조직한 1만 6천명의 남한 경비대(일본군의 소화기小火器로 무장) 보다 훨씬 우세하다. 소련이 그의 점령군을 북한에서 철수시키고, 남한으로부터의 미군 철수를 강요할 가능성이 짙으므로, 북한 인민군은 남한에 대해 잠재적 군사상의 위협이 되고 있다.… 북한으로부터의 위협에 대처하기 위해 현재의 경비대 대신, 미국인을 장교로 한 충분한 병력을 가진 한국 의용군을 창설할 것. 한국에는 당분간 미군부대가 계속 주둔할 것. 기술전문가와 전술부대의 훈련에 대해 조언을 할 것.(1958 ; pp. 475~479.)

트루먼의 『회고록』에는 「웨드마이어 보고서」가 소개되어 있으나, 핵심적 내용인 '한국군의 증강과 한국에는 당분간 미군부대가 계속 주둔할 것'은 삭제해버리고 말았다.(1956 ; p. 326) 미군이 한국에서 철수해야 남·북한의 군사적 불균형으로 전쟁이 일어날 터인데 '계속 주둔'을 건의했으니 발표

금지를 시킨 후, 합동참모본부에 지시하여 미군철수 문제를 연구·건의케 했다.

웨드마이어가 6·25전쟁을 "피비린내나는 무익한 한국전쟁"이라고 혹평한 데에는 두 가지 이유가 숨겨져 있는 것으로 추정한다. 즉,

첫째는, 그가 제출한 「대통령에게 드리는 보고서」의 건의가 수용·채택되었다면 6·25전쟁은 일어나지 않았을 것이다.

둘째는, 앞에서 소개한 바와 같이 제2차대전이 끝나자 미국은 곧 '동원해제'를 단행했는데, 거기에 대해 웨드마이어는 "우리 지도자들은 평화를 획득하기 위해 강대한 미국의 군대를 유지할 필요가 있다는 것을 솔직하게 국민들에게 알리는 기백氣魄과 순수성을 가지고 있지 않았다"고 반박했다. 이것은 트루먼 대통령이 대통령 재선을 포기하더라도 세계정세, 특히 소련의 군사력 감축을 고려하면서 '동원해제'의 규모·속도를 조절했어야 했다는 견해 때문이리라.

•둘째 : 합동참모본부의 건의와 미군철수

트루먼의 『회고록』에 의하면, 합동참모본부의 건의(1947년 9월 25일)는 다음과 같다.

> 합동참모본부의 견해는 "군사상의 안전이라는 견지에서 미국이 한국에서 병력과 기지를 유지함으로써 얻는 전략상의 이익은 거의 없다고 봅니다.…
>
> 심한 병력 부족을 감안할 때, 현재 남한에 주둔시키고 있는 2개 사단, 총계 약 4만 5천여 명의 군대는 다른 지역에서 유용하게 사용할 수 있고, 또 이들 군대를 한국에서 철수시키더라도 소련이 남한에 일본을 공격할 수 있는 군사력을 배치하지 않는 한, 극동군의 군사적 지위는 손상되지 않을 것입니다."(1956 ; p. 325)

1947년 9월, 합동참모본부가 미국은 병력이 부족함에도 불구하고 한국에 점령부대를 유지함으로써 얻는 전략상의 이익은 거의 없다고 보고함에 따

라 트루먼 대통령은 주한미군의 철수를 결정하여 1949년 6월 군사고문단 498명만 남기고 철수하고 말았다.

•셋째 : 이승만 대통령의 군원요청

1949년 3월 이승만 대통령은 한국에서의 공산주의의 위협은 미국의 점령 정책에 기인하는 결과이므로, 미국은 북한군의 침입에 대항하는데 필요한 무기를 한국에 공급할 의무가 있다고 주장하고, 당시 유엔에 파견된 대표단장 조병옥을 대통령 특사로 임명하여 군사원조를 미국정부에 요청케 했다. 그 내용을 보면, 육군 10만 명, 해군 1만 명, 공군 3천 명, 민병대 5만 명, 경찰 5만 명의 병력운용에 필요한 군사원조 등이었다. 이런 군사원조 요청은 거절당하고 말았다.

동년 6월, 이 대통령은 최후 수단으로 한국의 해군기지 진해를 미국의 해군기지로 제공하겠다고 제안하고, 장면 주미대사와 조병옥 특사에게 비밀리에 그 제안의 실현을 촉진할 것을 훈령했다. 그러나 그들의 활약에도 불구하고 그 제안은 미국의 전략적 견해와 정책을 움직이는 효과를 가져 오지 못했다. 즉 남북한의 군사력 불균형이 전쟁을 발생하는 확률이 높으니까.

•넷째 : 애치슨 국무장관의 방위선 선언

1950년 1월 12일 애치슨 국무장관은 전국 기자클럽(National Press Club)에서 행한 '아시아의 위기'(Crisis in Asia)라는 연설에서 다음과 같이 언명했다.

> 미국의 극동 방위선은 알류샨(Aleutian) 열도에서 일본을 거쳐 류큐(琉球)열도에 이를 것이다. 우리는 류큐 열도에 중요한 방어거점을 유지할 것이고, 우리는 그것을 계속 유지할 것이다.⋯ 방어선은 류큐 열도에서 필리핀 섬에 이를 것이다.⋯
>
> 이 방어권 외의 태평양의 다른 지역의 군사적 안보와 관련해서 누구도 군사적 공격에 맞서 이들 지역에 대해 장담할 수 없다는 것은 명백하다.

이 연설을 통하여 한국과 대만(Formosa)은 미국의 방위선에서 제외되어 있다고 위험스러운 선언을 했고 또 동년 5월 미 상원 외교분과위원장 코넬리 의원은 "소련은 미국의 간섭 없이 한국을 침략할 수 있다. 왜냐하면 한국은 중요한 곳이 아니기 때문이다"고 말했다. 이것은 북한으로 하여금 전쟁을 일으키라는 초대장과 같은 것이리라.

•다섯째 : 6·25전쟁 발발과 미국의 신속한 개입

1950년 6월 25일 북한 인민군에 의한 전면적 남침이 개시되자, 트루먼 대통령은 유엔 안보리에서 인민군의 공격을 '침략'이라 규정하고 38선 이북으로 철퇴할 것을 요구했으며, 27일에는 극동 미 공군을 출동시켰고, 30일에는 미 육군을 참전케 지시했다. 트루먼 대통령은 '선전포고'의 의무를 가지고 있는 의회와도 전연 협의하지 않았고 또 야전사령관과도 의논하지 않고 신속히 전쟁에 개입했으며, 이것은 미리 전쟁이 일어날 것을 예상하고 준비했기 때문에 가능했으리라.

•여섯째 : 주드 의원의 민주당 행정부의 외교정책 비판

1950년 11월 미네소타 주의 하원의원 주드(Walter H. Judd)는 민주당 행정부의 외교정책이 실제로 한국을 공산주의자의 품속으로 넣어주었다고 비판하면서, 북한을 유인한 6가지 과오를 다음과 같이 지적했다.

① 얄타협정으로 만주에 대한 권리를 소련에 양보한 것.

② 한반도를 38도선으로 분단하는 것을 결정

③ 한국의 정규군을 준비하지 않은 것.

④ 1949년 미국점령군의 대안 없는 철수

⑤ 대만에 대한 군사원조 중단의 선언

⑥ 애치슨의 방위선 선언(한국과 대만 제외)

필자는 지난 반세기에 걸쳐 6·25전쟁은 왜 일어났는가 그리고 미국은 왜 신속하게 전쟁에 개입했는가 하는 원인(동기)을 규명하는 데 시간을 보냈다. 특히, 미국의 전쟁 개입의 문제를 당사자인 트루먼의 『회고록』에 바탕을 두어서는 안 되며, 철저한 사료비판史料批判이 전제되어야 한다는 것이다.

트루먼 대통령은 1950년 6월 27일부터 미 공군의 전쟁 개입을 명령했으나, 그 후 전쟁 개입의 정치적 목적을 분명히 명시하지 않았기 때문에 전쟁수행 중 야전사령관인 맥아더 원수와 견해차가 노출되었다. 맥아더 원수는 『회고록』(*Reminiscences*, 1964)에 다음과 같이 기록하고 있다.

> 아시아에서 공산주의와 정면으로 맞부딪쳐 이를 쳐부수겠다는 해리 트루먼의 최후의 용기 만만한 결의는 쉴 새 없이 되풀이되는 망설임의 속삭임과 냉소적인 태도에 에워싸여서 차츰차츰 허물어져 가고 있는 것 같았다.…
>
> 이는 야전사령관으로서의 나의 입장을 몹시 어렵게 만들었다. 그때까지 나는 어떤 시대에도 불변하는 전쟁의 목적을 위해서, 즉 이기기 위해서 전쟁을 수행하였다. 그런데 한국전쟁은 그것과는 전연 다른 종류로 발전하려 하고 있었던 것이다.(1964 ; p. 363)

맥아더 원수는 트루먼 대통령의(필자가 제기한 '가설'을 달성하기 위해) '제한전쟁'(Limited War)을 실시하고자 하는 의도를 알지 못한 것 같다. 제한전쟁이란 한정된 정치목적에 부합되도록 행동지역, 사용수단, 사용무기, 병력 및 달성해야 할 목표 등에 일정한 제한을 가하면서 수행하는 무력전을 뜻한다.

맥아더 원수는 1950년 11월 3일 공산측으로부터 입수한 전투명령을 워싱턴으로 보냈다. 거기에는 만주에 중공 정규군이 56개 사단으로 구성된 16개 군단을 모아 도합 49만 8천 명의 병력을 집결시키고 있다는 것이었다. 중공군은 항미원조抗美援朝라는 명분하에 의용군이라고 위장한 이름으로 6·25전쟁에 개입하기 위하여 1950년 10월 중순부터 압록강을 건너 북한에 진입하기 시작했다. 10월 하순까지 18개 사단이 북한지역으로 잠입하였고, 10월 25일 제1차 공격을 실시하여 한국군과 유엔군을 청천강 남쪽으로 물러나게 했다. 당시 공산군의 병력은 42만 명이었으며, 그 중 중공군이 약 30만 명, 인민군이 약 12만 명이었다.

어떠한 군사행동에 있어서도 보급은 작전기능을 지배하는 신경계통의 역할을 뜻하며, 만약 야전의 군대에 보급이 차단되면 싸우지 못하고 붕괴되고 만다. 그런데 맥아더 장군에게는 압록강 기슭의 수력발전소의 폭격 그리고 소련으로부터 군수물자가 들어오는 나진羅津의 폭격도 금지되어 있었다.

그러나 맥아더 장군은 11월 4일 스트레이트 마이어 장군에게 B-29형 폭격기 90대로 압록강 다리를 폭파하고 중공군의 태반이 밀려올 것 같은 만주와 북한 사이의 편리한 통로를 끊어버릴 것을 명령했다. 그런데 즉시 마셜 장관으로부터 "만주 국경으로부터 8킬로미터 범위 내에 있는 목표에 대한 공격은 모두 연기한다"는 내용의 전문이 날아와 이 명령을 철회 당했다. 맥아더는 『회고록』에서 다음과 같이 기록했다.

> 만주와 시베리아는 적의 모든 병력을 위한 절대적인 안전지대가 되었으며, 적이 그 지역에서 얼마쯤 공격을 해오더라도 우리가 손을 대서는 안 된다는 것이었다.…
>
> 나는 즉시 극동의 임무로부터 즉각 해임해 줄 것을 요청하는 전문을 작성했다. 통분하기 이를 데 없는 나는 유능한 참모장 히키 장군에게 이렇게 말했다.
>
> "사령관이 자기 장병의 생명을 지키고 부대의 안전을 도모하기 위해 자기가 지닌 전투력을 사용하는 것을 금지당한 일은 미국의 전쟁사상 처음 있는 일이다. 나에게는 이것이 장래 극동에 비극적인 사태를 가져올 징조로밖에는 생각되지 않는다. 나는 이번 일에 말할 수 없는 충격을 느끼고 있다. 이런 사태로는 수천 명 미국 병사의 목숨을 잃게 되고, 전 부대가 위태로워진다. 북한과 중공과의 연결 통로가 안전하다는 것을 적군 사령관은 어떤 방법으로든 알고 있음에 틀림없다. 그렇지 않고서야 저렇게 태연하게 압록강 다리로 병력을 실어 보낼 리가 없다."
>
> 히키는 기가 죽어 있었다. 그리고 내가 이 위험한 시기에 떠난다는 것을 부

대가 이해하지 못할 것이며 부대 전체가 사기를 잃어 전멸할지도 모르니, 지금은 미국을 위해서도, 나 자신의 명예를 위해서도 떠나서는 안 된다고 내게 간청을 했다. 나는 전문을 찢어버렸다.(1964 ; p. 370)

주미 영국대사관의 서기관으로 근무했던 도널드 매클린은 영국 외무성 미국국장의 요직에 있었던 가이 버제스와 손을 잡고 소련을 위해 간첩활동을 했으며, 1950년 가을에는 "압록강을 넘어 중국 영토를 공격해서는 안 된다"는 트루먼 대통령의 결정을 신속히 소련에 전했고, 소련으로부터 중국에 전달되어 마오쩌둥으로 하여금 마음 놓고 대병력·군수물자를 압록강 철교를 통해 전장에 투입을 가능케 했다.

그러나 결국 1951년 4월 11일부로 트루먼 대통령은 맥아더 원수를 해임하고 말았다. 즉, "귀하를 연합국 최고사령관, 유엔군 최고사령관, 극동 미 육군사령관의 직위에서 해임시키는 것이 대통령 및 미군 최고사령관으로서의 나의 의무라는 것을 심히 유감으로 생각한다.…"

트루먼 대통령은 맥아더 원수를 해임하면서 그 이유를 분명히 밝히지는 않았으나 그 후의 성명을 보면,

첫째 : 전쟁이 멈추어야 한다는 것.

둘째 : 한국전쟁이 3차대전으로 폭발하지 않도록 구체적 조치를 취할 것.

셋째 : 침략이 종결되어야 한다는 것.

1950년 11월 4일의 B-29 90대에 의한 압록강 철교의 절단과 주변 중공군의 작전기지를 파괴하고, 11월 24일의 유엔군의 총공세가 성공할 가능성이 충분했기 때문에 만약 그렇게 되었다면 전쟁 종결과 남북통일도 가능했으리라. 일본 도쿄(東京)의 소련대사관 2등 서기관이며 6·25전쟁 후 미국으로 망명한 라스토브로프는 일본 신문기자들과의 인터뷰에서 "조선전쟁은 스탈린의 오산이었다. 조금만 더 밀었더라면 소련은 완전히 조선에서 손을

놓았을 것이다."(民族問題硏究會編, 1967 ; p. 6)

1951년 4월 11일 트루먼 정부는 맥아더 원수 후임으로 리지웨이 중장을 유엔군 사령관에, 리지웨이 후임으로 밴 플리트(Van Fleet, 1892~1992) 중장을 제8군 사령관으로 임명했다. 이승만 대통령과의 첫 만남에서 밴 플리트 장군은 존경심을 갖게 되었는데, 77세의 늙은 대통령이 공산주의자들을 한반도에서 반드시 몰아내겠다는 강인한 정신력을 가진 것을 보고 탄복했기 때문이었다.

1952년 7월부터 9월까지 미 제45사단은 북쪽의 불모고지 재탈환 작전에서 미군은 전사 39명, 부상 234명, 실종 84명의 피해를 입은 반면, 중국군은 1,039명의 사상자를 냈다. 그런데 마침 11월 대통령 선거를 앞두고 미국에 반전 분위기가 팽배했던 터라 문제가 제기되었다. 그리하여 클라크 유엔군 사령관은 대대급 이상의 작전수행은 반드시 자신의 승인을 받도록 지시했다.

밴 플리트 장군은 클라크 장군과 워싱턴 당국이 평화적인 해결이라는 이름 아래 한국전쟁에 더 이상 개입하지 않으려 한다는 사실에 크게 실망했다. 그는 이런 사조思潮가 미국의 젊은이들이 목숨 바쳐 지키고자 했던 '자유'와 '정의'라는 대의大義에 어긋나는 것이라고 생각했다. 9월 27일 그는 전선을 방문한 콜린스 육군참모총장에게 자신의 전역을 건의했다. 그는 전역해야겠다는 결심은 했지만, 자기의 육군사관학교 동기인 아이젠하워가 대통령에 선출되어 당선자 신분으로 방한하자, 한국전쟁을 군사적인 승리로 이끌 수 있다는 희망을 가졌다. 당선자가 유세 때 "내가 당선되면 한국에 갈 것이다."라고 말했기 때문이다.

1952년 12월 3일 밴 플리트 장군은 한국에 도착한 당선자에게 "한국군을 20개 사단으로 증강시키고 한반도에서 공산군 축출을 위한 적극적인 공세를 재개하겠다"고 보고했다. 그러나 당선자는 협상을 통해 전쟁을 종식시키겠다는 성명을 발표하고, 다만 한국군 증강 문제만은 차기 국방장관 내

정자에게 처리토록 지시했다.

밴 플리트의 귀임일자는 1953년 2월 12일로 결정되었다. 그는 한국 정부와 단체에서 베푸는 환송행사에도 참석했고, 서울대학교에서 명예박사학위도 받았다. 특히 1953년 1월 30일 환송행사에는 서울시민의 3분의 1이 운집했다고 한다. 1953년 2월 11일 그는 제8군사령부에서 개최된 짤막한 이·취임식에 참석한 후 2월 12일 한국을 떠났다. 북한 상공에서 실종된 아들 지미의 혼을 남겨두고!

『손자병법』에 의하면, "장수가 유능하고, 군주가 간섭하지 않으면 승리한다."(모공謀攻 3)고 했고, 클라우제비츠의 『전쟁론』(1832)에 의하면 "전쟁의 근본적 동기로서의 정치적 목적이라는 것은 군사적 행동에 의해 달성되어야 하는 목표에 대해서도, 그것에 필요한 힘의 발휘에 대해서도 마찬가지로 하나의 척도가 될 수 있다."(Ⅰ-1)고 했다.

트루먼 대통령은 위의 두 원칙을 완전히 범했기 때문에, 즉 전쟁 개입의 정치목적을 분명하게 밝히지도 않으면서 야전군사령관의 군사목표 선정에 간섭하여 많은 인명의 손실과 자원을 소비하고도 한반도에서 공산주의자를 축출하고 통일된 대한민국을 수립하는 데 실패하였고, 다만 분단선인 38도선을 휴전선으로 변경하고는 휴전하고 말았다. 맥아더 원수는 찢어버린 해임 요청 전문에서 "이것이 장래 극동에 비극적인 사태를 가져올 징조로밖에는 생각되지 않는다"고 했는데, 미국은 베트남 전쟁에 개입하여 전투에는 승리했으나, 전쟁에서 패배하는 수모를 겪었던 것이다.

요컨대, 트루먼은 1948년 대통령 재선에 성공하자, 소련에 대항하고 또한 세계정치의 주도권을 장악하기 위해 미 군사력의 재건, 국방예산의 증액 그리고 방위산업체의 유지 등이 필요했고, 이것이 전쟁에 의해 달성하고자 하는 정치적 목적이었으리라. 그래서 전쟁이 필요했고 스탈린과 김일성은 트루먼의 책략에 빠져 6·25전쟁의 방아쇠를 당겼다는 것이 필자의 '가설'(hypothesis)이며, 거기에 대한 논거로 유인책 5가지를 제시했다. 이 문제에 대한 찬성과 반대의 여부는 독자의 판단 영역에 속하는 것이리라.

그렇다고 우리들은 트루먼 대통령의 교묘한 권모술수를 선악(善惡, good and evil)의 관점에서 꾸짖을 차원의 문제는 결코 아니다. 국가안보·전쟁의 문제는 반도덕적 문제가 아니라, 비도덕적 문제인 것이다. 예컨대 일반적으로 살인을 하면 죄인이 되지만, 전장에서 적병을 많이 죽이면 포상의 대상이 되는 것과 같은 이치이다. 이 문제에 대해 앞에서 설명했지만, 마키아벨리(1469~1527)에 의하면 "조국의 존망이 걸려있는 경우 어떠한 수단도 목적에 대해 유효하다면 정당화 된다"고 했는데, 서양 정치가들은 이 견해를 확대 해석하고 또 선호하는 경향이 있다는 것을 명심해야 하리라.

웨드마이어의 회고록인 『웨드마이어는 보고한다!』(1958)는 국가전략과 군사전략의 빈곤이 국가이익과 국가안보에 지대한 영향을 미친다는 것을 생생하게 기록해 두었기 때문에 고급장교뿐만 아니라 정치인들의 필독서로 추천하고자 한다. 그리고 이 에세이는 한 군사사학도로서 6·25전쟁의 기원 그리고 미군 개입의 진정한 원인(동기)은 무엇인가, 즉 전쟁에 의해 달성하고자 했던 정치적 목적은 무엇인가에 초점을 두고 오랫동안의 연구·숙고를 거쳐 진실을 밝히려고 집필한 내용이며, 다른 목적은 없다는 것을 밝혀둔다.

1966년 3월, 김일성은 평양을 방문한 일본 공산당 서기장 미야모토 겐지(宮本顯治)에게 6·25전쟁에 관하여, "소련은 무기를 보내어 원조한다고 결정했다. 그러나 유상有償의 값비싼 무기였다.…조선전쟁에서 돈벌이를 한 것은 소련이었다"고 비난했는데, 소련은 중국에 대해서도 값비싼 유상의 무기대금을 받았으니 중국인은 통탄했다고 한다. 이것이 국제정치의 진상이 아닐까!

미국이 6·25전쟁에 참전하여 미군 인명 피해만도 137,250명이고, 전사·사망은 36,940명, 부상 92,134명, 기타 실종·포로 등이며, 전쟁비용은 6,910억 달러를 부담했다. 웨드마이어 장군은 "피비린내나는 무익한 한국전쟁"이라 혹평하면서도 1942년 12월 일본 기동함대의 하와이 기습작전의 진상을 밝히듯이 6·25전쟁은 왜 밝히지 않았을까? 등장시켜야 할 트루먼(1884~1972) 대통령, 마셜(1880~1959) 장군이 아직 생존해 있었고, 그 분들이 웨드마이어를 발탁한 은인들이기 때문이 아닌가 하고 추론해 보았다.

영국의 시인이자 극작가인 드라이든(John Dryden, 1631~1700)의 말에 의하면, "전쟁은 왕들의 거래이다"고 했는데, 전쟁의 원인에 대해 정곡正鵠을 찌른 말이라 하겠다. 어느 전쟁이건 명분이 없는 전쟁은 없었다. 그러나 대개의 명분은 전쟁을 합리화하기 위한 것에 불과했다. 어느 전쟁이라도 그 우두머리들의 불온한 욕망에서 시작되어왔던 것이다. 6·25전쟁의 원인도 최고 정치지도자들의 욕망에서 시작되었으나, 참전한 병사들의 심정은 다르다. 워싱턴의 한국전쟁 기념물에는 이런 글이 새겨져 있다. 즉 "미국은 알지도 못하는 나라의 만나본 적도 없는 사람들을 지키라는 국가의 부름에 응한 우리의 딸과 아들들에게 경의를 표한다"

한국은 2011년 12월 세계에서 9번째로 '무역 1조 달러 클럽'에 가입했고, 2012년에는 '20-50클럽'에 가입했다. 이것은 1인당 국민소득이 2만 달러 이상이면서 동시에 인구가 5천만 명을 넘는 나라를 뜻하며, 지금까지 단 6개국뿐이었는데, 7번째로 한국이 가입했다. 그리고 정보통신·조선·철강 및 자동차 생산 분야에 있어서 세계 첨단을 달리고 있으니, 이로써 한국은 2차 세계대전 이후 후진국에서 선진국·강대국의 문턱에 진입했다고 볼 수 있다.

이런 기적은 미국을 우방으로 가졌던 덕분이리라. 6·25전쟁 당시와 그 후 군대의 무기와 장비뿐만 아니라, 국민들이 먹고 사는 식량까지 무상으로 공급해주었고 또 굳건한 동맹관계를 유지했기에 휴전 후 60여년간 한반도에서 전쟁을 억지해 왔던 것이다. 그러다 보니 우리 국민들은 미국을 지나치게 믿는 경향이 있다는 것이 염려스러워 진다. 그래서 평생 전쟁을 연구대상으로 하는 군사학(military art and science)을 연구해왔기에 그 결론을 소개하면 아래와 같다.

평화를 바란다면 전쟁을 이해하고 거기에 대비하라.
그리고 국가와 주권의 수호도 거기서 비롯됨을 명심하라! ♣

주요 참고문헌

〈국내문헌〉

◦소진철, 『한국전쟁의 기원』, 원광대학교 출판국, 1996.

◦이종학, 『6·25전쟁이란 무엇인가』, 대전 : 충남대학교 출판문화원, 2011.

◦______, 『한국군사사연구』, 대전 : 충남대학교 출판부, 2010.

◦이종학 편저, 『전략이론이란 무엇인가』, 대전 : 충남대학교 출판문화원, 2012, 3판.

◦국방부 군사편찬연구소, 『전쟁의 배경과 원인』, 서울 : 국방부 군사편찬연구소, 2004.

◦한국일보 편, 『증언 : 김일성을 말한다—유성철·이상조가 밝힌 북한정권의 실체—』, 서울 : 한국일보사 출판국, 1991.

◦예프게니 비자노프/나탈리아 비사노바, 『소련의 자료로 본 한국전쟁의 전말』, 김광린 역, 서울 : 도서출판 열림, 1998.

◦이병도 역주, 『三國史記』, 서울 : 을유문화사, 1983.

〈외국문헌〉

◦朱英福, 『朝鮮人民軍の南侵と敗退』, 東京 : コリア評論社, 1979.

◦民族問題研究會編, 『朝鮮戰爭史』, 東京 : コリア評論社, 1967.

◦防衛廳防衛研修所戰史室著, 『ハワイ作戦』, 東京 : 朝雲新聞社, 1967.

◦Cumings, Bruce. *The Origin of the Korean War : the Roaring of the Cataract, 1947~1950.* Princeton University Press, 1990.

◦Carr, Edward H., *What is History?* New York : Radom House, 1961.

◦MacArthur, Douglas. *Reminiscences*, New York : McGraw-Hill, 1964.

◦Ridgway, Matthew B., *The Korean War*, New York : Popular Library, 1967.

◦Stinnett, Robert B., *Day of Deceit*, New York : Simon & Schuster, 2000.

◦Truman, Harry S., *Memoirs*, Garden city, N.Y. : Doubleday & Company, Inc., 1956.
◦Wedemeyer, Albert C., *Wedemeyer Reports!*, New York : The Devin-Adair Company, 1958.
◦*Khrushchev Remembers*, trans. by Strobe Talbott, New York : A National General Co., 1970.

Ⅱ. 평화적 남북통일에 대한 새로운 제안

박형, 그동안 안녕하셨소?

오랫동안 소식을 전해주지 못하여 미안합니다. 최근에 거론되었던 '동북아 균형자 역할', '자주국방' 그리고 '전시 작전 지휘권의 환수' 등의 논의·결정과정을 지켜보면서 걱정도 했을 뿐만 아니라, 오히려 분노마저 느꼈소. 그렇지만 학문에만 몰두하고 싶어서 시골에 왔고 또 더 늙기 전에 오랫동안의 숙제였던 「명량해전의 군사 사학적 연구」라는 논문을 집필키로 했으며, 해군대학에서 발간하는 『해양전략』 제132호(2006. 12)에 발표했습니다.

박형도 알다시피, 원균이 지휘했던 조선 수군은 1597년 7월 15일 칠천량 해전에서 완패당하여 송두리째 와해당하고 말았소. 백의종군을 하고 있었던 이순신은 8월 3일 왕명으로 삼도 수군통제사로 종이 한 장 뿐인 재임명장을 받았소. 그는 패잔병들과 신병들을 소집하고, 수습한 병선 13척으로 불과 2개월 후인 9월 16일 위세 당당한 일본 수군 130여 척과 명량 해전을 벌여 적선 31척을 격파하여 승리했을 뿐만 아니라, 우리의 병선은 한 척의 손실도 없었소. 그는 그 날의 일을 『난중일기』에, "이것은 하늘이 준 행운이다"고 겸손하게 기록했으나, 나는 군사이론에 바탕을 두고 조선 수군의 승리의 원인을 밝혔으며, 또한 이 논문의 집필과정에서 생애에 두 번째로 눈물을 흘렸다는 것을 고백하지 않을 수 없소.

지난 2월(2007년)에는 일본 도쿄에 소재하는 「일본 전략연구 포럼」(Japan Forum for Strategic Studies)에서 1,500자 범위 내에서 「한반도의 현황과 전망」의 시평時評을 집필해 달라는 원고 청탁이 왔소. 이것은 논문을 집필하기보다 더 어려운 과제였으나 피할 수 없는 처지라 일본어로 발표했는데(2007. 4. 1. 게재), 그 내용을 옮겨보기로 하겠소.

> 한반도는 금년에 중대한 전환점에 직면하고 있다. 하나는 북한의 핵 폐기로 향한 6자회담의 합의문이 2월 13일 베이징에서 발표되었으나, 앞으로 어떤 성과를 얻을 것인가 이며, 다른 하나는 12월의 한국 대통령 선거의 결과이리라. 여기서는 전자에 초점을 맞추어 논의하고자 한다.
>
> 북한은 2006년 7월 4일, 7발의 미사일을 발사했고, 더욱이 2개월 후인 10월 9일에는 핵실험으로 내딛었다. 이것으로 인해 유엔의 안전보장이사회는 유엔헌장 제7장에 바탕을 두고 제재를 전원 일치로 채택했던 것이다. 2005년 9월 19일 6자회담에 있어서, 한반도 비핵화 원칙에 합의했기 때문에, 이번의 합의문에서는 60일 이내에 핵시설의 폐쇄와 국제원자력기구(IAEA)의 사찰, 그리고 모든 핵 프로그램 중단과 핵 무능화 이행 등, 단계적으로 되어 있으나, 일거에 비핵화로 향한 해결, 사찰을 했어야 하지 않았겠는가? 그러나 지금부터라도 북한의 핵 포기로 향한 구체적인 조치에 대한 확실한 검증을 얻지 못하는 경우에는, 단호히 에너지·식량 등의 비원조와 유엔의 제재를 강화한다는 것을 확실하게 하여 실행해야 할 단계이리라.
>
> 1992년 1월 20일, 남북의 양 정부는, "한반도 비핵화에 관한 공동선언"을 조인했음에도 불구하고, 북한은 비밀히 핵무기를 개발·실험했고, 또 북한의 고위관리는 핵실험 후에도, "한반도의 비핵화는 김일성 주석의 유훈遺訓이며, 그 방침에는 변함이 없다"고 언명했던 것이다. 김정일과 그의 수뇌들은, "정권은 총구에서 태어난다"고 하는 마오쩌둥(毛澤東) 이론을 광신하고 있는 듯하나, 자원이 풍부했던 구소련이 미사일·핵탄두가 부족해서 붕괴했을까? 사유 재산과 시장 경제를 승인하지 않는 국가체제는, 결국 국가경제가 성립될 수 없기 때문에 붕괴되는 것이다. 개인이나 국가를 불문하고, 경쟁은 발전의 원동력이라는 것을 알아야 한다. 최근 발표된 저우언라이(周恩來) 총리의 만년

의 병상일기에 의하면, "국가가 대단히 불행하다. 건국 26년이 지났는데도 6억의 인민이 밥도 제대로 먹지 못하고 있다. 공산당만을 노래 부르고 지도자만을 칭찬하고 있으나, 이것은 공산당 실패의 한 장면이다."(1975년 12월 28일)

북한은 전후 반세기 이상이 지났음에도 불구하고, 1990년의 중반기에 '고난의 행군'에 의해 300만 명의 아사자餓死者를 냈고, 현재는 '제2의 고난의 행군'이 시작된 것 같으며, 인민들은 아직도 기아선상에서 헤매며 외국으로 탈출을 꾀하고 있는 것이 현황이다. 남북한의 통계를 보면, 인구는 4,850만 명 대 2,150만 명, 병력은 67만 4천 명 대 117만 명, 그리고 국내 총생산(GDP)은, 9,310억 달러 대 227억 달러이다. 북한의 붕괴는 이미 시작되었다고 진단해도 좋으리라. 한국정부는 2000년의 남북 수뇌회담 이후, 햇빛정책에 의해 북한에 대체로 50억 달러를 원조해 주었으나, 거기에 대한 응답은 미사일 발사와 핵실험이었다. "평화를 바란다면, 전쟁을 이해하고, 거기에 대비하라!"고 하는 것이 나의 반세기에 걸친 군사학 연구의 결론이다. 한반도 통일에 관한 시나리오에는 ;

① 북한 해방을 통한 남북한의 연방제

② 북한의 붕괴 후, 한국에 의한 흡수 통일

③ 무력 충돌에 의한 통일

등이 논의되고 있으나, 강대국의 개입과 피해의 가능성이 언제나 존재하고 있다. 그래서 바람직한 시나리오는, 935년 신라의 경순왕이 태자의 반대를 무릅쓰고 고려의 태조에게 국가 권력을 이양한 것처럼, 김정일 국방위원장은 한국정부에 권력을 이양하고 따뜻한 제주도에서 여생을 편안하게 사는 것이리라. 이렇게 함으로써, 김일성이 범한 민족적 비극(6·25전쟁)에 대한 보상도 되고, 또 한민족의 평화적 통일과 동북아시아의 평화와 번영에 공헌하는 것이 되리라.(2007. 2. 15. 탈고)

박형, 내가 제안한 바람직한 시나리오는 지면상 배경을 생략했으나, 몇 가지 더 설명이 필요할 것 같소. 지난 2005년 5월 20일 공군회관에서 전우회원 약 150여명이 참석한 가운데 「지정학적으로 본 한민족의 생존전략」이란 주제로 안보강연을 했소. 세계적 관점에서 본다면, 한국은 조선·IT분야에서는 수위를 점하고, 무역량·국민 총생산도 10위권 내외에 속하지만, 한반도를 둘러싼 4대 강국, 즉 미국, 일본, 중국 그리고 러시아와 비교하면 열세를 시인하지 않을 수 없소. 거기에다 이들 강대국들은 한반도의 통일을 바라고 있지 않을 뿐만 아니라, 더욱이 무력에 의한 통일에는 개입하지 않을 수 없는 상황이요. 그래서 우리의 역사적 선례와 교훈을 거울삼아, 대단히 어려운 문제겠지만 김정일 국방위원장에게 중대한 결단을 내려야하는 제안을 했소. 이것은 반세기에 걸친 연구의 집대성 비슷한 책, 즉『한 군사학도의 연구 발자취』(충남대학교 출판부, 2006년)에서 발표한 내용임을 밝힙니다. 요컨대, 무력에 의한 한반도의 적화통일이란, 전쟁으로 인해 한반도가 완전히 폐허로 변할 것이고, 거기서 통일이 무슨 소용이 있으며, 또한 적화통일의 보장도 없소. 왜냐하면 강대국들이 필연적으로 전쟁에 개입하기 때문이며, 과거 김일성이 과오를 범한 중대한 교훈일 것이오.

중국은 내년의 북경 올림픽 개최국이기 때문에 한반도의 정세변화에 적극적으로 개입하지 않을 것으로 추정합니다. 한편 최근 중국의 기업은 9억 달러를 지출하여 첨단산업에 불가결한 희소금속이 풍부하게 매장되어 있는 무산 광산을 앞으로 50년간 독점 채굴권을 획득했는가 하면, 동해의 나진항 부두의 독점 사용권을 획득하는 등, 지금 북한은 중국의 '남길림성'으로 불릴 정도로 예속화가 진행 중이요. 거기에다 동북공정을 통한 고구려를 중국 지방정권이라는 등 패권주의 모습을 노출시키고 있는 상황이며, 올림픽이 끝나면 한반도 정세에 적극적인 태도를 취할 것으로 예상됩니다. 그렇기 때문에 평화적 남북통일은 지금이 가장 적기라고 생각되었기에 새로운 시나리오를 제기한 것입니다.

박형, 나는 우리나라의 햇빛정책의 추종자들에게 이탈리아의 마키아벨리(1469~1527)의 주장(국가 간의 관계)을 소개해 주고 싶소. 즉 "다음 두 가지는 절대로 경시輕視해서는 안 된다. 하나는, 인내와 관용으로 대한다면, 인간의 적의敵意이라 할지라도 녹일 수 있다고 생각해서는 안 된다. 둘째는, 보수報

酬나 원조를 준다면 적대관계라 할지라도 호전好轉시킬 수 있다고 생각해서는 안 된다."(『정략론政略論』)

박형의 건승을 빕니다.♣

(『自由』, 2007년 5월호)

国際時評 「朝鮮半島の現況と展望」

韓国忠南大学校・平和安保大学院兼任教授・元韓国国防大学教授
ソラボル軍事研究所長　李 鍾學

朝鮮半島は今年重大な転換点に直面しているようである。一つは、北朝鮮の核放棄に向けた六者協議の合意文が2月13日北京で発表されたが、これからどのような成果を得るかであり、もう一つは、12月の韓国大統領選挙の結果であろう。ここでは、前者に焦点を合わせて論議することにする。

北朝鮮は2006年7月4日、7発のミサイルを発射し、さらに2ヵ月後の10月9日には核実験に踏み切ったのである。これによって国連の安全保障理事会は、国連憲章第7章[2]に基づいて制裁を全会一致で採択したのである。2005年9月19日六者協議において、朝鮮非核化原則に合意したのであるから、今度の合意文では60日以内に核施設の閉鎖とIAEA[3]の査察、それから、あらゆる核プログラム中断と核不能化履行等、段階的になっているが、一挙に非核化に向けた解決、査察をすべきではなかったであろうか？しかし、これからでも北朝鮮の核放棄に向けた具体的措置に対する確実な検証が得られない場合は、断固としてエネルギー、食料等の非援助と国連の制裁を強化することを明言、実行すべき段階であろう。

1992年1月20日、南北の両政府は、「朝鮮半島非核化に関する共同宣言」に調印したにもかかわらず、北朝鮮は密かに核兵器を開発、実験したし、又北の高位官吏は実験後にも「朝鮮半島の非核化は故金日成主席の遺訓であり、その方針に変わりはない」と言明したのである。金正日とその首脳たちは、「政権は銃口から生まれる」という毛沢東理論を狂信しているようであるが、資源富国であった旧ソ連はミサイル・核弾頭がなくて崩壊したのであろうか？私有財産と市場経済を承認しない国家体制は、結局国家経済が成立しえないので崩壊するのである。個人や国家を問わず、競争は発展の原動力であることを知るべきであろう。最近発表された周恩来総理の晩年の病床日記によれば、「国家が非常に不幸である。建国二十六年になっても六億の人民がご飯もろくに食べられないでいる。共産党だけを謳い、指導者だけをほめたたえているが、これは共産党失敗の一場面である」(1975年12月28日)

北朝鮮は戦後半世紀以上経過したにもかかわらず、1990年の半ば「苦難の行軍」によって300万名の餓死者を出し、現在は「第二の苦難の行軍」が始まったようで、人民たちはいまだに飢餓線上にあって外国に脱出を演じているのが現況である。南北の統計を見ると、人口は4,850万人対2,150万人、兵力は67万4,000人対117万人、それから国内総生産(GDP)は、9,310億ドル対227億ドルである。

Ⅲ. 독도의 영유권을 둘러싸고 -한국 신체제와 한·일관계-

나는 한국과 일본이 상호 이해와 평화를 유지하고, 함께 번영하는 것을 바라고 있었는데, 이번에 독도(일본에서는 다케시마(竹島))의 영유권을 둘러싸고 양국의 주장이 다르다는 것을 알게 되었다. 따라서 이 문제를 어떻게 해결할 것인가에 대해 논의하고자 한다.

일본의 아사히신문에 의하면, 지난 2008년 7월 14일, 문부성은 일본과 한국이 서로 영유권을 주장하는 독도에 대해 처음으로 기술記述한 중학교의 '학습지도 요령'의 해설서를 공표했다. 한국을 배려하여, 다케시마를 '일본 고유의 영토'라는 직접 표현은 피했으나, 한국 측에서는 반발이 거세졌다.… 해설서는, 지금까지도 북방 영토에 대하여 "(러시아에) 반환을 요구하는 것에 대해, 확실하게 다룰 필요가 있다"는 등으로 기술하고 있었지만, 이번에 처음으로, "우리나라와 한국 사이에 다케시마를 둘러싼 주장에 차이가 있다"는 것을 말하고, "북방 영토와 마찬가지로 우리나라의 영토·영역에 대해 이해를 깊게 하는 것이 필요하다"고 하는 문구를 첨가했다. 해설서는, "북방 영토는 우리나라 고유의 영토"라고 명기明記하고 있고, '다케시마'를 다룸에 있어서는 "북방 영토와 마찬가지"라 함으로써, 간접적으로 "일본 고유의 영토"라고 가르칠 것을 요구하고 있다고 보도했다.

나는 30여 년 전, 일본의 구 해군성에서 발행한 『조선수로도朝鮮水路圖』(메이지明治 42년?)에 독도가 울릉도에 속해 있는 해도海圖를 보고난 후, 독도의 영유권 문제에 대해서는 흥미가 별로 없었다. 그러나 이번에 일본정부의 해설서 공표에 의해 여러 사실을 알게 되었고, 또 관심을 가지게 되었다. 특히 일본인이면서 '독도'는 한국의 영토라고 주장하는 학자가 있다는 것이었다. 그들은 주로 사실事實에 바탕을 두고 연구하여 학자적 양심만으로 '독도'는 일본 영토가 될 수 없다는 이유를 사료검증史料檢證과 분석을 통해 분명히 밝혔다.

이들 학자란, 예컨대 역사학자 야마베 겐타로(山邊健太郎, 1905~1977), 가지무라 히데키(梶村秀樹, 1936~1989), 시마네 대학의 나이토 세이추(內藤正中, 1929~2012) 명예교수, 교토 대학의 호리 가즈오(堀和生) 교수, 나고야 대학의 이케우치 사토시(池內敏) 교수 등이며, 만약 '독도'가 "일본 고유의 영토"라고 주장하려면, 이들 일본인 역사학자들의 견해를 신중히 그리고 객관적으로 검증해야 하지 않을까?

나는 본 『계보季報』 제37호(2008. 7. 1. 그리고 『自由』 2008년 11월호)에서, 고대사학자 이노우에 미쓰사다(井上光貞, 1917~1983) 박사가, 고대사 연구기관도 아닌 육군 참모본부에서 해독·해석한 '광개토왕 비문 신묘년 기사'를 사료비판도 하지 않고 역사 교과서에 게재하여 학생들에게 교육하고 있다는 것을 지적했다. 또 일본의 메이지(明治) 이래의 대륙정책은 조선·중국을 지향한 일본제국주의의 침략정책으로 알고 있었으나, 일본의 정치가나 지성인들이, 그것은 '침략'이 아니라 '진출'이라고 주장하는 데 대하여, 처음에는 놀랐고 다음에는 실망한 경험을 가지고 있다. 그래서 일본인들이 상식적인 단어도 식별하지 못하는 문제점이 있으며, 이런 원인은 어디서 연유하는 것일까를 조사해 보았고, 다음 사항을 알게 되었다.

• 일본의 역사 교과서의 결함에 대해서는 여러 가지 원인이 있지만, 최대의 문제는 일본의 정부·문부성의 방침이 일본의 아시아 침략, 식민지 지배, 전쟁에 대하여, 그 책임을 명확히 시인하려 하지 않고 가능한 한 은폐하려는 체질이 나타나고 있다는 것이다. 그리고 교과서의 검정권은 문부성이 장악하고 있고, 그 검정은 일본사 교과서에 대해 가장 엄격하며, 문부성의 방침을 반영하려 하고 있다.(中村 哲, 일본의 정치학자, 법정대학 총장 역임)

• … 방대한 『상주기록上奏記錄』이다. 태평양 전쟁 당시의 육·해군이, 쇼와(昭和)천황에게 무엇을 상주했는가를 꼭 알고 싶다. 예컨대, 미드웨이 해전에서 일본의 항공모함이 4척 격침당했지만, 천황에게는 2척으로만 보고되었을 것이다. 사실, 미드웨이 해전이 있었던 다음 해인 1943년의 함대 편성표에는, 격침당한 항공모함의 이름이 확실하게 기록되어 있기 때문이다. 즉 군부는 천황을 속였을 가능성이 있다.… 다만 일본인이란, 객관적으로 역사적 기록을 명확하게 쓴다는 훈련이 되어있지 않은 것도 사실이다.(『諸君』 1992年 2月號, p. 127)

사실史實은 사실史實로서 객관적으로 기록한다는 것이 바람직하다. 그것이 역사인식의 첫걸음이며, 과거의 진실을 알지 못하고서는 현재 및 장래에의 명확한 판단이나 이웃 나라와의 화해와 우호관계의 증진도 성립될 수 없다는 점에 유의해야 한다.

2008년 7월 14일, 서울의 평화방송라디오에서 구로다 가쓰히로(黑田勝弘, 산케이 신문産經新聞) 서울지국장은 다음과 같이 말했다. "바위 덩어리 섬을 갖고 전쟁을 일으키는 나라는 없다. 벌써 독도는 한국 것이 되어 있지 않는가. 50년 이상 자기가 지배하고 있는데, 왜 그리 흥분하나." 그는 이 날 방송에서, "역사적으로나 실질적인 점유상태로 보나 한국 영토인데 일본이 왜 거론하느냐"라는 진행자의 질문에 대해, 그는 "영토문제는 여러 나라가 다 마찬가지로 자기나라 주장을 대내외적으로 강력히 얘기하는 것은 당연한 것이고, 그런 발언도 자세도 있을 수 있다"며 "다만 독도 문제는 지금 이 시점에서 나온 것이 아니고, 벌써 50여 년 전부터 한일 국교 정상화 때부터 대립이 있었던 문제이다.… 일본 측에서 그런 주장이 있다는 것은 사실이기 때문에 그렇게 너무 흥분할 필요가 없는 것 같다"고 말했다.

구로다 지국장은 독도를 '일본 고유의 영토'라는 것을 교과서에서 가르치려는 의도에 대해, "그렇게 흥분할 필요가 없다"고 얘기했지만, 그것은 일본의 새로운 군국주의자들의 침략적 근성의 대두에 대한 경고로 수용해야 한다. 거기에다 고대로부터 근·현대에 이르는 한국과 일본의 관계사를 고찰해야 하며, 일본의 저명한 사학자 하다다 다카시(旗田 巍) 교수의 견해를 아래와 같이 소개한다.

> • 조선은 일본에 있어서 외국이다. 따라서 조선사朝鮮史는 외국사外國史이다.… 조선사는 일본인에 있어서 특별히 깊은 뜻을 가진 외국사라는데 이론異論은 없으리라. 일본의 역사 내면에 삽입된 특별한 의미를 가진 외국사이다.
>
> 주지하는 바와 같이 고대 일본의 형성기에는, 조선의 문화·기술·제도 등이 많은 조선인과 함께 일본에 들어왔다. 그것은 일본의 사상·종교·예술·기술을 비롯하여, 사회조직, 국가제도의 발전에 중대한 영향을 미쳤다. 조선도래朝鮮渡來의 문명과 사람을 빼고서 일본의 고대문명이나 고대국가의 형성은 얘기할 수 없다.…
>
> 고대의 시대를 지나면서, 양국의 관계는 그 이전만큼은 긴밀하지 않았다. 그러나 양국 사이에는 끊임없이 교류가 계속되었다. 그 사이에 왜구倭寇 및 도요토미 히데요시(豊臣秀吉)의 출병 등의 침략도 있었으나, 한편 선린우호의 국교도 있었다.…
>
> 메이지기(明治期)에 들어오면, 일본에 있어서 조선은 전연 새로운 의미를 가지게 되었다. 근대 일본의 대륙발전 노선에 있어서 먼저 조선이 지배의 대상이 되고, 열강과 다툰 후에 조선에 대한 독점적 지배권을 입수했고, 마침내 조선을 병합하고, 이것을 완전히 식민지로 만들었다. 일본과 조선의 관계는 식민지 지배국과 식민지라는 관계가 되었다.

양국의 국민이 과거 역사의 진실을 알고, 또 상호의 입장을 이해하려고

할 때, 상호 신뢰와 이해가 깊게 된다는 것을 필자는 믿고 있다. 그런데 오늘날 일본인의 자세는, 일본이 식민지 지배국이었음에도 불구하고 그 행위를 '침략'이 아니라 '진출'이라고 주장하고 있기 때문에, 한국의 입장에서 본다면 대화의 상대도 될 수 없는 상태에 놓여있다. 일본어에 "은혜를 원수로 갚는다"는 말이 있는데, 한·일간의 긴 역사를 회고해 본다면 한국이 일본에 은혜를 베푼 시대도 있었으며, 이 말은 일본 측의 태도를 표현한 적절한 말이라 생각한다.

현실의 문제로 돌아와 보면, 지금까지 논의되어 왔던 독도의 영유권에 대한 해결안은 다음과 같은 것이 있다.

① 독도 영유권 문제의 해결을 다음 세대로 연기한다.

② 한국정부는 독도를 시마네 현(島根縣)에 선물로 주고, 동시에 일본정부는 대마도를 경상남도에 선물로 준다.

③ 울릉도와 오키 섬(隱岐島)의 중간을 경계선으로 하여, 그 이북은 동해東海로 하고, 그 이남은 일본해日本海로 이름을 붙인다.

양국의 수뇌들은 가능한 한 빨리 회담을 실시하여 독도 영유권 문제를 해결해야 한다. 그 이유는 상호 신뢰와 이해, 거기에다 국력의 소모에 영향을 미치기 때문이다. 나는 타당성과 수락성의 관점에서 ③의 방안이 최적最適의 해결책이라 생각한다.♣

【이 글은 『日本戦略研究フォーラム会誌』 38号(2008. 10.)에 게재한 것을 번역한 내용임】

Ⅳ. 한국 신체제와 한·일 관계 -고대사의 사실史實을 둘러싸고-

박형, 그동안 안녕하셨소?

매일 30도가 웃도는 찜통더위가 기승을 부리고 있지만, 이것은 머지않아 결실의 계절인 시원한 가을이 찾아온다는 징조가 아니겠소?

박형도 알다시피, 나는 1990년대 초에 고구려 군사사상을 연구하다가 광개토왕 비문에 등장하는 왜倭의 실체와 신묘년 기사辛卯年記事에 관해 규명하고자 7, 8년간의 시간을 연구하며 논문을 집필하여 우리나라뿐만 아니라, 일본의 고대사 학술지에도 발표했소.

廣開土王碑의 답사(1992. 7.)

그런데 2007년 우리나라 역사학계의 중진으로 활약하고 있는 서울대학교의 노태돈 교수는 일본 육군 참모본부의 요코이 다다나오(橫井忠直)가 주동이 되어 해독·해석한 비문의 신묘년(391) 기사, 즉 "'백제와 신라는 예부터 고구려의 신민으로 조공해 왔다. 그런데 왜가 신묘년에 바다를 건너와 백제와 ㅁㅁ와 신라를 쳐서 신민으로 삼았다'로 풀이하는 것이 통설이었다.…신묘년 조 기사의 해석 자체는 '통설'과 같이 하는 게 순리라고 여겨진다. 단, 신묘년 조에서 전하는 기사의 내용은 그대로 다 사실성이 있는 것이라고는 보기 어렵다"※고 하였소. 그렇다면 비문 자체가 잘못된 내용을 기록했다는 말인가요?

그래서 나는 「제32회 동아시아 고대학회 학술발표대회」(2007. 12. 26)에서 「군사사학이란 무엇인가?—광개토왕 비문 신묘년 기사를 중심으로—」를 발표했고, 거기에 추가하여 『일본서기日本書紀』(720)에 기록되어 있는 신공황후神功皇后의 「남한정벌」의 내용에 대해 견해를 밝혀보려고 합니다. 이 문제는 한·일간의 역사문제일 뿐만 아니라, 양국 국민의 현재와 미래에도 관련이 깊은 문제이기도 합니다. 마침 『日本戰略研究フォーラム會誌』(2008. 7)에 발표했기에 아래와 같이 옮겼으니, 읽고 논평해 주기 바랍니다.

오늘날에 있어서 한·일간의 현안문제는 역사문제, 독도 영유권 문제 그리고 위안부 문제 등이 있지만, 2회에 걸친 수뇌회담은 「미래지향」에 치닫다보니 현안문제는 깊이 다루지 않거나, 또는 화제에도 오르지 못했다. 그러나 2월 25일 이명박 대통령 취임 후, 후쿠다 야스오(福田康夫) 수상은 수뇌회담에서 스스로 역사문제를 꺼냈다. "과거의 사실事實은 사실로서 인정하는 것이 중요하다.… 역사는 겸허하게 맞이하는 것이 중요하며, 상대편이 어떻게 생각하는가를 언제나 생각해야 한다"[1]고 지적했다.

한편 이명박 대통령은 4월 21일 일본을 방문했을 때, 아키히토 천황(明仁天皇)과의 회견에서, "역사의 진실은 잊지 않고 실용의 자세로 미래 지향적이며 성숙한 동반자 관계를 만들어야 한다"고 말했다. 아키히토 천황은, "양

※ 노태돈, 「광개토왕 능비」, 『한국고대사연구의 새동향』(서울 : 서경문화사, 2007), pp. 445~446.

1) 「朝日新聞」, 2008年 2月 26日.

국의 국민은 역사의 진실을 알기 위해 노력하고, 서로의 입장을 이해하려고 노력했을 때, 상호 신뢰와 이해理解가 깊어진다"[2]고 말했다.

양 국민이 과거의 역사의 진실을 알고 또 상호의 입장을 이해하려고 노력했을 때, 상호 신뢰와 이해가 깊어진다는 견해에는, 나는 전적으로 동의한다. 그러나 과거의 진실을 알려고 하는 노력이 과거에 집착하여 미래에 지장을 가져오는 것이 아닌가 하고 생각한다면, 이와 같은 역사관에 대해서는 견해를 달리한다. 그 이유는, 과거의 역사에 대한 진실은 현재의 입장을 이해하는 데 필요할 뿐만 아니라, 미래의 상호 신뢰와 이해에도 필수조건이라는 것이 나의 견해이다. 이 문제 대해 영국의 역사가 E. H. 카(1892~ 1982)는, "역사란 과거와 현재와의 대화라고 전번 강연에서 얘기했지만, 오히려 역사란 과거의 여러 사건과 차츰 나타나는 미래의 여러 목적 사이의 대화라 불러야 한다고 생각합니다"[3]고 했다.

한·일관계의 고대사 문제의 현안은, 『일본서기日本書紀』(720)에 있는 신공황후神功皇后 49년(249)의 한반도 남부 7개국 평정과 광개토왕 비문 신묘년(391) 기사의 해독·해석의 문제이리라. 신공황후 49년 3월, 장군을 파견하여 현재의 경상도의 7개국을 평정했다는 내용인데, 보주補註에 의하면, "서기 기원으로 249년, 아마도 백제기百濟記에 바탕을 둔 글. 간지干支 2운運을 내려 369년의 사실史實을 포함한다. 이케우치 히로시(池內宏)는 6세기경, 임나일본부任那日本府의 관할의 여러 소국小國의 복속기원服屬起源으로 본다. 스에마쓰 야스카즈(末松保和)는 이것을 사실史實로 본다"[4]고 소개되어 있다.

1883년 가을, 일본 육군 참모본부의 간첩이었던 사가와 가게노부(酒匂景信) 중위가 가져간 광개토왕 비문(차후 비문으로 약칭함)의 쌍구본을 참모본부 편찬

2) 「조선일보」, 2008년 4월 22일.

3) Edward H. Carr, *What is History?*(New York : Vintage Books, 1961), p. 164.

4) 坂本太郎外 校注者, 『日本書紀』(上) (東京 : 岩波書店, 1984, 19刷), pp. 355~356.

과원 겸 육군대학교 교수인 요코이 다다나오(横井忠直) 씨가 중심이 되어 상세한 연구가 실시되었다. 1889년 6월 『회여록會餘錄』 제5집이 비문 연구의 특집호의 형태로 간행되어, 거기서 신묘년 기사(차후 기사로 약칭함)는 다음과 같이 해독·해석되었다. 특히 기사 후반부의 주어는 왜倭이고, 또 세 글자의 빠진 것 가운데 마지막 글자를 新으로 유도한 것은 요코이 씨이리라.[5)]

> (사료) 百殘(濟)과 新羅는 옛부터 屬民으로 朝貢해 왔다. 그런데 倭는 辛卯年(391)부터 와서 바다를 건너 百殘□□新羅를 破하고 臣民으로 삼았다.(일본의 통설)

사에키 아리키요(佐伯有清) 교수에 의하면, "나는 참모본부를 중심으로 하는 왜곡된 고대 한·일관계사관韓日關係史觀의 완성의 시기를 1888년 10월로 생각한다.… 계속하여 참모본부에서 해독·해석되고, 그것이 원형原型이 되어… 당시의 일본의 조선에 대한 침략의 의도를 역사적으로 정당화시키기 위해 「왜의 활동」의 기록을 비문 속에서 찾으려는 것이 의식적이든, 무의식적이든 작용했으리라고 생각해야만 하리라"[6)]고 주장했다.

일본의 고대사학계에서는 참모본부에서 해독·해석된 기사가 통설이 되어 일본열도의 왜가 391년에 「한반도에의 진출」 뿐만 아니라, 「임나일본부」설의 일등사료一等史料의 논거가 되었다. 예컨대, 연표에 다음과 같이 기록되어 있다.[7)]

> •369, 이때에 야마토 정권(大和政權)의 통일이 진행. 이 때 임나일본부 성립.
> •391, 일본군이 조선에 출병, 고구려와 싸우다.(고구려 호태왕 비문)

일본의 저명한 고대사학자, 이노우에 미쓰사다(井上光貞, 1917~1983) 박사는

---

5) 横井忠直, 「高句麗古碑考」, 『會餘錄』 第五集(東京 : 亞細亞協會, 1889), p. 50.

6) 佐伯有清, 『広開土王碑と參謀本部』(東京 : 吉川弘文館, 1976), p. 121, p. 127.

7) 『日本史事典』(東京 : 平凡社, 1983), p. 446.

회고록에 다음과 같이 기록했다.

> •국사학과에 입학하여 무엇보다도 이상하게 생각한 것은 주임교수인 히라 이즈미 기요시(平泉澄) 박사가 황국사관皇國史觀의 대표적인 주창자였다는 것이다.… 주임교수가 무릇 학문과 전연 연관도 없는 황국사관을 설득하고 의심치 않는다는 이상한 풍경을 전개하고 있었던 것이다.[8]
>
> •고대사 연구는 문헌만으로는 안 되며, 고고학도 함께 연구해야 한다는 것을 몸소 가르쳐 준 분은 이시다(石田)선생이었다.[9]

이처럼 학식이 풍부했던 이노우에 박사가, 고대사 연구기관도 아닌 육군 참모본부의 요코이 씨가 중심이 되어 해독·해석한 기사를 사료비판도 하지 않고, 그대로 삼켜 역사 교과서에 다음과 같이 발표했다.

> 고구려의 호태왕의 비문에는, 倭가 한반도에 진출하여 고구려와 교전했다는 것이 기록되어 있다. 이것은 야마도 정권이 한반도의 진보된 기술과 철 자원을 획득하기 위한 가라加羅(임나任那)에 진출하여, 거기를 거점으로 해서 고구려의 세력과 대항했다는 것을 얘기하고 있다.[10]

일본의 육군 참모본부에서 해독·해석한 신묘년(391) 기사가 과연 사실을 전하고 있을까? 비문에 등장하는 왜는 직접 군사작전에 참가하고 있어서, 전쟁의 준비·수행·결과에 대한 해석은 군사이론과 역사학을 결합한 군사사학(軍事史學, military history)에 의해 규명하는 것이 타당성이 있다는 입장에서 규명을 시도한 논문을 발표했으나,[11] 여기서는 연구 성과의 결론만 소개코자 한다.

---

8) 井上光貞, 『井上光貞-わたしの古代史学-』(東京 : 日本図書センター, 2004), p. 23, p. 25.

9) 上揭書, p. 47.

10) 井上光貞·笠原一男·兒玉幸多, 『詳說日本史』(東京 : 山川出版社, 1993), p. 25.

11) 李鍾學, 「広開土王碑文の真実-軍事史学的研究方法による辛卯年記事の検討-」, 『日本及日本人』(東京 : 日本及日本人社, 1998, pp. 144~154. 及び『東アジアの古代文化』創刊100號, 1999. 夏. 転載.

1) 일본열도의 왜가 391년 이전부터 한반도에 진출했다면, 도해작전渡海作戰에 필요한 병력·무기·식량 등을 운반하기 위해 「구조선構造船의 존재」가 전제·필수조건이지만, 일본의 고대사학계는 아직도 문헌사학 뿐만 아니라, 고고학에서도 이것을 실증하지 못하고 있다.

2) 일본의 통설과 마찬가지로, 왜가 391년 백잔百殘(濟)·신라를 파하고 신민으로 삼았다고 가정해도, 비문의 영락 10년(400)과 14년(404)에 왜는 대궤·궤패되었기 때문에 한반도의 남부에 발판이 되는 거점(작전기지)의 상실로 인해 「임나일본부」설은 전연 성립되지 않는다.

예컨대, 1796년 3월 나폴레옹은 이탈리아 방면군 사령관에 임명된 이후, 연전연승하여 황제에 취임하여 유럽대륙에 군림했으나, 워털루 전투(1815)에 패배하여 남대서양의 외딴 섬, 센트 헬레나에 유배되었다. 일본은 태평양전쟁에 패배함(1945)으로 인해 청일전쟁(1894) 이래 획득한 식민지를 모두 상실했다. 전쟁철학자 클라우제비츠는 명저, 『전쟁론』(1832)에서 다음과 같이 주장했다. "이와 같은 전쟁의 형태에 있어서, 영광은 최후의 승리자에게 주어진다는 것을 언제나 기억해야 한다."(제8편 제3장). 여기서 영광이란 전쟁에서의 정치적 목적의 달성을 뜻하는 데, 지금까지 비문연구가들은 이처럼 중요한 군사이론의 내용을 간과해 왔던 것이다.

3) 비문에 의하면, 영락 6년(396), 고구려왕은 친히 수군을 거느리고 가서 백잔국百殘國을 토벌하였다.… 적들의 도성을 포위했다. 백제왕은 남녀생구男女生口 1,000명과 세포細布 1,000필을 바치면서 왕에게 항복하고, 이제부터 영구히 고구려왕의 노객奴客이 되겠다고 무릎을 꿇고 맹세하였다. 또 영락 9년(399), 신라왕이 사신을 보내어 아뢰기를, "왜인들이 신라 국경에 가득 쳐들어와서 성지城池를 파괴하고 있습니다. 이 노객(신라 왕)

은 대왕의 백성이 되어 있으니 구원을 요청합니다"고 했다.

이들의 비문 내용에서 396년에 백제왕이, 399년에 신라왕이 등장한다는 것은 기사(391)에 대한 일본의 통설이 전연 잘못된 해독·해석이라는 것의 직접적 증거일 것이다.

4) 비문을 작성한 찬자撰者는 고구려의 적측인 백제를 '백잔百殘'이라고 멸칭한 것처럼 비문에 등장하는 '倭'란 일본열도의 야마도 정권이 아니라, 임나가라에 대한 멸칭이었다. 그 이유는 비문의 영락 10년조(400)에 의하면, 비문에는 왜倭·왜적倭賊·왜구倭寇가 등장하지만, 고구려군의 공격목표는 임나가라였기 때문이며, 또 "도래계 집단은 야요이 시대(300 B.C~300)부터 계속하여 급속히 그 수를 증가하여, 아마도 기타규슈(北九州)를 중심으로 많은 소왕국(부족국가)을 만든 것으로 생각한다"[12]고 했기 때문이다.

5) 필자는 기사에 대하여 다음과 같이 해석한다.

> 百濟와 新羅는 옛날부터 속민으로서 高句麗에 朝貢해 왔다. 그런데 任那加羅는 신묘년(391)부터 (침공해) 왔다. 高句麗가 바다를 건너 百濟와 [任][那][加]羅를 破하고 신민으로 삼았다.…

일본에서 역사학을 조금이라도 연구한 사람들에게는, 물론 황국사관[13]에 사로잡힌 사람을 제외하고, 『일본서기』(720)의 5세기 전반 이전은 가공으로 만들어진 내용이며, 안강천황(安康天皇, 재위 : 453~456) 정도가 되면 비교적 실제 연대가 되어 있다는 것이 상식으로 알려져 있다.

---

12) 埴原和郞, 『日本人の成り立ち』(京都 : 人文書店, 1996, 2刷), p. 283.

13) 日本의 神話 가운데 最高神으로 太陽神과 皇祖神의 두 성격을 지닌 天照大神이 그의 자손에게 三種의 神器(거울·曲玉·검)를 주어 日本國을 통치케 했다. 따라서 일본은 神國이며, 天皇은 萬世一系요, 또한 神性과 그 통치의 정당성·영원성을 주장한 역사관이다. 2차 대전 패배 후, 1946년 1월에 천황은 인간선언을 했다. 그러나 오늘날에도 일본의 우익단체는 皇國史觀을 뿌리 깊게 신봉하고 있다.

따라서, 한·일간의 고대사에 관한 현안문제인 '신공황후 49년조'나 '광개토왕 비문의 신묘년(391) 기사'에 대해서, 사실史實이 아닌 것은 사실이 아니라고 시인하는 것이 중요하며, 역사의 진실을 알기 위한 노력은 현재와 미래에 있어서 양쪽 국민의 신뢰와 이해를 깊게 하는 중요한 계기가 되리라.♣

(『自由』, 2008년 11월호)

国内時評 「韓国新体制と日韓関係―古代史の史実をめぐって―」

韓国·忠南大学校 兼任教授　李 鍾學

今日における日韓間の懸案問題は、歴史問題、独島(日本では竹島)領有問題、それから慰安婦問題などであるが、二回にわたる首脳会談は、「未来志向」に貫かれたため懸案問題には深く触れないか、または話題にも上がらなかったようである。しかし、2月25日李明博大統領の就任後、福田康夫首相は、首脳会談で自ら歴史問題を切り出したのである。「過去の事実は事実として認めることが大事だ…歴史は、謙虚に向き合うことが重要であり、相手がどう考えるかを常に考えなければならない」[1]と指摘した。

一方、李明博大統領は、4月21日、日本を訪問した時、明仁天皇との会見で、「歴史の真実は忘却せず実用の姿勢で未来志向的であり成熟した同伴関係を作らなければならない」と言った。明仁天皇は、「両国の国民は、歴史の真実を知るために努力し、互いに立場を理解しようと努力したとき、相互信頼と理解が深くなる」[2]と発言した。

両国民が、過去の歴史の真実を知り、また相互の立場を理解しようとした時、相互信頼と理解が深くなるとの見解には、私は全面的に同意するのである。しかし、過去の真実を知ることの努力が、過去にとらわれて未来に支障があるのではなかろうかと考えるならば、このような歴史観には異見である。その理由は、過去の歴史に対する真実は、現在の立場を理解するのに必要であるばかりでなく、未来の相互信頼と理解にも必須条件であるというのが私見である。この問題について、英国の歴史家、E.H.カー(1892−1982)は、「歴史とは過去と現在との対話であると前の講演で話しましたが、むしろ、歴史とは過去の諸事件と、次第に現われて来る未来の諸目的との間の対話と呼ぶべきであったかと思います[3]」と。

日韓間の古代史問題の懸案は、『日本書紀』(720年)にある神功皇后49年(249年)の朝鮮半島南部の七国平定と広開土王碑文辛卯年(391年)記事の解読·解釈の問題であろう。神功皇后49年3月、将軍を派遣して現在の慶尚南·北道の七国を平定したとの内容であるが、補注によれば、書紀起源で49年、おそらく百済記にもとづく文、干支二運をさげて369年の史実をふくむ。池内宏[4]は、六世紀頃、任那日本府の管下の諸小国の服属起源の話とする。末松保和[5]はこれを史実とみる[6]、と紹介されている。

V. 한국과 일본의 미래관계를 위한 단상斷想

1. 역사란 무엇인가

영국의 역사가 E. H. 카(Edward Hallett Carr, 1892~1982)는 그의 명저, 『역사란 무엇인가』(*What is Histroy?*, 1961)에서, "나는 지난 강연에서 역사를 과거와 현재와의 대화라고 말씀드렸습니다만, 오히려 역사는 과거의 여러 사건과 점차적으로 우리들 앞에서 출현하게 될 미래의 여러 목적과의 대화라고 말씀드렸어야 했을 것입니다. 과거에 대한 역사가의 해석도, 의의 있는 것과 적절한 것의 선택도, 새로운 목표가 점차적으로 출현함에 따라서 진화되어 나아가는 것입니다"라고 말했다.

역사란 과거를 대상으로 하여 연구하지만, 결국 미래 지향적인 학문임을 밝히고 있다. 필자도 그동안 '역사란 무엇인가' 하는 문제를 곰곰이 생각하여 다음과 같이 풀이해 보았다. 즉, 역사란 지난날 인간생활에서 일어난 여러 가지 사건의 인과관계因果關係의 진실을 밝히고, 그것으로 현실을 이해하는 자료로 삼고 또 후세에 넘겨주어 교훈으로 삼게 함으로써 삶을 유익하게 하는 학문이다.

필자는 한국과 일본은 상호 이해하고 평화를 유지하며 함께 번영하기를 바라고 있었다. 그러나 일본의 메이지(明治, 1868)정부 수립 이후의 소위 대륙정책을 분석·평가하지 않을 수 없었다. 마침 2000년 1월 28일, 일본 항공자위대 간부후보생학교(나라(奈良) 소재)에서 특강을 할 기회가 있었다. 거기서 일본정부의 대륙정책은 '침략'정책이라고 얘기했는데, 질문의 기회를 주었더니, 학생장교(중위)가 그것은 '침략'이 아니라, '진출'이라고 했다. 그래서 '진출'이란 예컨대 어느 무역상사가 외국에 나가서 장사하는 것을 뜻하고, '침략'이란 군대를 이끌고 가서 타국의 영토와 주권을 탈취하는 것을 뜻한다고 설명했다. 1974년 유엔총회에서 내린 '침략'의 정의는 다음과 같다. 즉

일본항공자위대간부후보생학교 강의
(2000. 1. 28.)

"침략이란 어느 나라가 타국의 주권, 영토 보전, 또는 정치적 독립에 대해 무력을 행사하는 것을 뜻한다."

필자는 그 후 일본인들이 '진출'과 '침략'을 식별하지 못하는 원인이 무엇인가를 살펴보았다.

① 일본의 대륙정책은 '침략'이 아니고, '진출'이었다.(日本航空自衛隊 幹部學校의 學生將校)

② 나카소네(中曾根) 총리는 동경재판을 긍정하고, 그리고 전후의 총리 가운데 처음으로 대동아전쟁은 침략전쟁이었다고 말하고 말았다. 그의 발언을 알았을 때, 나카소네 총리는 본인 속에서 가치관이 도착倒錯되지 않았나 하고 생각했다.(龜井靜香 自民黨代議士)

③ 일본국민 가운데는, 특히 지도적 입장에 있는 사람 가운데, 확신범적確信犯的인 사죄를 거부하는 사람들이 있다는 것이 문제이다. 졸저, 『역

사의 종말』을 번역한 와타나베 쇼이치(渡部昇一) 교수가 그 전형典型이다. 와타나베 교수는 제2차 세계대전에 관련하여 완전히 난폭한 발언을 했다. "난징(南京) 대학살은 없었다. 일본군이 난징을 떠날 때, 중국인은 눈물을 흘리면서 전송했다"고 말했다. 와타나베 교수와 같은 사회적 지위의 인물이 상상을 넘어선 얘기를 했다. 이런 얘기를 히틀러에 대해 말하는 사람이 있다면 서구사회에서는 용서받지 못하지만, 일본에서는 허용된다는 것이다. 독일에서는 네오 나치집단(Neo-Nazi Group)이 출현했어도 그것은 커다란 세력이 아니다. 일본에서는 이러한 종류의 사람이 국수주의 세력으로 보편적으로 존재하고 있다. 그것을 사회가 수용하고 있으며, 그것이 일본과 독일의 차이점이다.

사죄의 방식이 서툴다거나, 표현이 조잡하다는 차원의 문제가 아니고, 일본은 진실로 반성도 사죄도 하지 않고 있다. 그것이 문제이다. (프란시스 후쿠야마 교수)

④ 일본의 역사 교과서의 결함에 대해서는 여러 가지 원인이 있으나, 가장 큰 문제는 일본의 정부·문부성의 방침이 일본이 아시아 침략, 식민지 지배, 전쟁에 대해서 그 책임을 명확히 시인하지 않으며, 가능한 한 은폐하려는 것이다. 그리고 교과서의 검정권檢定權은 문부성이 장악하고 있으며, 그 검정은 일본사 교과서에 대해 가장 엄격하며, 문부성의 방침을 반영시키고자 한다.(中村 哲 名譽敎授)

⑤ 한국의 역사 교과서는 일본의 침략에 대해 사실에 바탕을 두고 상세히 기술記述하고 있으나, 일본의 교과서는 이 점에 관한 서술敍述은 대단히 빈약하다고 말하지 않을 수 없다. 특히 근현대에 있어서 일본의 조선침략에 관한 기본적인 사실에 대해서는, 그 평가는 고사하고 지식으로서도 일본과 한국의 국민이 공유共有해야만 한다. 한국의 교과서에 명기明記되어 있고, 한국인은 누구나가 알고 있는 일본의 침략과 식민

지 지배의 실태에 대해, 일본인만이 알지 못한다면 이웃과의 대화와 신뢰는 깊어지지 않으리라.(高本 享 教諭)

필자는 일본 항공자위대의 젊은 장교(중위)가 '침략'과 '진출'의 용어에 대한 식별을 알지 못하는 원인은 어디에 있을까, 하고 찾았더니, 그 해답은 ④, ⑤에 있었다는 것을 알았다. 그리고 일본 총리가 태평양전쟁을 침략전쟁이었다고 발표했을 때, 한 국회의원은 수상의 정신상태가 어그러져 거꾸로 뒤집힌 것이(倒錯도착) 아닌가 하고 생각했다는 데, 일본에서 극우·국수주의 세력이 사회에서 수용되고 있으나, 독일에서는 그렇지 않으며, 일본과 독일의 침략전쟁에 대한 인식의 차이점이라 지적했다.(③)

일본의 청일전쟁(1894~1895), 러일전쟁(1904~1905), 한일합방(1910), 만주사변(1931), 중일전쟁(1937~1945), 그리고 진주만 기습작전에 의한 태평양전쟁(1941~1945)은 침략이며, 과거의 침략행위에 대한 진실을 알지 못하고서는 미래의 정확한 판단과 이웃나라와의 화해와 우호관계의 증진은 성립되기 어려우리라.

> 천황은 기자회견에서, "나 자신으로로는, 환무천황桓武天皇의 생모가 백제의 무령왕武寧王의 자손이라는 것을 『속일본기續日本記』에 기록되어 있는 것에 대해, 한국과의 연고를 느끼고 있습니다.… 더욱이 과거를 정확히 아는 데 노력하고, 각 개인으로서의 서로의 입장을 이해한다는 것은 대단히 중요하며, 양국민 사이의 이해와 신뢰감이 깊어지기를 바랍니다"고 말했다.
>
> (「아사히 신문(朝日新聞)」, 2001년 12월 23일)

필자는 천황의 견해에 전적으로 동의한다. 그리고 1986년 10월 국방대학원 재직 중 학생 10여명을 인솔하여 도쿄(東京)을 방문했을 때, 아베 신타로(安倍晋太郎) 외무장관의 강화講話를 통역할 기회가 있었다. 그는 역사적 관점에서도 한국과 일본의 상호 이해와 관계의 중요성을 역설했는데, 감명 깊게 들었고 통역했으며, 일본 의사당으로 우리들 일행을 초대하여 구경시켜

주기도 했다. 그 후 필자는 그의 명의로 발간된 외교문서를 읽으면서, 이 분이 차기의 총리가 된다면 한일관계는 한 단계 더 높게 발전하리라, 생각하면서 총리가 되기를 바랐다. 그런데 애석하게도 1991년 5월

15일 타계하고 말았다. 하지만 그의 아들 아베 신조(安倍晋三)는 총리를 역임했고, 또 앞으로 재차 총리로 출마할 모양인데, 그는 최근의 신문 인터뷰(2012. 8.)에서 과거사 반성 담화 폐지와 헌법 개정 등을 하겠다고 했으니, 그가 만약 재집권하게 된다면, 동북아시아의 파도는 높아지리라.

2. 침략에 대한 진정한 사죄란?

동북아시아의 평화와 공동번영이라는 기치 아래 한국·중국·일본 3국 협력사무국이 서울에 문을 연 지 1년이 지났다. 이들 3국이 잘 협력한다면 세계의 경제 주도권을 좌우하게 되리라. 즉, 국내 총생산(GDP)의 관점에서 보면, 중국이 세계 2위요, 일본이 3위이며, 한국도 10위권에 들어갈 뿐만 아니라, 조선, 정보·통신, 철강, 자동차 등의 분야에서 첨단을 달리고 있다. 그래서 미국의 전략국제문제연구소(CSIS), 브루킹스, 헤리티지 재단 등에서 우려와 경계의 시선을 던지고 있는 실정이다.

그런데 지난 10월, 일본의 센카쿠(尖閣, 중국명 댜오위다우(釣魚島)) 국유화 조치로 중·일간 갈등이 불거져 아직 해결의 실마리를 찾지 못하고 있다. 일본은 한국과의 영토분쟁의 씨앗인 독도문제를 안고 있으며, 언제 표면화될지 알 수 없는 상황이다. 3국간의 갈등의 씨앗은 과거사와 영토분쟁인데, 이를 어떻게 해결하느냐 하는 과제가 동북아시아의 평화와 공동번영의 열쇠가 되리라.

2차 대전이 끝난 지 26년 만에 서독 수상인 빌리 브란트가 폴란드 바르샤바를 방문한 것은 1970년 12월 7일이었다. 나치에 의해 수 백 만의 시민이 희생된 폴란드의 희생자 위령탑을 방문하게 되었다. 도저히 용서할 수 없는 독일이었지만, 독일과 폴란드의 화해 없이는 유럽 전체의 평화와 번영은 기대할 수 없는 걸림돌이었다. 전 세계의 이목이 쏠려있는 가운데 비에 젖은 위령탑 앞으로 나아가 향을 피우고 커다란 화환을 올리고 두 손을 잡고 묵념하면 끝나는 공식적인 겉치레 행사였다.

그런데 두 손을 마주 잡고 있던 서독 수상인 빌리 브란트가 갑자기 털썩 무릎을 꿇었다. 그리고 한동안 그 상태로 묵념을 했다. 비에 젖은 맨바닥에 무릎을 꿇은 브란트 수상의 모습이 폴란드뿐만 아니라, 전 세계에 알려졌고, 외교적이고 관례적인 과거에 대한 겉치레 반성 같은 것보다 훨씬 강력한 감명을 주었다. 그의 사죄의 모습은 독일 나치가 저지른 모든 죄악에 대한 독일인으로써의 진정어린 반성과 사죄였기에 냉전 분위기를 뒤집어 평화로의 초석을 이루는 데 밑바탕이 되었던 것이다.

일본은 패전 후 정치가·관료들은 과거의 한반도·중국에 대한 침략과 피해를 입힌 데 대한 진정어린 사죄의 모습을 보이지 않았을 뿐만 아니라, 그들의 죄과를 은폐하는 교육을 실시하여 '침략'과 '진출'도 식별하지 못하는 국민을 육성하고 있다. 일본정부는 교과서뿐만 아니라, 방위백서인 『일본의 방위』라는 책자에서도 '독도'를 일본의 영토라고 명시하고 있으니, 아마

도 그들은 '독도 탈환 작전계획'도 수립했으며, 기회만 노리고 있는 것으로 짐작한다. 따라서 우리는 만반의 대비태세를 갖춤으로써 그들의 의도를 사전에 억제해야 하리라.

동북아시아의 평화와 공동번영이라는 기치 아래 한국·중국·일본 3국 협력사무국이 서울에 설치되었지만, 독일의 브란트 수상처럼 일본 위정자의 진정한 과거 침략에 대한 사죄와 일본 국민의 호응이 없다면, 그것은 모래 위에 세운 누각(砂上樓閣사상누각)에 지나지 않으리라.♣

(月刊『自由』, 2013년 1월호)

Ⅵ. 한반도와 중국의 미래관계를 위한 단상斷想

2012년은 세계적인 '권력 이동'의 한 해였다. 오바마 미국 대통령의 재선 성공, 중국 시진핑(習近平) 총서기의 등장, 일본 우파의 아베 신조(安倍晋三)의 재출범, 푸틴 러시아 대통령의 재등장이다. 거기에다 미국과 중국이 새로운 패권 경쟁에 돌입한 사이에 북한 김정은은 2012년 12월 장거리 로켓의 발사를 성공시켰다. 이에 대해 유엔 안전보장이사회가 대북제재를 결의하자, 북한은 금년(2013년) 1월 24일 제3차 핵실험 가능성을 시사하면서 한반도의 긴장을 높이고 있다. 세계적인 경제 위기와 한반도의 긴장 속에 새누리당의 박근혜 후보가 대한민국의 대통령으로 당선되었다.

외교통상부의 외교안보연구소가 2012년 12월 27일에 발간한 「2013~2017년 중기 국제정세」에서 "내년 2월 출범하는 차기 정부는 21세기 들어 가장 어려운 대외 환경에 직면할 것"이라고 전망했다. 보고서는 "북한의 핵무장과 북한이 기대고 있는 중국의 부상으로 북핵협상 패러다임이 전환될 것"이라며, "북한의 도전이 과거보다 더 심각하고 복잡하며 다양한 성격을 띠고 있다"고 분석했다.

북한의 어린 지도자 김정은(1983~)의 등장과 그들 군사력의 위협 속에서 뾰족한 해결책을 찾아내지 못하는 지금의 한반도 정세는 위기임에 틀림없다. 그러나 우리가 항상 명심해야 할 사항은, '위기'를 지혜롭게 대응하면 '기회'가 된다는 것이다. 그래서 남·북한의 평화적 통일과 앞으로의 중국 향방에 대한 견해를 밝혀보려고 한다.

1. 평화적 남북통일에 대한 새로운 제안

2007년 2월 일본 도쿄에 소재하는 「일본 전략연구 포럼」(Japan Forum for Strategic Studies)에서 '한반도의 현황과 전망'의 시평時評을 집필해 달라는 원고 청탁이 와서 발표했고 또 『自由』(2007년 5월호)에도 번역·발표했다. 평화적 남북통일에 대한 새로운 제안을 간략하게 요약하면 ; 한반도 통일에 관한 시나리오에는, ① 북한 해방을 통한 남·북한의 연방제, ② 북한의 붕괴 후 한국에 의한 흡수통일, ③ 무력충돌에 의한 통일 등이 논의되고 있으나, 강대국의 개입과 피해의 가능성이 언제나 존재하고 있다. 그래서 바람직한 시나리오는, 935년 신라의 경순왕이 태자의 반대를 무릅쓰고 고려의 태조에게 국가의 권력을 이양한 것처럼, 김정일 국방위원장은 한국정부에 권력을 이양하고 따듯한 제주도에서 여생을 편안하게 사는 것이리라. 이렇게 함으로써 김일성이 범한 민족적 비극(6·25전쟁)에 대한 보상도 되고 또 한민족의 평화적 통일과 동북아시아의 평화와 번영에 공헌하는 것이 되리라.

필자는 새로운 제안에 대해 지면상 구체적인 배경 설명을 생략했으나, 그 내용을 소개하면 아래와 같다.

첫째 : 김정일 국방위원장은 절대 권력자요, 안정된 정치기반을 구축해 두었다는 것이다. 북한을 통치하는 데 '헌법'이 있고, 그 위에 '조선로동약규약'이 있으며, 그 위에 '김정일 국방위원장'이 있기 때문이다. 만약 그가 새로운 제안을 결심하기만 한다면 아무도 반대하지 못하고 실현하게 되었으리라.

둘째 : 중국은 북한에 개입할 문제만 발생하면 적극적으로 개입하여 북한을 자국의 영토화 하려는 음모를 꾸미고 있다고 생각했기 때문이며, 이 문제는 차후 구체적으로 논의하고자 한다.

셋째 : 한반도가 통일된 연후에도 주변 강대국이 한반도를 침략하여 획득되는 이득보다 그 반격에 의해 입는 손해가 크다는 것을 사전에 계산케 함으로써 침략을 포기케 하는 군비를 『한반도韓半島의 억지전략이론抑止戰略理論』(1979 ; p. 335.)에서 아래와 같이 밝혔다.

> ① 전술핵무기체계를 보유하지만 방위용이며, 결코 타국에 대해 선제공격을 하지 않는다.
> ② 기동성이 높은 소규모의 재래식 상비군을 보유한다.
> ③ 범국민적 민병대의 조직을 갖춘다.

그런데 김정일 국방위원장은 셋째 아들 김정은에게 2010년 9월 27일 인민군 대장 칭호를 수여했고, 이어 다음날 28일 30년 만에 소집된 당대표자회의에서 중앙군사위원회 부위원장에 올라 권력 승계자 지위를 공식화했다. 이리하여 북한은 '김일성→김정일→김정은'으로 이어지는 근·현대사상 초유의 '3대 세습체제'를 구축했다.

북한은 2011년 12월 19일 김정일이 "17일 초강도의 현지 지도 강행군 길을 이어가다 겹쌓인 정신·육체적 과로로 인하여 열차에서 순직했다"고 발표했다. 북한 내부사정에 정통한 소식통에 의하면, 12월 17일 급사 직전 "'화천발전소가 부실공사로 인해 누수현상이 심각하다'는 보고를 받고 크게 화가 난 그는 '빨리 수리하라'고 호통을 친 뒤 분을 삭이지 못한 채 자강도로 현시시찰을 서두르다가 급사했다"는 것이다. 만약 김정일 국방위원장이 권력을 한국정부에 이양하고 제주도에서 요양을 했더라면 이런 사태는 발생하지 않았을 터인데… 평화적 남북통일이 잠시 물 건너 가버린 사태에 필자는 깊은 아쉬움과 애통함을 느꼈다.

이제 북한은 김정은이 권력을 계승했으나, 권력기반을 구축하는 데 시간이 소요될 것이며, 그는 「조선로동당 규약」에 의해 권력을 행사할 것이며, 2012년 4월 11일 개정을 했다.

그 내용을 보면, "최종 목적은 온 사회를 김일성-김정일주의화"하고, "위업의 승리를 위하여 투쟁한다"고 했는데, 이것은 무력에 의한 한반도의 적화통일이 그들의 최종 목적임을 명시하고 있다. 그리하여 북한은 한국(약 5천만 명)의 절반도 안 되는 인구이지만, 한국군의 병력 63만 9천여 명인데 북한은 119만여 명이며 20여만 명에 달하는 특수전 부대를 보유하고 병력의 70% 이상을 휴전선에 배치하여 병력의 기동·집중 없이도 전쟁을 도발할 수 있는 준비태세를 갖추고 있다. 그러니 우리는 만반의 전비태세를 갖추어 사전에 그들의 전쟁도발을 억제해야 한다.

그리고 "조선로동당은 … 맑스·레닌주의의 혁명원칙을 견지한다"고 했는데, 마르크스-레닌주의에 의하면 "자본주의가 없어지면 전쟁이 없어진다"고 하였고, 레닌에 의하면 "피압박 계급의 해방은 폭력혁명이 없이는 불가능하다"고 했다. 북한은 아직도 옛 소련에서 폐물로 버린 마르크스-레닌주의를 고수하고 있다는 데에 한반도 위기의 심각성이 도사리고 있다.

역사의 연구란 과거의 진실을 밝히고 그것을 기초로 하여 현재의 위상을 이해하고 미래의 방향을 제시하는 데 있다고 생각한다. 이런 견지에서 지난날의 역사를 살펴볼 때, 660년 신라의 3국 통일 과정에서 당唐과 왜倭가 전쟁에 개입했고, 또 김일성은 무력에 의한 적화통일을 하기 위해 1950년 6월 25일 남침을 개시했지만, 미국을 위시한 16개국의 군대와 중국·소련의 군대가 개입하여 한반도는 축소판 세계전쟁터가 되어 폐허가 되었다. 이제 또 다시 북한의 수뇌들이 전쟁을 일으키고자 결심하기 전에 군사고전인 클라우제비츠의 『전쟁론』(1832)에서 "최초의 한 걸음을 내어 디딜 때, 최후의 결과를 미리 고려할 것을 절실히 요구한다"(8편 3장)는 경고를 상기하기 바란다.

한반도에서 만약 북한이 전쟁을 일으킨다면 역사적·지정학적으로 보아도 외세가 개입하기 마련이며 또 새로운 휴전선이 생기리라. 그리고 한반도가 핵전쟁으로 완전히 황폐화된 연후에 통일이 무슨 소용이 있는가. 27년간 펠로폰네소스 전쟁(Peloponnesian War, 431~404 B.C)으로 스파르타가 아테네에 승리했으나, 그리스 민족은 그 후 번영에서 쇠퇴의 길로 접어들었고, 그 영향이 오늘날까지 미치고 있다. 한반도에서 북한이 전쟁을 일으킨다면 어느 편이 승리하느냐가 문제가 아니라, 핵전쟁이 일어나 평양 금수산 기념궁전을 비롯하여 한반도 전체가 완전히 폐허로 변할 것이며, 그것은 한민족의 영원한 쇠퇴와 몰락을 뜻하는 것이 되리라. 그러니 북한의 수뇌자들은 전쟁을 일으키기 전에 그 전쟁의 결과가 어떻게 될 것인가를 깊이깊이 생각하기 바란다.

2. 패권주의 중국의 향방은?

마오쩌둥(毛澤東)이 이끄는 공산당은 국민당과 함께 일제日帝를 몰아낸 뒤, 국민당을 대만으로 쫓아버리고 공산주의 중국을 1949년 10월에 건설했는데, 사유재산과 시장경제를 인정하지 않으니 농산물의 생산과 공산품의 생산이 위축되었다. 그리고 마오가 주도한 대약진운동, 문화대혁명 등은 재앙을 가져왔으며, 수천만 명의 아사자餓死者가 발생했다. 저우언라이(周恩來) 총리의 만년의 병상일기에 의하면, "국가가 대단히 불행하다. 건국 26년이 지났는데도 6억의 인민이 밥도 제대로 먹지 못하고 있다. 공산당만을 노래부르고 지도자만을 칭찬하고 있으니, 이것은 공산당 실패의 한 장면이다."(1975년 12월 28일)

그러나 1978년 덩샤오핑(鄧小平)의 결단으로 개혁개방(사유재산과 시장경제를 허용했으나, 북한은 수정주의자라 비난·배제하고 있다) 이후 중국은 유례없는 경제성장을 이룩했다. 미국 국가정보위원회(NIC)가 2012년 말에 발표한 「2030년 미래전략 보고서」에 의하면 2020년이 되면 '팍스 아메리카'는 끝나고, 중국이 경제적으로 세계 1위가 될 것으로 예측했다. 이어 동아시아 질서를 예측한 4가지 시나리오 가운데 중국을 정점으로 상의하달식 폐쇄적인 세력권이 형성될 가능성을 배제하지 않았다.

한편 중국의 싱크탱크(think tank)인 중국과학원은 2013년 1월에 발표한 「국가 건강보고」에서 "지금 같은 성장세가 이어지면 2019년 경제 총량에서 미국을 능가할 것"이라고 전망하면서도 "부패와 사회 불안정, 부적절한 자원 배분, 미약한 기술 혁신 등으로 성장에 도전을 받고 있다"고 지적했다.

중국은 1990년대 이후 고구려사를 중국 소수민족의 지방정권, 즉 중국사의 일부라고 주장하며 역사를 왜곡하고 있다. 이것은 단순한 역사문제에만 관련이 되는 것이 아니라, 영토문제, 국가전략문제와도 관련이 있는 정치적 프로젝트이며, 이것을 소위 '동북공정東北工程'이라고 한다. 이것은 마치 일제가 1910년 조선왕조를 합병하기에 앞서, 육군 참모본부가 중심이 되어 광개토왕 비문의 신묘년(391) 기사를 5년간 연구하여 1889년에 연구결과를 발표한 것과 같다. 즉 "倭는 辛卯年(391)에 바다를 건너와 百殘과 新羅를 破하고 臣民으로 삼았다"고 왜곡·해석하고 이것을 역사교과서에 넣어 학생들에게 가르쳤고, 한일합방을 정당화하는 데 활용했다.

필자가 2007년 2월, 앞의 '새로운 제안'을 집필할 당시, 중국의 기업은 9억 달러를 지출하여 첨단산업에 불가결한 희소금속이 풍부하게 매장되어 있는 무산광산을 앞으로 50년간 독점 채굴권을 획득했는가 하면, 동해의 나진항 부두의 독점사용권을 획득하는 등, 북한은 중국의 '남길림성'으로 불릴 정도로 예속화가 진행 중에 있다. 만약 북한에 급변사태가 발생한다면, 중국은 군사력으로 개입·점령하고는 일제처럼 옛 고구려의 영토를 회복한 것뿐이라고 주장하리라. 이것이 필자가 평화적 남북통일에 대한 새로운 제안을 했던 근본적 배경이었다.

2012년 11월 새로 출범한 시진핑 총서기 체제의 공산당은 부패척결의 깃발을 다시 들었다. 2012년 2월 초 보시라이(薄熙來) 전 충칭(重慶)시 서기의 측근이 미 영사관에 피신하면서 시작된 '보시라이 사건'은 중국은 물론이고 전 세계를 들썩이게 했다. 이 사건의 강경처리를 주장했던 원자바오(溫家寶) 총리도 일가 재산이 27억 달러(약 3조원)에 이른다는 폭로가 나오면서 곤경에 빠졌고, 고위관리들은 고액의 현금을 가지고 국외로 잠적하는 사건이 계속 발생하고 있다고 신문은 보도했다.

최근의 중국정부는 19세기 영국을 비롯한 유럽 열강이 아프리카와 아시아의 식민지를 약탈했던 패권주의 수법으로 이웃나라를 삼키려 할 뿐만 아니라, 남중국해의 섬에 대한 영유권 분쟁으로 베트남·필리핀과 대립하고 있고 또 일본과는 센카쿠 열도에서 위기에 놓여 있으며, 한국과도 이어도 영유권을 둘러싼 중국의 억지 주장은 한국에도 악몽의 전조일 수 있다.

이러한 상황 속에서 특히 중국 고위층 내부의 고질적인 부패는 이제 체제의 안정을 위협하고 있다고 그들은 말했는데, 옛 소련이 1991년 8월 고르바초프의 서기장 사임과 권고에 의해 공산주의 깃발을 내리고 해체하여 여러 민족에게 독립 국가를 형성케 한 것처럼, 중국도 시진핑 체제에서 평화적으로 해체하여 티베트족과 위구르족 그리고 만주의 조선족을 각각 독립국으로 분리시키고, 중국도 양자강 남북으로 분리 독립국으로 만드는 것이 중화민족中華民族뿐만 아니라, 아시아의 평화와 번영을 위해 바람직한 조치가 되리라.

이미 남·북한 체제의 우열경쟁은 끝났다. 즉 2011년의 기준에 의하면 남·북한의 경제적 격차가 37배나 벌어졌고, 한국의 무역규모는 1조 달러를 달성하여 세계 9위의 무역 대국이며, 수출 규모만으로는 세계 7위이다. 그러니 북한은 '평화적 남북통일에 대한 새로운 제안'을 하루 빨리 수락·실행하기 바라며, 북한의 사회주의자들은 조선 인조왕이 병자호란 후의 사례처럼 대동강에서 목욕을 시켜 새로 태어나게 한 후, 북한의 경제개발과 민둥산의 녹화사업에 힘을 기울일 기회를 주어야 한다. 이렇게 함으로써 한민족은 세계가 우러러 보는 '동방의 밝은 등불'이 되리라.♣

(月刊『自由』, 2013년 3월호)

Ⅶ. 급변하는 동북아 정세와 일본의 '집단적 자위권'

영국에 있어서 영원한 우방도 없으며 또 영원한 적도 없다.
다만 영원한 국가이익이 있을 뿐이다.
-파머스턴(1784-1865)경-

1. 급변하는 동북아 정세

2013년 10월 1일 최대 규모로 치러진 '건군 65주년 국군의 날 기념행사'를 TV화면을 통해 관람하면서 흐뭇한 감정에 휩싸였다. 젊은 군인들의 늠름한 모습, 최신 무기·장비의 공개, 그리고 화려한 공군 블랙 이글의 에어쇼를 보면서 매료되었다. 더욱이 박근혜 대통령은 기념사에서 "군대의 진정한 존재 가치는 전쟁을 막는 데 있다. 튼튼한 안보를 바탕으로 평화통일을 이루겠다"며 국민들 앞에 다짐했다.

다음 날(10월 2일) 한국과 미국의 국방장관은 연합안보협의회(SCM)를 열고 북한이 핵무기를 사용할 징후가 포착되면 지상·해상·공중에서 선제적으로 공격하는 '맞춤형 억제전략'에 합의했다. 이것은 핵무기 사용이 임박하는 경우 선제공격의 길을 열어둔 전쟁 억제의 획기적인 진전이기도 하지만, 반면에 한반도에서 핵전쟁이 일어날 가능성을 증대시킨 조치이기도 하다.

현재 미국은 북한의 핵·미사일 위협과 미국의 패권에 도전하는 중국의 등장이라는 두 가지 위협에 직면하고 있다. 10월 3일 존 케리 미국 국무장관은 일본을 방문하여 기자회견에서 "일본의 집단적 자위권 노력을 환영하며 일본과 긴밀히 협력해 나아가겠다"는 의지를 분명히 했다. 일본의 '집단적 자위권'이란 동맹국이 공격받을 때, 이를 자국에 대한 침략행위로 받아들여 반격할 수 있는 권리를 뜻한다.

한편 중국은 일본과의 센카쿠(尖閣) 열도(중국명 댜오위다오) 영유권 분쟁, 필리핀·베트남과도 남중국해 영유권 문제로 옥신각신하고 있다. 그리하여 항공모함, 핵잠수함, 차세대 전투기 등 군사력 증강에 여념이 없다가 갑자기 그들은 2013년 11월 23일 '방공식별구역'(ADIZ)을 발표했다. 미국은 26일 중국의 방공구역에 B-52 폭격기의 훈련비행이라는 '위력과 과시'를 보임으로써 중국이 일방적으로 설정한 구역을 인정하지 않겠다는 메시지를 보냈다.

중국에 대해 주먹을 보여준 미국은 이번에 존 바이든 부통령의 외교적 해법을 모색했다. 즉 일본에는 12월 2일~4일까지, 중국에는 12월 4일~5일까지 체재했는데, 미국과 중국의 입장 차이만 확인한 채 별 성과 없이 끝났다. 4일 시진핑(習近平) 중국 국가주석과 바이든 간의 단독 회동이 끝난 후 브리핑에서 "바이든 부통령은 중국의 방공식별구역을 인정하지 않으며, 이로 인해 동북아 갈등이 고조되는 데 대해 깊은 우려를 갖고 있다는 뜻을 분명히 전달했다"고 미국 측은 밝혔다.

남재준 국가정보원장은 2013년 10월 8일 "북한이 영변 원자로를 재가동했고 최근 북한이 수도권과 서해 5도를 겨냥한 포병화력을 증강하고 있다"고 밝혔다. 남 원장은 특히 "김정은 노동당 제1비서가 3년 내 무력통일을 하겠다고 내부적으로 수시로 호언하고 있다"고 보고했다.

북한 김정은의 고모부이자 사실상 2인자인 장성택 국방위원회 부위원장이 공개석상에서 끌려 나간 지 나흘만인 2013년 12월 12일 특별군사재판에서 사형선고를 받고 즉시 처형됐다. 북한은 조선중앙통신을 통해 장성택에 대한 판결문을 공개했다. 즉 "권력 탈취 후 외국의 인정"을 받으려 했다 했는데, 아마도 장성택의 처형은 김정은의 독재 권력을 강화하기 위한 수단이며, 앞으로 무서운 숙청작업이 진행되어 북한의 정세는 불확실하여 갈피를 잡지 못하리라.

한·미 연합사령부에는 「작전계획 5029」가 있으며, 이것은 ① 북한 내 정변으로 인한 소요사태 및 대량 탈북, ② 홍수·지진 등 대규모 자연재해, ③ 북한 정권의 핵 및 생화학무기 등 대량 살상무기(WMD)에 대한 통제력 상실 등 북한의 6가지 불안정 사태에 대비한 유형별 대비계획이다. 최근 북한의 접경지대에서 중국군의 훈련이 빈번하다고 하니, 우리도 「작전계획 5029」의 수정·보완과 훈련이 필요하리라.

박근혜 대통령은 2013년 12월 6일 바이든 부통령을 만나 여러 가지 문제를 논의했는데, 특히 부통령의 주장을 중심으로 한반도 정세의 급변상황을 살펴보려고 한다.

2. 일본의 '집단적 자위권'

일본의 '집단적 자위권'을 이해하기 위해서는 ; 일본의 패전 후 새로운 헌법이 '맥아더 노트'를 기초로 하고 있다는 점이다. 즉 1946년 2월 그의 노트에 의하면, ① 천황은 국가원수, ② 전쟁포기, ③ 봉건제도의 폐지 등 3원칙이었다. 전쟁포기에 관한 내용은 헌법 제9조이며, 일체의 군비와 국가의 교전권을 인정하지 않는 결과, 자위권의 발동으로써의 전쟁과 또한 교전권도 포기했다. 역대 일본정부는 '집단적 자위권'행사를 위헌違憲으로 해석했다. 그런데 요즘 아베 총리는 헌법 해석을 바꾸려 하고 있다는 것이다.

아베 총리가 '집단적 자위권'을 추진하는 이면에는 북한의 급변사태 혹은 전면적 도발을 예상하고 있으리라. 한반도 유사시 주한 미군이 공격을 받을 경우, 일본이 미·일 안보조약에 따라 적극 개입하지 않을 수 없으며 미국도 이와 같은 논리이다.※ 6·25전쟁 초기, 맥아더 장군은 미군 병력의 부족을 메우고자 옛날 일본병을 재소집해서 한국전선에 투입하는 계획을 밝혔는데, 이승만 대통령은 단호하게 "그렇다면 김일성과 휴전하고 먼저 일본군과 싸우겠다"고 말하자 그 계획은 꼬리를 감추고 말았다. 요즘 미국의 국무부·국방부 고위 관계자가 "일본의 집단적 자위권 행사는 동북아 안보와 평화에 기여하고 미국은 이런 일본의 움직임을 환영한다"고 했는데, 이것은 미국의 동북아 정책의 커다란 전환이며, 한반도에 위협을 가하는 처사임을 결코 잊어서는 안 되리라.

필자는 잠시 지난날의 역사를 들추어 보고자 한다. 즉 러일전쟁(1904~1905)은 러시아의 남하정책을 저지하기 위해 영국·미국이 일본을 앞세운 전쟁이라 볼 수 있다. 1905년 3월 봉천전투 이후 지상전선은 교착상태에 빠졌으나, 일본은 5월 대마도 해전에서 러시아의 발틱 함대를 격멸하여 제해권의 확보에 성공했다. 그러나 병력·탄약 그리고 전비戰費의 부족에 허덕였고, 러시아는 1월에 혁명이 일어나 전쟁을 계속하기 어려운 사정이었다. 6월 미국의 시어도어 루스벨트(1858~1919) 대통령의 주선으로 포츠머스 조약(러·일 강화조약)이 9월에 조인되었으며, 그 내용은 다음과 같다.

① 조선에 대한 일본의 지도권의 승인
② 여순·대련의 조차권租借權과 장춘 이남의 철도…

포츠머스 조약이 체결되기 전에 루스벨트 대통령은 7월 육군장관 태프트

※ 국방부는 2014년 4월 21일 "일본측에서 한국의 사전 동의 없이는 한반도에서 '집단적 자위권'을 행사하지 않겠다는 점을 분명하게 알려왔다"고 밝혔다. 그러나 이런 내용은 아베정부의 겉으로 하는 말인 다데마에(建前)이지, 속마음인 혼네(本音)는 아니리라.

를 일본에 파견하여 일본 수상 가쓰라 다로(桂太郞)와 더불어 '미·일 비밀협약'을 체결했는데, 그 내용은 다음과 같다.

① 일본은 필리핀에 대하여 미국의 지배를 확인할 것.
② 극동의 평화를 유지하기 위하여 미국·일본·영국은 실질적으로 동맹관계를 확보할 것.
③ 일·러 전쟁의 원인이 된 조선은 일본이 이를 지배할 것을 승인할 것.

조선정부의 수뇌들은 한미수호조약(1882) 제1조에 "만약 타국이 체약국締約國 중 그 어느 한편에 대해 경모輕侮하는 일이 있게 되면 반드시 서로 도와 조치를 잘 취한다"는 조약의 문구만 믿고 이승만을 밀사로 워싱턴에 파견했으나 냉대만 받고 말았다. 미국은 2차대전 때, 일본을 견제하기 위해 중국의 장제스(蔣介石) 국민정부를 지원했는데, 오늘날은 중국을 견제하기 위해 일본의 아베정권을 지원해서 '집단적 자위권'을 허용하는 태도로 전환했다.

3. 바이든 미국 부통령의 방한 목적은 무엇인가?

박근혜 대통령은 2013년 12월 6일 청와대에서 미국 부통령을 만나 여러 가지 현안문제를 논의했으며, 방한의 주안점은 다음 세 가지를 밝히는데 있었다고 해석한다.

첫째 : 미국의 아시아·태평양으로의 '재균형' 정책에 대한 강력한 의견의 천명

둘째 : 미국은 행동으로 옮기지 않을 말은 결코 하지 않는다.

셋째 : 부통령이 말한 "It has never been a good bet to bet against America"를 밝히는 일.

청와대를 방문한 바이든 부통령은 본격적인 대화에 앞서 덕담을 나누는

공개된 자리에서 박 대통령에게 셋째의 내용을 영어로 두 번이나 반복해서 말했다는 것이다. 미국 측 통역 담당자는 이를 "미국의 반대편에 베팅하는 건 좋은 베팅이 아니다"고 통역했다. 이 말은 무슨 뜻으로 해석해야 하는가 하는 문제가 양국 외교관에 의해 야기되었다. 한국 외교부측은 "미국을 믿어 달라"는 말뜻이라 풀이했고, 미 국무부는 7일 "미국이 아·태 지역을 떠나려는 것이 아니라는 의미였다. 아시아와 한국 중시 약속을 지키지 않을 것이라는 데 베팅하는 것은 좋은 베팅이 아니다"는 뜻이라고 해명했다.

미국은 걸프 및 이라크 전쟁과 아프가니스탄 전쟁의 개입으로 인한 재정적자로 앞으로 군사비 1조 달러 이상을 삭감하지 않을 수 없기에 일찌감치 일본 손을 들어주었고, 영국·호주도 일본을 지지했다. 미국은 한·일 3국으로 중국을 견제하고자 하는 전략인데, 한국은 역사인식 문제, 독도 그리고 위안부 문제로 일본을 멀리하고 중국과 가까워지고 있으니 미국으로서는 한·중 밀착을 더 이상 방치할 수 없다는 뜻에서 '중국 편에 베팅하는 것은 좋은 베팅이 아니다'는 경고의 뜻이 셋째에 담겨져 있다고 필자는 해석한다.

그날 오후 바이든 부통령은 연세대학교 특강에서 "미국인들은 수십 억 달러를 들여서 불평도 하지 않고 한국을 지원하고 있다"고 밝히고 "미국 장병 2만 8천 5백 명이 한국 장병과 어깨를 나란히 하면서 보초를 서고 있다. 아무 불평도 하지 않고 말이다." 하면서 한국에 대한 미국 측의 노력과 은혜를 강조했다. 그러나 필자는 바이든 부통령과는 6·25전쟁에 대한 역사적 진실을 밝힌다는 관점에서 전연 견해를 달리하고 있다. 즉 6·25전쟁은 김일성이 스탈린의 조건부 승인과 마오쩌둥(毛澤東)의 동의를 얻어 1950년 6월 25일 새벽에 전쟁의 방아쇠를 당겼지만, 김일성으로 하여금 방아쇠를 당기도록 유도한 것이 미국의 트루먼 대통령이라고 가정하여 논거를 제시해 보았다.

필자는 지난 40여년 간 미국의 웨드마이어(Albert C. Wedemeyer, 1897~1989) 대장(예)의 회고록 『웨드마이어는 보고한다!』(*Wedemeyer Reports!*, 1958)를 연구했다.

웨드마이어가 1947년 9월 19일 트루먼 대통령의 특사로 중국과 한국을 방문하고 정책보고서를 제출했는데, 발표금지가 되었고 또한 트루먼 대통령이 6·25전쟁에 개입한 원인(동기)은 무엇인가? 그들이 전쟁에 개입하여 달성코자 했던 전쟁의 정치적 목적은 무엇인가 하는 문제를 연구함에 따라 트루먼 대통령의 졸렬한 정책결정의 자업자득自業自得이라 해석한다.(제2부 Ⅰ의 5, '웨드마이어 보고서와 6·25전쟁의 원인', pp. 247~272 참조)

4. 아베 총리가 야스쿠니 신사를 참배한 뜻은?

일본의 아베 신조(安倍晋三) 총리는 "침략이라는 정의定義는 학계에서도 국제적으로도 정해지지 않았다"면서 2013년 12월 26일 태평양전쟁 A급 전범자 14명을 합사한 야스쿠니 신사를 참배함으로써 심상치 않은 충격을 일으켰다. 전범자를 합사한 연후에는 천황(일본왕)도 참배를 중지했던 것이다. 그곳은 전쟁자료실인 유슈칸(遊就館)을 포함해 2차대전 전 일본의 침략행위를 정당화하는 상징적 존재이며, 총리가 이곳을 참배하는 것은 1952년 샌프란시스코 강화조약에서 일본이 "전범을 단죄하고 전후 질서를 받아들인다"는 강화조약을 통해 국제사회에 복귀한다는 것을 파기한다는 뜻이 담겨져 있기 때문이다.

그런데 아베 총리의 야스쿠니 신사의 참배는 태평양전쟁을 일으킨 일본의 침략적 행위의 잘못을 부정하는 잘못된 역사 인식이 깔려있다는 증좌로 보아야 하리라. 호소가와 모리히로(細川護熙) 총리는 취임 기자회견에서, 과거 전쟁에 대해 질문을 받자 "침략이었다"고 확실하게 말했다. 그리고 김영삼 대통령과 경주회담에서도 호소가와 총리는 식민지 시대의 창씨개명, 일본군 위안부, 징용 등을 열거하며 "가해자로서 진심으로 반성하고 깊이 사죄하고 싶다"고 말했다.

그러나 아베총리는 과거의 침략전쟁과 위안부 등을 전혀 인정하지 않을 뿐만 아니라, 독도도 일본 고유의 영토라고 주장하고 있다. 그는 평화헌법을 개정하려 하고 군비를 확장하는 등 과거 1930년대의 국수주의·군국주의로 뒤돌아가고 있다는 것이 필자의 해석이다. 오바마 정부의 아시아 전략의 핵심은 한·미·일 협조를 통한 동북아 지역 안정과 평화인데, 아베 총리는 정면으로 이를 무시하고 아시아의 갈등을 심화시키고 있다. 그래서 미국 언론은 아베에 대해 '극단적 국수주의자', '동북아의 문제아'로 부르고 있다.

한국정부는 26일 아베 총리의 참배에 대해 "개탄과 분노를 금할 수 없다"면서 강하게 비판했다. 유진룡 문화체육관광부 장관이 정부 대변인 자격으로 성명을 내고 "아베 총리가 신사를 참배한 것은 그의 잘못된 역사 인식을 그대로 드러낸 것으로 한일관계는 물론이고 동북아의 안정과 협력을 훼손시키는 시대착오적 행위"라고 밝혔다.

한편 국회 외교통일위원회는 30일 전체회의에서 '아베 신조 일본 총리의 야스쿠니 신사 참배 규탄 결의안'을 만장일치로 가결했다. 즉 "아시아 주변 국가들에 씻을 수 없는 상처를 준 과거 침략전쟁에 대한 진정한 반성 없이 오히려 침략행위를 미화하는 것"이라고 규탄했다. 또 "종국에는 일본정부가 과거 침략전쟁을 정당화해 군국주의 부활을 의도하는 것으로서 한반도를 포함한 동북아시아의 평화와 안정에 명백히 위협이 되는 행위"로 규정했다.

일본 주재 미 대사관은 2013년 12월 26일 성명을 통해 "일본은 미국의 귀중한 동맹국이자 친구이지만 일본 지도부가 주변국과의 갈등을 악화시키는 행동을 취했다는 점에 실망했다"고 밝혔다. 그러면서 "미국은 일본과 주변 국가들이 과거 예민한 문제를 청산하고 관계를 개선시키며, 아·태지역 평화와 안정이라는 공통의 목적을 이루기 위해 협력을 증진할 수 있는 건설적인 방법을 찾게 되기를 희망한다"고 전했다. 아베의 참배에 대해 미국은 다음날까지 기다리지 않고 대사관을 통해 바로 성명을 발표하는 형식을 취했다. 교도(共同)통신은 "오바마 정권이 아베 총리에게 야스쿠니 신사를 참배하지 않도록 비공식 교섭을 해온 만큼 이번 성명서는 사실상의 비난 성명"이라고 전했다.

미국 워싱턴포스트(WP)는 2013년 12월 28일 사설에서 "아베 총리의 국제적 지위와 일본의 안보를 약화시킬 수 있는 도발적인 행동이며, 중국과 북한의 침략에 맞서 군사적 대응태세와 미일동맹을 강화하려는 아베 총리의 정책은 이유가 있지만, 이런 정책과 과거 대일제국의 향수를 연결시키는 것은 그의 대의를 깎아내릴 것"이라고 경고했다. 한편 뉴욕타임스(NYT)는 27일 '신사참배로 일본 총리는 일본이 평화주의에서 멀어졌다고 확인시켰다'는 제목의 기사에서 "(신사참배 때문에) 중국과 다투게 된 일본은 미국에 안정적인 동맹이라기보다는 또 다른 아시아 문제가 되고 있다"고 비판했다. 이 신문은 다카하시 데쓰야(高橋哲哉) 일본 도쿄대 교수가 "아베 총리의 행보는 불에 기름을 붓는 격이며, 아베 총리의 역사관은 미국과 점점 멀어져 결국에는 미국이 수립한 전후 세계질서를 믿지 않게 될 것"이라 우려했다고 전했다.

미국 최고의 일본 전문가로 꼽히는 제럴드 커티스 미국 컬럼비아 대학교 석좌교수(일본 와세다대학교 객원교수)가 아베 총리에 대해 2014년 2월 20일 쓴소리를 쏟아냈다.

> 한국과 중국에서 봤을 때, 야스쿠니 신사는 군국주의의 상징일 수밖에 없다.… 주변국과의 관계를 개선하려면 아베는 야스쿠니에 다시 가서는 안 된다. 일본 총리가 참배하면 야스쿠니가 표방하는 역사관을 지지한다는 의미로 해석되기 때문이다.…
>
> 과거사는 결코 미뤄두고 넘어갈 문제가 아니다. 한국·중국 사람들에겐 지울 수 없는 상처이다. 이미 두 번 시도됐지만, 한·일 간 역사 공동연구와 같은 사업에 더 역점을 두는 것이 해결책이 될 수 있다.…
>
> 한국이 일본과의 대화를 거부하는 데에 부정적인 시각이 많았다. 그러나

아베의 야스쿠니 방문 후엔 분위기가 바뀌었다. 그럼에도 박근혜 대통령이 아베와 계속 만나지 않으면 이해 못하겠다는 목소리가 커질 것이리라.

한편 중국 국방부 경옌성(耿雁生) 대변인은 "일본 지도자가 중국과 아시아 전쟁피해국 인민들의 감정을 난폭하게 유린하고, 공연히 역사 정의와 인류 양심의 길에 도전한 것에 강력히 분개하며 이로 인한 모든 부정적 결과에 대해 일본이 책임을 져야 한다"고 비난했다. 양제츠(楊潔篪) 중국 외교·안보 담당 국무위원은 28일 담화문에서 "아베 총리는 며칠 전 천하에서 가장 옳지 못한 행동을 감행했다. A급 전범들이 합사된 야스쿠니 신사를 참배한 것은 평화를 사랑하는 전 세계인에 대한 공개적 도발이자 역사 정의와 인류 양심에 대한 난폭한 유린 행위이고, 동시에 유엔헌장에 기초한 전후 국제 질서에 대한 분별없는 도전"이라고 맹비난 했다. 중국이 대일관계에서 부총리급인 국무위원까지 나서 공개적으로 비난한 것은 매우 이례적이다.

중국 외교부 친강(秦剛) 대변인은 30일, 정례 브리핑에서 "아베는 총리 취임 이후 중·일관계를 오판하고 잘못을 거듭해 왔다. 특히 제2차 세계대전의 A급 전범이 있는 야스쿠니 신사를 참배했다"고 밝혔다. 그는 A급 전범은 '일본 군국주의 대외 침략전쟁의 기획자·실행자', '아시아의 나치'로 그들의 손은 피해국 인민들의 피로 범벅이 돼 있다고 지적하며 "아베가 A급 전범을 참배한 것은 실질적으로 도쿄재판을 뒤집고 일본 군국주의의 대외 침략, 식민통치를 미화한 것"이라고 비난했다. 그는 "신사 참배는 인류 양심을 제멋대로 유린한 것이며 공리公理·정의에 대한 오만한 도발이며, 이런 일본 지도자를 중국 인민은 당연히 환영하지 않으며, 중국 지도자는 그와 대면하지 않을 것"이라고 말했다.

무라야마 도미이치(村山富市) 전 일본 총리는 1995년 8월 15일 일본의 식민지배와 침략전쟁으로 아시아 국가가 피해를 본 데 대해 사과한 '무라야마 담화'의 당사자이다. 그는 제2차 세계대전 종전 50주년을 맞이하여 "식민지

지배와 침략으로 아시아 제국의 여러분에게 많은 손해와 고통을 줬다"며 통절한 반성과 사죄를 담고 있다. 이후 거의 대부분의 일본 정권이 담화의 계승의사를 밝혔으나, 아베정권은 2012년 총선 때부터 '무라야마 담화'를 부정하는 태도를 보여 왔다.

한국을 방문한 무라야마 전 총리는 2014년 2월 12일 국회 의원회관에서 열린 '올바른 역사 인식을 위한 한일관계 정립' 강연회에서 군 위안부 문제에 대해 "여성의 존엄을 빼앗은 형언할 수 없는 잘못을 저질렀다. 일본이 해결해야 한다"고 말했다. 그리고 그는 '무라야마 담화'를 일본정부가 계승해야 한다는 뜻도 분명히 밝혔다. 그는 최근 일본의 우경화에 대해 "20년간 경제적으로 침체하면서 중국에 국내 총생산(GDP)을 추월당하고 한국이 급성장하면서 일본 국민이 자신감을 많이 잃었다. 이런 상황에서 큰소리 치고 허세를 부리면서 강하게 보이는 정치인(아베 총리를 지칭)이 등장했다"고 분석했다.

한편 일본 나루히토(德仁) 왕세자는 2월 23일 자신의 54번째 생일을 맞아 가진 기자회견에서 "일본은 전후戰後 헌법을 기초로 평화와 번영을 향유하고 있다. 헌법을 준수해야 한다"고 밝혔다. 아키히토(明仁) 일왕도 작년 12월 기자회견에서 "전후 연합군 점령 하에 있던 일본이 평화와 민주주의를 소중한 가치로 삼아 헌법을 만들고 다양한 개혁을 통해 지금의 일본을 만들었다"면서 기존 평화헌법을 높이 평가했다. 일본 역대 내각은 집단적 자위권 행사가 헌법 9조에 위배된다고 해석해 왔다.

그러나 2012년 12월에 출범한 아베 총리는 미군이 왜 일본을 점령했는지에 대한 원인을 망각하고, "현행 헌법이 미군 점령기에 강요로 만들어졌다"면서 전쟁과 군대 보유 금지를 규정한 헌법 9조의 개정을 추진하려 했으나, 참의원과 중의원 각각 3분의 2 발의와 국민투표를 거치는 것이 쉽지 않다고 보고 헌법해석 변경이라는 우회 전략을 택했다. 아베 총리는 이를 위해 헌법해석을 담당하는 내각 법제국 장관을 집단적 자위권 행사파로 교체했다.

일본의 유력지 아사히(朝日) 신문(2013. 9. 17.)은 사설을 통해 "헌법해석 변경은 전후 정책의 대전환이며 평화주의에서 이탈하는 것"이라면서 "정권이 독단으로 바꾸는 것이 가능하다면 헌법의 신뢰성이 땅에 떨어질 것이며 권력을 제한하는 입헌주의 부정으로 이어질 수 있다"고 비판했다. 그리고 "헌법 9조는 전쟁과 식민지 지배에 대한 반성을 담은 국제적 선언이라는 의미가 있다"면서 "아베 정권의 역사인식에 대한 의문이 제기되는 마당에 성급하게 해석 변경을 추진할 경우 이웃나라와도 관계가 나빠질 수 있다"고 우려했다.

한편 일본집권 자민당의 현직 중의원인 무라카미 세이치로(村上誠一郎, 61)는 2014년 4월 13일 헌법해석 변경을 통한 집단적 자위권 행사 추진을 "승부조작보다 더한 일"이라며 아베 총리를 강하게 비판했다. 그는 "헌법해석의 최종 책임소재는 사법부에 있다. 입법부와 행정부가 할 일은 최고재판소(대법원)가 위헌이라고 판단하지 않는 법을 만들고 해석해 운영하는 것뿐이다"고 했다. 그는 이어 "집단적 자위권 행사가 필요하다면 정정당당하게 개헌을 주장해야 할 것"이라고 주장했다.

아베 정부는 '집단적 자위권을 보유하고 있지만 행사할 수 없다'는 기존 헌법해석을 각의(국무회의) 의결만으로 바꿔 집단적 자위권 행사가 가능하도록 밀어붙이면서 논란이 일고 있다. 무라카미 의원은 "각의 결정만으로 헌법해석을 바꾸는 방법이 통하면 주권재민, 기본적 인권 존중 등에도 영향을 미친다. 그렇게 되면 헌법 자체의 존재 의의가 사라지는 매우 위험한 상태에 빠질 우려가 있다"고 강조했다.

오늘날 동북아의 국제정세가 급하게 변하고 있는 상황에서 우리가 지켜야 할 기본적 원칙은 무엇인가? 필자는 1951년 공군사관학교에 입교한 이래 오늘날까지 한평생 전쟁을 연구대상으로 하는 군사학(military art and science)

을 배웠고, 연구했고 또한 가르치고 있으며, 그 결론을 간략하게 요약하면 아래와 같다.

평화를 바란다면, 전쟁을 이해하고 거기에 대비하라.
그리고 국토와 주권의 수호도 거기서 비롯됨을 명심하라! ♣

부 록

이종학 교수 인터뷰

-충남대학교 『CNU Style(2014.2.)』

평화안보대학원 이종학 겸임교수는 평생을 군사학 분야 발전을 위해 헌신해 왔다. 지난 2003년 평화안보대학원 군사학과 석사과정 개설의 산파 역할을 하면서 충남대학교와 인연을 맺은 이후 매년 학생들을 위해 강단에 섰다. 또한, 지난 2004년 10억 원 상당의 부동산을 기증하고 '풍석 군사학 진흥기금'으로 3억 원의 사재를 출연하면서 '충남대학교 발전기금위원회 위원'도 맡고 있다. 85세를 무색하게 할 만큼 제자 양성과 연구에 열정을 다하고 있는 이종학 겸임교수를 〈CNU Style〉이 만났다.

군사학 박사 200명 양성할 때까지 쉴 수 없어*

이종학 겸임교수, 충남대와 10년 인연

85세의 연세에도 강단에서 학생들을 지도하고 계십니다. 지난해에는 『현대전략론』이라는 책을 내실 정도로 끊임없이 연구를 하고 계신데 열정의 원동력은 무엇인가요?

2003년 강단에 선 이후로 쉬지 않고 학생들을 지도하고 있습니다. 이번 학기에도 박사과정의 「전쟁사 특수연구」를 강의하게 되었습니다. 1987년엔 국방대학원에서 58세에 명예퇴직을 했는데, 1980년 「군사학의 이론체계」를 세미나에서 발표하여 학문으로서의 이론정립을 시도했습니다. 군사학이 시민권을 획득한 것은 20여 년이 지난 2002년입니다. 정년을 한참 앞두고 조기에 명예퇴직한 이유로 몇 가지가 있는데, 그중 하나는 제가 좋아하는 책을 읽고, 그 분야를 연구하고 답사한 결과를 책으로 엮어 내고 싶었기 때문입니다. 하고 싶은 일을 하면서 연구도 하고 학생들을 지도하느라 아플 겨를도, 늙을 겨를도 없군요. 심신이 건강한 이유는 바로 여기에 있습니다.

---

* 충남대학교 『CNU Style』(2014. 2.)의 주우영 주무관과의 인터뷰

초대 대학원장이었던 이주영 원장이 경주 서라벌연구소로 찾아와 많은 의견을 나누고 커리큘럼이나 강사 선정에 대해 조언해 주었습니다. 2003년 3월 군사학과 석사과정 수업이 본격적으로 시작되면서 겸임교수로 강의를 하게 됐고, 그해 8월에는 충남대학교로부터 국내 최초로 '명예 군사학박사' 학위도 받았습니다.

공군사관학교를 졸업하시고 공군사관학교, 공군대학, 국방대학원에서 교수로 재직하셨습니다. 어떻게 충남대학교와 인연을 맺게 되셨는지요?

사실 저는 충남대학교와 직접 인연이 없습니다. 공군사관학교(3기, 1954)를 졸업하고 중령으로 예편할 때까지 공사, 공군대학을 거쳤으며 예편 후 국방대학원 교수를 거쳐 1987년에 명예퇴직하고 경주에서 '서라벌 군사연구소'를 운영하고 있었습니다.

그러던 중 2002년 11월, 충남대학교에서 군사학과 석사과정 신입생을 선발한다는 광고를 「국방일보」를 통해 처음 접했습니다. 당시 이광진 총장에게 군사학과 관련된 연구자료를 보내면서 인연이 시작됐습니다. '군사학 학사과정이 없는데 어떻게 석사과정의 학생을 모집할 수 있는가?'라고 묻기도 했지요. 이후 초대 대학원장이었던 이주영 원장이 경주 서라벌군사연구소로 찾아와 많은 의견을 나누고 커리큘럼이나 강사 선정에 대해 조언해 주었습니다. 2003년 3월 군사학과 석사과정 수업이 본격적으로 시작되면서 겸임교수로 강의를 하게 됐고, 그해 8월에는 충남대학교로부터 국내 최초로 '명예 군사학박사' 학위도 받았습니다.

충남대학교와 인연을 맺으신 지 10년이 넘으셨습니다. 매년 졸업 시즌이 다가오면 뿌듯하실 것 같습니다.

2003년에 군사학 석사, 2005년에는 박사과정이 개설됐습니다. 2010년 국내 최초로 군사학박사 4명을 배출했고 2013년 8월까지 19명의 박사를 배출했습니다. 올해 2월 25일 졸업식에도 박사 4명이 졸업장을 받게 됩니다. 충남대학교 군사학 박사들은 충남대학교를 비롯해 영남대학교, 광주대학교, 건양대학교, 합동군사대학교, 육군 교육사령부 등에서 연구와 교육활동을 하면서 위상을 높이고 있습니다. 대한민국에서 처음으로 군사학 박사를 배출한 것은 물론, 사회 곳곳에서 제자들, 후배들의 활약을 보고 있으면 뿌듯합니다.

충남대학교에도 석사, 박사학위 과정에 이어 올해 군사학부가 개설됐습니다. 현대사회에서 군사학이 갖는 의미는 무엇인가요?

'군사학(Military art and science)'이 국내에서 학위과정으로 인가된 것은 불과 2002년으로, 10년이 조금 넘는 역사에도 불구하고 이 분야는 인류의 전쟁사와 더불어 오랜 시간 동안 연구, 발전되어 왔습니다.
「손자병법」에도 '전쟁은 국가의 중대한 일이다.
국민의 생사와 국가의 존망이 기로에 서게 되는 것이니 신중히 검토하지 않으면 안 된다'고 쓰여 있습니다. 국가의 안보가 없는데 개인의 영달이 무슨 의미가 있겠습니까?
특히, 우리나라는 남과 북이 분단돼 있는 전 세계 어느 곳에서도 전례를 찾을 수 없는 특수한 상황이기 때문에 군사학이 우리사회에서 갖는 의미와 비중은 매우 크다고 할 수 있습니다.

충남대학교 발전기금위원회 위원으로도 활동하고 계십니다. 발전기금이란 어떤 의미를 갖고 있나요?(이종학 교수는 지난 2004년 10억 상당의 부동산과 전문도서 1만여 권 및 도서 구입비 1,000만 원을 기증했다. 또 2009년에는 3억 원의 발전기금을 기탁해 '풍석(風石) 군사학 진흥기금'을 조성했다)

대학의 발전기금은 어떤 한 사람이 엄청나게 큰 금액을 기탁한다고 해서 의미를 갖는 것이 아닙니다. 대학과 관련 있는 구성원들이 솔선수범하는 것이 더욱 의미가 있습니다.
저는 2012년 발전기금위원회 간담회에서 충남대학교 교직원과 졸업생들이 봉급의 1%를 발전기금으로 기증하자는 것을 제안했습니다. 간호학과와 군사학과는 이미 '봉급 1% 기탁 운동'을 잘하고 있는데, 충남대학교의 모든 구성원들과 졸업생들이 이 운동에 적극적으로 참여한다면 발전기금 모금의 새로운 전기를 마련할 수 있을 것입니다.
저 역시도 매달 10만 원의 발전기금을 정기적으로 기탁하고 있습니다. 자식에게 물려줄 재산을 대학발전기금으로 기증해 훌륭한 인재를 양성하는 데 써야 한다는 저의 생각은 예나 지금이나 확고합니다.

현재 대학을 졸업하고 사회에 첫 발을 내딛는 청년들에게 한 말씀해 주신다면?

인생을 함께할 수 있는 훌륭한 배우자를 얻어야 합니다. 아직 이른 감이 있지만, 인생의 어려움을 함께 견디며 아파하고 용기를 북돋워 줄 수 있는 반려자와 인생을 함께 하십시오.
절대 담배를 피우지 마십시오. 담배는 백해무익합니다. 건강하게 활동하기 위해 담배는 전혀 도움이 안 된다는 사실을 알았으면 좋겠습니다.
세 번째는 중국 송(宋)나라의 유학자 주자(朱子)의 말씀처럼 젊어서 공부해야 늙어서 후회하지 않는다는 것입니다. 특히 젊은이들은 영어, 중국어와 같은 외국어는 반드시 배워야 합니다. 일본어, 독일어와 같은 언어까지 익힌다면 배움과 인식의 범위가 매우 넓고 깊어질 것입니다.
네 번째는 관련 분야의 권위자가 되라는 것입니다. 군사학을 전공하는 학생들에게는 군사학 분야의 전문가가 되라고 말하는데, 이 조언은 그 어떤 전공자에게도 같습니다. 대학이라는 최고의 배움터에서 배우고 익힌 것을 계속 발전시켜 한 분야의 전문가가 되는 것은 젊은이들의 의무이기도 합니다.
마지막으로 희망을 잃지 말라고 얘기해 주고 싶습니다. 인생은 축구 시합과 같습니다. 전반전 경기를 망칠 수 있지만, 후반전에 만회할 기회가 충분합니다. 실망은 하되 절망하지 말아야 합니다.
절망은 나락과 같지만 실망은 또 다시 추스르고 도전을 할 기회가 될 수 있습니다.
박사과정생들에게는 '인생은 60부터'라고 입버릇처럼 말합니다. 저 스스로가 58세에 명예퇴직해 새로운 인생을 살고 있고, 20권 정도의 군사학 분야 저서를 썼습니다.

교수님의 앞으로의 목표는 무엇인가요?

충남대학교에서 군사학 박사를 현재까지 10년 동안 20명 정도를 배출했으니 200명을 배출할 때까지 학생들을 지도하고 싶습니다.
작년 12월에 『평화안보대학원 10년사』를 윤석경 원장이 발간했는데, 나는 『50년사』까지 봐야겠다고 웃으면서 얘기를 했습니다. 아무튼 건강이 허락하는 한 강단에서 학생들을 가르치고 군사학과 관련된 책을 써 나갈 생각입니다.

군사학 총서 발간 취지

군사학은 전쟁이란 무엇이며, 전쟁의 준비·수행 및 억제와 연구방법 등에 관한 지식의 체계이다. 전쟁은 오랫동안 인류 생존의 기본 요소이며 수단으로 등장하였고, 현재뿐만 아니라 앞으로도 형태를 달리하면서 존속하리라. 그리고 전쟁은 국민의 생사·국가의 존망과 직결되는 문제이기 때문에 신중히 대처하지 않을 수 없다. 한민족의 평화적 통일·생존권의 확보 및 번영의 초석이 되는 군사학의 연구·발전을 위해 군사학 총서를 발간하였다. 독자의 지도 편달과 육성, 그리고 동참을 기대한다. (**이종학** : leechoy@daum.net)

<table>
<tr><th>번호</th><th colspan="2">책 명</th><th>저 자</th><th>발행연도</th><th>정가</th></tr>
<tr><td rowspan="2">1</td><td colspan="2">군사학 개론</td><td>이종학·길병옥 편저</td><td>2009년
(4·6배판, 594쪽)</td><td>35,000</td></tr>
<tr><td>내용</td><td colspan="4">군사학이 우리나라에서 학문으로 공식적으로 인정된 것은 2002년 12월이다. 군사학의 간략한 정의는, "전쟁의 본질과 성격 및 무력전의 준비 및 수행에 관한 통일된 지식체계"라는 점에서 그 범위도 설정되었다. 이런 관점에서 군사학의 다양성, 다차원성, 다변화성을 포괄하는 학문적 개론서로서 새로운 학문영역으로 자리 잡고 있는 군사학의 학문체계를 정리하고자 각 분야의 전문가 13명의 공동집필로 출간되었다.</td></tr>
<tr><td rowspan="2">2</td><td colspan="2">군사전략론</td><td>이종학 편저</td><td>2009년
(신국판, 450쪽)</td><td>25,000</td></tr>
<tr><td>내용</td><td colspan="4">우리 국군은 6·25전쟁과 베트남전 참전을 통해 전투경험은 했지만 전쟁을 하지 않았다는 것을 잊어서는 안 된다. 즉, 군사전략을 수립하여 전쟁을 수행해 본 일이 없는 것이다. 그래서 이 책은 군사전략 수립을 위한, 제1편 군사전략의 기초, 제2편 군사전략의 이론, 제3편 군사전략의 실제로 구성되어 있다. 군사전략은 군사목표, 군사전략개념 그리고 군사자원으로 구성되어 있는 결심사항을 간략한 문장으로 표기하며, 이것은 세 가지 기준, 즉 적합성, 가능성 및 수락성에 의해 검토된다는 것을 상세히 설명하고 있다.</td></tr>
<tr><td rowspan="2">3</td><td colspan="2">나의 학문과 인생</td><td>이종학 편저</td><td>2009년
(4·6배판, 606쪽)</td><td>30,000</td></tr>
<tr><td>내용</td><td colspan="4">평생을 군사학 분야 발전을 위해 헌신해온 이종학 교수의 八旬을 맞이하여 펴낸 책이다. 제1편은 나의 학문과 인생(이종학), 제2편은 군사학의 학문체계 및 발전방향(교수 에세이), 제3편은 군사학의 발전방향으로 군사학과의 박사과정을 이수했거나 혹은 이수 중인 피교육자들의 학위논문 주제를 요약하거나 관심을 가진 분야에 대한 간략한 에세이를 수록했다. 부록에는 공군사관학교 57기생들에게 '군사학 특강'을 실시 후 그들의 소감문을 소개했다.</td></tr>
</table>

4		한국군사사연구	이종학 지음	2010년 (4·6배판, 632쪽)	30,000
	내용	1981년 국방대학원에 재직할 때, 「현대 군사사의 연구방향」이라는 논문을 발표하면서 '군사사'에 대한 이론 정립을 시도했다. 즉, 군사사는 군사이론과 역사학이 결합된 학문인 동시에 군사학의 이론적 기초이며 근원이다. 이것을 기초로 하여 한국사 가운데 군사문제를 다루기 시작해 30년간의 연구 성과를 집대성한 것이며, 21편의 논문으로 구성되어 있다. 저자가 지난 반세기 동안 군사사 연구에서 얻은 결론과 기본철학을 소개하면 다음과 같다. 즉, "평화를 바란다면, 전쟁을 이해하고 이에 대비하라!"			
5		전략이론이란 무엇인가 —『손자병법』과 『전쟁론』을 중심으로—	이종학 편저	2012년(개정보완판) (신국판, 372쪽, 3판)	16,000
	내용	전략이론이란 무엇인가를 밝히면서, 원래 군사분야의 용어가 1960년대 이후 경영분야에도 활용되어 왔다는 것을 알아야 하고 군사전략뿐만 아니라, 국가전략 및 핵전략의 발전과정을 소개했다. 전략이론의 고전인 『손자병법』은 1972년 중국 산동성에서 『죽간 손자병법』이 나왔기에 그것을 삽입시켜 13편을 완역했다. 한편 클라우제비츠의 『전쟁론』은 초판본이 나왔고, 거기에서 내용이 너무 방대하기에 전술적 내용을 삭제한 抄譯을 했다. 직업군인과 최고 경영자들에게 전략이론을 알기 위한 필독서를 만들고자 꾸며 보았다.			
6		6·25전쟁이란 무엇인가	이종학 지음	2011년 (4·6배판, 623쪽)	30,000
	내용	이 책은 40여 년 간에 걸친 6·25전쟁 연구의 총 결산이자 집대성한 내용이다. 6·25전쟁에 대한 연구와 분석을 통해 그 원인을 밝혀내고 평시에 안보태세를 굳건히 하는 것이 가장 기본적인 대책이라고 해법을 제시한다. 이 책은 마치 6·25전쟁을 구석구석 현미경으로 확대해 들여다보는 듯하며 지금까지 나왔던 6·25전쟁 관련 서적과 다르게 새로운 사실들과 풍부한 사료들을 담고 있기 때문에 6·25전쟁을 연구하는 전문가들이나, 석·박사과정의 학생들에게 많은 도움이 될 것이다.			
7		현대 북한의 이해	박성규·길병옥 지음	2012년 (4·6배판, 336쪽)	25,000
	내용	탈냉전 이후 급변하는 국제상황 속에서 북한이라는 실체를 명확히 파악하고 한반도 평화통일의 기본 틀을 마련하는 데 기본적인 목적이 있다. 특히 남북한의 평화로운 통일과 기본적인 방향을 설정하는 데 있어서 가장 중요한 것은 북한을 제대로 이해하는 것이라는 점을 강조한다. 이 책은 현재 북한 관련 교재들이 북한의 실제를 제대로 파악하기에는 많이 부족하다는 점을 지적한다. 상식으로는 이해할 수 없는 북한이라는 체제 전체를 제대로 알 수 있는 교육이 절대적으로 필요하고 북한의 본질을 이해하여 그 대응책을 마련하는데 주요 초점을 두고 있다.			

<table>
<tr><td rowspan="2">8</td><td colspan="2">군사고전의 지혜를 찾아서</td><td>이종학 지음</td><td>2012년
(신국판, 537쪽)</td><td>25,000</td></tr>
<tr><td>내용</td><td colspan="4">인류의 역사는 투쟁사 혹은 전쟁사의 연속이라 할 수 있다. 그러한 급변하고 위태로운 정세하에서 어떻게 생존하며 또한 승리할 것인가 하는 그 방법과 지혜를 제시했으며, 동양의 손무가 저술한 『손자병법』(기원전 513?)과 서양의 클라우제비츠가 저술한 『전쟁론』(1832)이 군사고전에 속하며, 그것들의 시대적 배경과 철학적 기초를 밝히려고 지난 반세기 동안 시도한 에세이를 편집한 것이 이 책이다. 군사고전은 심오한 철학사상을 바탕으로 하고 있기 때문에 생명력과 실용성을 보유하고 있을 뿐만 아니라, 인생철학의 지침서요 또 경영전략의 참고서로써 최근에 와서 더 많은 각광을 받고 있다.</td></tr>
<tr><td rowspan="2">9</td><td colspan="2">군제 기본원리와 한국의 병역제도</td><td>나태종 편저</td><td>2012년
(신국판, 353쪽)</td><td>16,000</td></tr>
<tr><td>내용</td><td colspan="4">이 책은 크게 두 편으로 구성되어 있다. 제1편 군제기본원리에서는 군사제도의 중요성과 제도에 관한 역사적 교훈, 현대 국방사상이 군제에 미치는 영향, 군사제도 설정의 기본원칙을 포함하였다. 제2편 한국의 병역제도에서는 정부수립 이후로부터 현재까지의 한국의 병역제도 변화과정을 분석하고 스위스, 이스라엘의 병역제도와의 비교평가를 통해 미래 한국의 병역제도 발전방안을 제시하였다.</td></tr>
<tr><td rowspan="2">10</td><td colspan="2">현대전략론</td><td>이종학·노양규·이성만 지음</td><td>2013년
(신국판, 457쪽)</td><td>24,000</td></tr>
<tr><td>내용</td><td colspan="4">『現代戰略論』(1972)은 40여년 전, 전략 입문서가 없었던 시절에 출간되어 그동안 전략 입문서로서의 기능을 발휘했으나, ‘한글세대’의 등장으로 절판되었다가 이번에 ‘한글화’된 개정판이 나왔다. 이번 개정판에는 전략의 기본문제를 보완하면서 미국에서의 새로운 전략연구의 추세와 한반도의 정세를 감안해서 내용을 구성했는데, 주요 내용은 ‘전략이란 무엇인가’, ‘현대전쟁의 성격’, ‘국가전략’, ‘군사전략’, ‘작전술’, ‘전술’ 그리고 ‘북한의 핵무기와 한반도 안보’ 등이다. 전략을 연구하고자 하는 사관생도·일반 대학교의 군사학 전공자뿐만 아니라, 국제정치 전공자에게는 필독서이다.</td></tr>
<tr><td rowspan="2">11</td><td colspan="2">군사학 입문</td><td>송영필 지음</td><td>2014년
(신국판, 339쪽)</td><td>16,000</td></tr>
<tr><td>내용</td><td colspan="4">군사분야에 대한 입문서이다. 군사학의 정의와 연구대상으로부터 전쟁, 군사제도의 발전과정, 전쟁준비 차원에서 군사력 건설에 필요한 국방기획관리제도와 전투발전체계를 다루었다. 또한 전쟁수행 차원에서 군사력 운용의 용병술 체계와 전투수행에 대하여 방법, 수행절차를 기술하였다. 군사학을 공부하고자 하는 사람이나 군인의 길을 걷고자 하는 사람에게 기초가 되는 분야를 알기 쉽게 설명한 책이다.</td></tr>
</table>

· 펴낸곳 : 충남대학교출판문화원

· 전　화 : 042-821-6045

· e-mail : cnupress@cnu.ac.kr